HYDRAULIC PRESSURE & PNEUMATIC TECHNOLOGY

U0190347

液压与气动技术

（第三版）

主　编　朱新才　周秋沙
副主编　周　雄
主　审　唐中一

重庆大学出版社

内 容 简 介

本书以工程应用为重点,主要介绍了液压传动与气压传动技术的基础知识,各种液压与气动元件的结构、工作原理、性能特点、选择和应用,有关基本回路组成及典型液压系统实例,液压回路和系统的基本设计与计算,有关元件及系统的故障分析与排除,液压元件与系统的安装、调试及维护,液压伺服系统及应用等。

本书内容全面,取材较新,通俗易懂。可作为高等学校机械类教材,也可作为工程技术人员的参考书。

图书在版编目(CIP)数据

液压与气动技术/朱新才,周秋沙主编. —重庆:重庆大学出版社,2003.7(2019.7 重印)
ISBN 978-7-5624-2801-5

Ⅰ. 液… Ⅱ.①朱…②周… Ⅲ.①液压传动②气压传动 Ⅳ. TH13

中国版本图书馆 CIP 数据核字(2003)第 013106 号

液 压 与 气 动 技 术
(第三版)

主 编　朱新才　周秋沙
副主编　周　雄
主 审　唐中一
责任编辑:曾显跃　　版式设计:曾显跃
责任校对:廖应碧　　责任印制:赵　晟

*

重庆大学出版社出版发行
出版人:饶帮华
社址:重庆市沙坪坝区大学城西路 21 号
邮编:401331
电话:(023) 88617190　88617185(中小学)
传真:(023) 88617186　88617166
网址:http://www.cqup.com.cn
邮箱:fxk@ cqup.com.cn(营销中心)
全国新华书店经销
重庆俊蒲印务有限公司印刷

*

开本:787mm×1092mm　1/16　印张:20　字数:499 千
2019 年 7 月第 3 版　2019 年 7 月第 7 次印刷
印数:18 501—19 500
ISBN 978-7-5624-2801-5　定价:48.00 元

前　言

随着科学技术的迅速发展,工业生产进入以计算机、数控和液压技术为主体的发展阶段,进而迈入以网络和信息技术为核心的经济发展阶段。由于液压与气动技术独特的优越性,使其得到了越来越广泛的应用。液压与气动技术介于机械和电子技术之间,同时又包含了机械和电子的有关内容,将传动与控制有机地结合已是一种必然。

本书在对有关企业进行调研,征求了有关院校意见的基础上,结合高职高专教学改革的要求以及编者多年教学与实践应用的体会,参考有关文献编写而成。在编写中着重于基本内容的掌握和应用,突出实践能力和综合素质的培养,同时考虑了教材的先进性和科学性。在内容的选材和处理上,力求理论联系实际,学以致用。把重点放在提高读者正确、合理地选用液压及气动元件和分析、设计液压系统,以及对液压元件与系统的常见故障进行分析和排除的能力上。

本书由朱新才、周秋沙担任主编,周雄担任副主编。参加编写的有朱新才(第5章、第8章的部分内容、第12章)、周雄(第13章)、周秋沙(第9章、第10章)、马新民(第3章、第4章)、龚奇平、姜秀华(第6章、第8章的部分内容、第11章)、崔学红(第7章)、唐世英(第1章、第2章)。本书由唐中一教授担任主审。

在编写过程中,曾得到有关工厂、兄弟学校等单位的大力支持和帮助,在此一并感谢。

由于编者水平有限,书中难免存在错误和不妥之处,恳请广大读者批评指正。

编　者

2019 年 5 月

目　录

第1章 绪 论

1.1　液压传动的概念、工作原理及基本特性

　　液压传动是指用液体作为工作介质、借助于液体的压力能进行能量传递和控制的一种传动形式。利用各种元件组成不同功能的基本控制回路,若干基本控制回路再经过有机组合,就形成了具有一定控制机能的液压传动系统。

　　液压传动的工作原理可用图 1.1 所示的液压千斤顶的工作原理来说明。

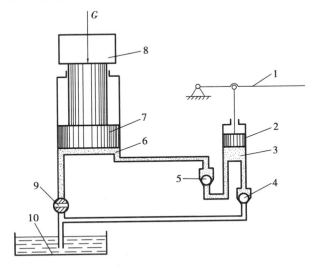

图1.1　液压千斤顶原理示意图

　　在图 1.1 中,大液压缸筒 6 和活塞 7 组成执行元件,小液压缸筒 3 和活塞 2 组成动力元件,活塞与缸筒保持非常良好的配合。活塞能在缸筒内自如滑动,配合面之间又能实现可靠的密封。单向阀 4、5 保证油液在管路中单向流动,截止阀 9 控制所在管路的通断状态。

　　千斤顶工作原理:上提杠杆 1 时,小缸活塞就被带动向上移动。活塞下端密封腔容积增大,造成腔内压力下降,形成局部负压(真空)。此时,单向阀 5 将所在管路阻断,油箱 10 中的

油液在大气压力作用下推开单向阀 4 沿吸油管进入小缸下腔,吸油过程完成。接着下压杠杆 1,小活塞向下移动,下端密封腔容积减小,造成腔内压力升高。此时,单向阀 4 将吸油管路阻断,单向阀 5 被正向推开,小缸下腔的压力油经连通管路挤入大液压缸筒 6 的下腔,迫使大活塞向上移动,从而推动重物 8 上行。如此反复提压杠杆 1,就能不断将油液压入大液压缸筒 6 的下腔,迫使活塞 7 不断向上移动,使重物逐渐升起,从而达到起重目的。

　　如果打开截止阀 9,大液压缸筒 6 下腔将通过回油管与油箱连通,活塞 7 在重物的自重作用下迅速向下移动,液压油直接流回油箱。

　　分析液压千斤顶的工作原理可得出两活塞之间的力比例关系、运动关系和功率关系。

(1) 力比例关系

　　大活塞下腔的油液所产生的压力为 $p=G/A_2$。在大活塞上行过程中,单向阀 5 开启,大、小液压缸的下腔相通。若不计任何压力损失,大、小活塞下腔的压力必然相等。小活塞上必须施加力 F_1,$F_1=pA_1$,因而有

$$p=\frac{F_1}{A_1}=\frac{G}{A_2}$$

或
$$\frac{G}{F_1}=\frac{A_2}{A_1}\tag{1.1}$$

式中,A_1、A_2 分别为小活塞和大活塞的作用面积;F_1 为杠杆手柄作用在小活塞上的力;G 为重物的重力。

　　式(1.1)是液压传动中力传递的基本公式,由于 $p=G/A_2$,因此,当负载 G 增大时,流体工作压力 p 也要随之增大,亦即 F_1 要随之增大。由此建立了一个很重要的基本概念,即:液压传动的工作压力(即液体的压力)取决于负载,而与流入的流体多少无关。

(2) 运动关系

　　如果不考虑液体的可压缩性、漏损和缸体、油管的变形,则从图 1.1 可以看出,被小活塞压出的油液的体积必然等于大活塞向上升起后大缸扩大的体积。即

$$A_1h_1=A_2h_2$$

或
$$\frac{h_2}{h_1}=\frac{A_1}{A_2}\tag{1.2}$$

式中,h_1、h_2 分别为小活塞和大活塞的位移量。

　　从式(1.2)可知,两活塞的位移量和两活塞的面积成反比,将 $A_1h_1=A_2h_2$ 两端同除以活塞移动的时间 t 得:

$$A_1\frac{h_1}{t}=A_2\frac{h_2}{t}$$

或
$$A_1v_1=A_2v_2\tag{1.3}$$

式中,v_1、v_2 分别为小活塞和大活塞的运动速度。

　　$A\dfrac{h}{t}$ 的物理意义是单位时间内液体流过截面积为 A 的某一截面的体积,称为流量 q,即:$q=Av$。

　　如果已知进入缸体的流量 q,则活塞的运动速度为:

$$v = \frac{q}{A} \tag{1.4}$$

调节进入缸体的流量 q，即可调节活塞的运动速度 v，这就是液压传动与气压传动能实现无级调速的基本原理。从式(1.4)可得到另一个重要的基本概念，即：活塞的运动速度取决于进入液压缸的流量，而与流体压力大小无关。

(3)功率关系

由式(1.1)和式(1.3)可得：

$$F_1 v_1 = G v_2 \tag{1.5}$$

式(1.5)左端为液压千斤顶的输入功率，右端为输出功率，这说明在不计损失的情况下输入功率等于输出功率。由式(1.5)还可得出：

$$P = p A_1 v_1 = p A_2 v_2 = pq \tag{1.6}$$

式(1.6)表明，液压传动中的功率 P 为压力 p 与流量 q 的乘积。压力 p 和流量 q 是液压传动中最基本、最重要的两个参数，它们相当于机械传动中的力和速度，它们的乘积即为功率。

液压千斤顶在工作时由小液压缸筒 3 将外部输入的机械能转换为液体的压力能，再由大液压缸 6 将液体的压力能转换为机械能向外输出，以推动负载。由此可知，液压传动的过程就是机械能——液压能——机械能的能量转换过程。液压传动装置本质上是一种能量转换装置。液压传动的工作原理就是利用液体在密封容积发生变化时产生的压力能来实现运动和动力的传递。

1.2　液压传动系统的组成及工程表示

图 1.2 为一简化的液压传动系统，其工作原理如下：

液压泵 3 由电动机驱动旋转，从油箱 1 经过滤油器 2 吸油。当阀 5 的阀芯处于图示位置时，压力油经阀 4、阀 5 和管道 9 进入液压缸 7 的左腔，推动活塞向右运动。液压缸右腔的油液经管道 6、阀 5 和管道 10 流回油箱。改变阀 5 的阀芯的位置，使之处于左端时，液压缸活塞将反向运动。

改变流量控制阀 4 的开口，可以改变进入液压缸的流量，从而控制液压缸活塞的运动速度。液压泵排出的多余油液经阀 11 和管道 12 流回油箱。液压缸的工作压力取决于负载。液压泵的最大工作压力由溢流阀 11 调定，其调定值应为液压缸的最大工作压力及系统中油液经阀和管道的压力损失之总和。因此，系统的工作压力不会超过溢流阀的调定值，溢流阀对系统还起着过载保护作用。

由上述例子可以看出，液压传动系统除了工作介质外，主要由四大部分组成：

①动力元件——液压泵。它将机械能转换成压力能，给系统提供压力油。

②执行元件——液压缸或液压马达。它将压力能转换成机械能，推动负载做功。

③控制元件——液压阀（流量、压力、方向控制阀等）。它们对系统中油液的压力、流量和流动方向进行控制和调节。

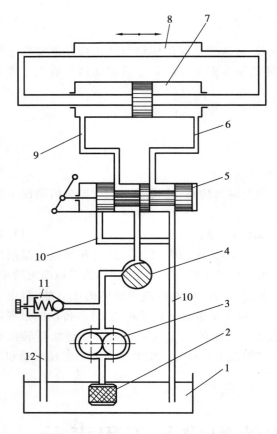

图 1.2　液压传动系统结构原理图

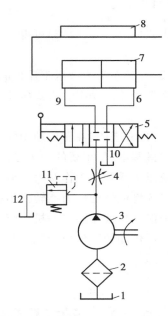

图 1.3　液压传动系统工作原理图

④辅助元件——系统中除上述三部分以外的其他元件,如油箱、管路、过滤器、蓄能器、管接头、压力表开关等。由这些元件把系统连接起来,以支持系统的正常工作。

图 1.2 所示液压系统中,各元件以结构符号表示。所构成的系统原理图直观性强,容易理解;但图形复杂,绘制困难。工程实际中均采用元件的标准职能符号绘制液压系统原理图。职能符号仅表示元件的功能,而不表示元件的具体结构及参数(元件职能符号参看附录 GB786.1—93)。图 1.3 即为采用标准职能符号绘制的液压系统工作原理图,简称液压系统图。

1.3　液压传动的优缺点

液压传动的主要优点:

①能够方便地实现无级调速,调速范围大。

②与机械传动和电气传动相比,在相同功率情况下,液压传动系统的体积较小,重量较轻。

③工作平稳,换向冲击小,便于实现频繁换向。

④便于实现过载保护,而且工作油液能使传动零件实现自润滑,因此使用寿命较长。

⑤操纵简单,便于实现自动化,特别是与电气控制联合使用时,易于实现复杂的自动工作

循环。

⑥液压元件实现了系列化、标准化和通用化，易于设计、制造和推广应用。

液压传动的主要缺点：

①液压传动中不可避免地会出现泄漏，液体也不可能绝对不可压缩，故无法保证严格的传动比。

②液压传动有较多的能量损失（泄漏损失、摩擦损失等），故传动效率不高，不宜作远距离传动。

③液压传动对油温的变化比较敏感，不宜在很高和很低的温度下工作。

④液压传动出现故障时不易找出原因。

小 结

①液压传动利用液体的压力能来传递动力（运动和力），与其他传动方式特点不同。

②液压系统由动力元件、执行元件、控制元件、辅助元件组成，用液体作为工作介质。

③液压系统的压力取决于负载，执行元件的运动速度取决于进入它的液体的流量，液压系统的功率取决于压力和流量。

④液压元件及系统原理图按国家标准（GB786.1—93）规定的图形符号绘制。

思考题与习题

1.1 什么叫液压传动？简述其工作原理。

1.2 液压系统由哪几部分组成？各部分的作用是什么？

1.3 液压系统的压力、速度、功率取决于什么？

1.4 简述液压传动的优缺点。

第 2 章　液压流体力学基础

液体是液压传动的工作介质,是能量进行传递的中间媒介。因此,了解液体的基本力学性质,掌握液体在平衡状态和运动状态下的力学规律,有助于正确理解液压传动原理,也是合理地设计和使用液压系统的理论基础。

2.1　液压油的主要性质及选用

2.1.1　液压油的主要性质

(1)密度

单位体积液体的质量称为该液体的密度,即

$$\rho = \frac{m}{V} \tag{2.1}$$

式中　V——液体的体积;

$\quad\quad m$——体积为 V 的液体的质量;

$\quad\quad \rho$——液体的密度。

密度是液体的一个重要物理参数,当液体温度或压力发生变化时,其密度也会发生变化。但其变化量一般很小,所以常取密度为定值。一般液压油的密度取 900kg/m^3。

(2)可压缩性

液体受压力作用而发生体积减小的性质称为液体的可压缩性。体积为 V 的液体,当压力增加 Δp 时,体积减小 ΔV,则液体在单位压力变化下的体积相对变化量为:

$$\beta = -\frac{1}{\Delta p}\frac{\Delta V}{V} \tag{2.2}$$

式中,β 称为液体的压缩系数,因压力变化方向与体积变化方向相反,式中加一负号以保证 β

为正值。

β 的倒数称为液体的体积弹性模量,以 K 表示

$$K = \frac{1}{\beta} = -\frac{\Delta p}{\Delta V} V \tag{2.3}$$

K 表示产生单位体积相对变化量所需要的压力增量。实际应用中常用 K 值说明液体抵抗压缩能力的大小。

在常温下,纯净油液的体积弹性模量 K 取 $(1.4 \sim 2) \times 10^3 \, \mathrm{MPa}$,数值非常大,故对于一般液压系统,可认为油液是不可压缩的,但当液压油中混入空气时,其可压缩性将显著增加,这会严重影响液压系统的工作性能。在有较高要求或压力变化较大的液压系统中,应力求减少油液中混入的气体及其他易挥发物质(汽油、煤油、乙醇、苯等)的含量。由于油液中的气体难以完全排除,实际计算中常取 $K = 0.7 \times 10^3 \, \mathrm{MPa}$。

(3) 黏性

液体在外力作用下流动时,分子间的内聚力要阻止分子相对运动而产生的一种内摩擦力,这种现象叫做液体的黏性。液体只有在流动时才会呈现出黏性,静止液体是不呈现黏性的。

黏性使流动液体内部各处的速度不相等。如图 2.1 所示,若两平行平板间充满液体,下平板不动,而上平板以速度 u_0 向右平动。由于液体的黏性,紧靠下平板和上平板的液体层速度分别为零和 u_0,而中间各液层的速度则视它距下平板的距离按线性规律变化。

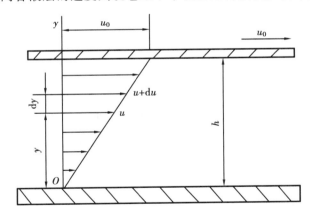

图 2.1　液体黏性示意图

实验测定指出:液体流动时相邻液层间的内摩擦力 F_t 与液层接触面积 A、液层间的速度梯度 $\mathrm{d}u/\mathrm{d}y$ 成正比,即

$$F_t = \mu A \frac{\mathrm{d}u}{\mathrm{d}y} \tag{2.4}$$

式中,μ 为比例常数,称为黏性因数或黏度。如以 τ 表示切应力,即单位面积上的摩擦力,则

$$\tau = \frac{F_t}{A} = \mu \frac{\mathrm{d}u}{\mathrm{d}y} \tag{2.5}$$

由式(2.5)可知,在静止液体中,速度梯度为零,内摩擦力为零,故液体在静止状态下是不呈现黏性的。

黏度是衡量流体黏性的指标。常用的黏度有动力黏度、运动黏度和相对黏度,下面仅介绍

前两者。

1)动力黏度 μ

动力黏度可由式(2.5)导出,即

$$\mu = \tau \frac{\mathrm{d}y}{\mathrm{d}u} \tag{2.6}$$

由此可知,动力黏度的物理意义是:液体在单位速度梯度下流动时,液层间单位面积上产生的内摩擦力。动力黏度 μ 又称绝对黏度。

动力黏度 μ 的单位为帕秒(Pa·s)或 N·s/m^2。

2)运动黏度 υ

动力黏度 μ 与液体密度 ρ 之比叫做运动黏度 υ,即

$$\upsilon = \frac{\mu}{\rho} \tag{2.7}$$

运动黏度没有明确的物理意义。在理论分析和计算中常遇到 μ 与 ρ 的比值,为方便起见用"υ"表示。其单位中有长度和时间的量纲,故称为运动黏度。运动黏度 υ 的单位为 mm^2/s。

我国液压油的黏度等级是用 40℃时的运动黏度(以 mm^2/s 计)的中心值来划分的,如某牌号为 L—HL22 的普通液压油在温度为 40℃时的运动黏度为 22mm^2/s。

液体的黏度随温度和压力的变化而变化。一般来说,温度升高,黏度下降;压力升高,黏度增加。在液压传动中,由于压力不是特别高,一般不考虑其对黏度的影响。温度对黏度的影响较大,应予以考虑。一般用黏度指数来衡量黏度随温度的变化程度,黏度指数越大,黏度受温度的影响越小。

(4)其他性质

液压油还有其他一些性质,如稳定性(热稳定性、氧化稳定性、水解稳定性、剪切稳定性等)、抗泡沫性、抗乳化性、防锈性、润滑性以及相容性(对所接触的金属、密封材料、涂料等作用程度)等,都对它的选择和使用有重要影响。这些性质需要在精炼的矿物油中加入各种添加剂来获得。相关知识,可参阅有关资料。

2.1.2　液压油的选用

(1)液压传动对工作介质的性能要求

不同的工作机械和不同的使用情况对液压传动工作介质的要求有很大的不同。为了很好地传递运动和动力,液压传动工作介质应具备如下性能:

①合适的黏度,较好的黏温特性。

②润滑性能好。

③质地纯净,杂质少。

④对金属和密封件有良好的相容性。

⑤对热、氧化、水解和剪切都有良好的稳定性。温度低于 57℃时,油液的氧化速度缓慢,之后,温度每增加 10℃,氧化的程度增加一倍,所以,控制液压传动工作介质的温度特别重要。

⑥抗泡沫好,抗乳化性好,腐蚀性小,防锈性好。

⑦体积膨胀系数小,比热容大。

⑧流动点和凝固点低,闪点(明火能使油面上油蒸气闪燃,但油本身不燃烧时的温度)和燃点高。

⑨对人体无害,成本低。

对轧钢机、压铸机、挤压机和飞机等液压系统则须突出耐高温、热稳定、不腐蚀、无毒、不挥发、防火等项要求。

表 2.1　液压系统工作介质分类(GB11118—89)

分　类	名　称	代　号	组成和特性	应　用
石油型	精制矿物油	L—HH	无抗氧剂	低压液压系统、循环润滑系统
	普通液压油	L—HL	HH 油,并改善其防锈和抗氧性	低压液压系统、循环和非循环润滑系统
	抗磨液压油	L—HM	HL 油,并改善其抗磨性	低、中、高压液压系统
	高黏度指数液压油	L—HR	HL 油,并改善其黏温性	环境恶劣、温度变化较大的低压液压系统
	高黏度指数抗磨液压油	L—HV	HM 油,并改善其黏温特性	环境恶劣、温度变化较大的低、中、高压液压系统
	液压导轨油	L—HG	HM 油,并改善其黏—滑特性	使用于液压和导轨润滑系统合用一种油品的机床
乳化型	水包油乳化液	L—HFAE	含水大于80%。难燃性好,便宜;但低温性、黏温性、润滑性差	用于需要难燃液、对润滑性要求不高的场合,如煤矿液压支架
	油包水乳化液	L—HFB	含水小于40%。难燃性较好;但低温性、黏温性、润滑性较差	
合成型	水—聚合物液	L—HFC	含乙二醇或其他聚合物的水溶液。低温、黏温、难燃性好	
	磷酸酯液	L—HFDR	磷酸酯中加入各种添加剂。难燃性好,但黏温性、低温性差	

(2)液压油的选用

液压系统通常采用石油型液压油。在特殊场合还可用乳化型、合成型液压油。各类型液压油的有关情况参见表 2.1。

一般可根据液压系统的使用性能和工作环境等因素确定液压油的品种。当品种确定后，主要考虑油液的黏度。在确定油液黏度时主要应考虑系统工作压力、环境温度及工作部件的运动速度。当系统的工作压力较大、环境温度较高、工作部件运动速度较低时，为了减少泄漏，宜采用黏度较高的液压油。当系统工作压力较小、环境温度较低而工作部件运动速度较高时，为了减少摩擦功率损失，宜采用黏度较低的液压油。

当选购不到合适黏度的液压油时，可采用调和的方法得到满足黏度要求的调和油。当液压油的某些性能指标不能满足某些系统较高要求时，可在油中加入各种改善其性能的添加剂——抗氧化、抗泡沫、抗磨损、防锈以及改进黏温特性的添加剂，使之适用于特定的场合。

液压油的牌号及其技术性能指标，可查阅有关资料。

2.2　静止液体的力学性质

这里所定义的静止，是指液体内部质点之间没有相对运动，因而液体的黏性不会呈现出来。

2.2.1　液体静压力及其特性

作用在液体上的力有质量力和表面力两种类型。质量力作用于液体的所有质点上，如重力、惯性力等；表面力作用在所研究液体的某表面上，如切向力、法向力等。表面力可以是其他物体作用在液体上的力，也可以是一部分液体作用在另一部分液体上的力。

(1)液体的静压力

静止液体在单位面积上所受的法向力称为静压力。

若静止液体内某点处的微小面积 ΔA 上作用有法向力 ΔF，当 $\Delta A \to 0$ 时，则该点的静压力可表示为：

$$p = \lim_{\Delta A \to 0} \frac{\Delta F}{\Delta A} \tag{2.8}$$

若在液体的面积 A 上所受均匀分布的作用力 F 时，则静压力可表示为：

$$p = \frac{F}{A} \tag{2.9}$$

液体静压力在物理学上称为"压强"，在工程实际中习惯称为"压力"。

液体的压力是在外力挤压下产生的。这些外力就是前述的质量力和表面力。由于液体是流体，要使其受到挤压，必须在密闭容器中进行。

（2）液体静压力的特性

①液体静压力垂直于作用面,方向与该面的内法线方向一致。

②静止液体内任一点所受的静压力在各个方向上都相等。

（3）液体静力学基本方程

在重力作用下静止液体的受力情况可用图 2.2 表示。在液体中任取一点 A,若要求得液体内 A 点处的压力 p,可从液体中取出一个底部通过该点的垂直小液柱。设液柱的底面积为 dA,高度为 h,如图 2.2 所示。液柱本身重力为 $G=\rho g h dA$,由于液柱处于平衡状态,则力平衡方程为:

$$p dA = p_0 dA + \rho g h dA \tag{2.10}$$

$$p = p_0 + \rho g h \tag{2.11}$$

式中　p_0——作用在液面上方的压力;

　　　ρ——液体密度。

式（2.11）为液体静力学的基本方程。

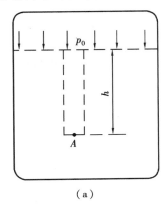
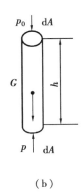

（a）　　　　　　　　　　　（b）

图 2.2　重力作用下静止液体的受力

由式（2.11）可知,静止液体内任意点的压力由两部分组成:即液面外压力 p_0 和液体自重对该点的压力 $\rho g h$。静止液体内的压力随液体的深度呈线性规律分布。静止液体内同一深度的各点压力相等,压力相等的所有点组成的面为等压面。在重力作用下,静止液体的等压面是一个水平面。

（4）压力表示方法及单位

压力的表示方法有绝对压力和相对压力两种。绝对压力以绝对真空为基准来进行度量;相对压力是以大气压 p_0 为基准来进行度量。

绝对压力、大气压力、相对压力的关系是:

绝对压力＝相对压力＋大气压力

相对压力＝绝对压力－大气压力

绝大多数压力表测得的压力都是相对压力,因而工程中习惯把相对压力称做"表压力"。当绝对压力＞大气压力时,表压力为正;当绝对压力＜大气压力时,表压力为负。工程上把负的表压力称做"真空度"。

在液压传动中，若没有特别指明，一般所说的"压力"，就是指"表压力"。

压力的单位为 N/m^2，称为帕斯卡，简称帕，用"Pa"表示。在工程上常采用 kPa，MPa。

$$1MPa = 10^3 kPa = 10^6 Pa$$

2.2.2　帕斯卡原理

在密封容器中，当静止液体内任何一点的压力发生变化时（例如增加 Δp），该压力变化将等值地传递到液体内任意一点，即其他任意点的压力也将增加 Δp，这就是帕斯卡原理（或称静压传递原理）。帕斯卡原理是液压传动的理论依据，也就是说，液压传动是根据帕斯卡原理来工作的。

在图 1.1 所示的液压千斤顶中，通过手柄在小活塞上施加一个外力 F_1，该力通过小活塞作用在液体的表面上，使该表面处的压力增加 F_1/A_1，根据帕斯卡原理（此时阀 5 开启），大活塞下的压力也将增加 F_1/A_1，该压力增量将使大活塞产生向上的推力 F_2，则

$$F_2 = \frac{F_1}{A_1} A_2$$

由于 $A_2 \gg A_1$，因此 $F_2 \gg F_1$。由此可见，液压千斤顶正是利用了帕斯卡原理实现了增力的效果。

在液压传动中，作用在液体表面的外力所产生的压力远远大于液体自重所产生的压力，可以将式（2.11）中的 $\rho g h$ 一项略去，认为在连续液体中任何一点的压力相等。

2.2.3　液压力产生的作用力

在液压传动中，一般不考虑液体自重所产生的压力，认为在连续液体中任何一点的压力相等，则作用在承压面上各点的压力都相等。

根据液压力的特性，液压力垂直作用于承压面，其外效应就是对承压面产生的作用力。

(1)液压力作用在平面上产生的作用力

当承压面是平面时，如图 2.3(a)所示，液压力对平面产生的总作用力 F 等于液压力 p 与承压面面积 A 的乘积，方向为承压面的内法线方向，即

$$F = p \cdot A \tag{2.12}$$

(2)液压力作用在曲面上产生的作用力

当承压面是曲面时，液压力对某曲面产生的朝某一方向的作用力 F_n 等于液压力 p 与该曲面在该方向的投影面积 A_n 的乘积，即

$$F_n = p \cdot A_n \tag{2.13}$$

液压传动中常见的曲面是图 2.3 所示的球面和锥面，液压力作用在该部分曲面上产生的向上的作用力 F_n 等于液压力 p 与该曲面在该方向的投影面积 A_n 的乘积，即

$$F_n = p \cdot A_n = p \cdot \frac{\pi}{4} d^2$$

式中, d 为承压部分曲面投影圆的直径。

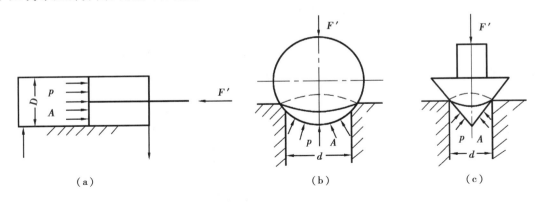

（a）　　　　　　　　　　　　（b）　　　　　　　　　　　　（c）

图 2.3　液压力作用在固体表面上产生的作用力

2.3　流动液体的力学性质

(1)理想液体和稳定流动

所谓"理想液体",是一种无黏性、不可压缩的液体。当液体在流动时,其内部任意点处的压力、速度和密度都不随时间而变化,这种流动称为稳定流动。理想液体和稳定流动是为了研究的方便而假想出来的概念。

(2)过流断面、流量和平均流速

液体在管道中流动时,其垂直于流动方向的截面称为过流断面。对于等径直管,过流断面就是管道的横截面。

单位时间内流过过流断面的液体的体积称为流量,用"q"表示。对于微小流束,通过该过流断面的流量为 $dq = vdA$,流过整个过流断面 A 的流量为:

$$q = \int_A v dA \tag{2.14}$$

在实际流动中,过流断面上各点的流速是不同的。距过流断面中心越近,点的流速越大。平均流速是过流断面上各点流速的平均值,用"v"表示,可用下式计算:

$$v = \frac{q}{A} \tag{2.15}$$

式中　q——通过过流断面的液体流量。常用单位:米³/秒(m³/s)、升/分(L/min);

　　　A——过流断面的面积。

在工程实际中,在没有特别说明的情况下,一般所说的流速就是指平均流速。

利用式(2.15)可以方便地求得液压缸活塞的运动速度,其在数值上等于液体在缸筒内的平均流速。

2.3.1　液流的连续性原理

液体在密闭管路中做稳定流动时,单位时间流过任一过流断面的液体质量相等,这就是液流连续性原理。液流连续性原理是质量守恒定律在流体力学中的具体应用。

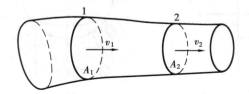

图 2.4　液流连续性示意图

设液体在图 2.4 所示的管道中做稳定流动。若任取的 1、2 两个过流断面的面积分别为 A_1 和 A_2,并且在该两个断面处的液体密度和平均流速分别为 ρ_1、v_1 和 ρ_2、v_2,根据液流连续性原理,在单位时间内流过两个断面的液体质量相等,即

$$\rho_1 v_1 A_1 = \rho_2 v_2 A_2 = 常数$$

若忽略液体的可压缩性,则 $\rho_1 = \rho_2$,可得:

$$v_1 A_1 = v_2 A_2 = 常数 \tag{2.16}$$

式(2.16)就是液流连续性原理在单一管路中的应用表达式。它表明液体在管道中流动时,流速和过流断面的面积成反比。

2.3.2　伯努利方程

伯努利方程是能量守恒定律在流体力学中的表现形式。

(1)理想液体的伯努利方程

设理想液体在如图 2.5 所示的管道内做稳定流动。任取一段液流 ab 作为研究对象,设 a、b 两断面中心到基准面 o—o 的高度分别为 h_1 和 h_2,两过流断面的面积分别为 A_1 和 A_2,压力分别为 p_1 和 p_2;由于它是理想液体,断面上的流速可以认为是均匀分布的,故设 a、b 断面的流速分别为 v_1 和 v_2。假设经过很短时间 Δt 以后,ab 段液体移动到 $a'b'$ 位置。现分析该段液体的功能变化。

1)外力所做的功

作用在该段液体上的外力有与管壁接触的侧面以及两断面的压力,因理想液体无黏性,侧面压力不能产生摩擦力做功,故外力的功仅是两断面压力所做功的代数和,即

$$W = p_1 A_1 v_1 \Delta t - p_2 A_2 v_2 \Delta t$$

由连续性原理知:

$$A_1 v_1 = A_2 v_2 \ 或 \ A_1 v_1 \Delta t = A_2 v_2 \Delta t = \Delta V$$

式中　　ΔV——aa' 或 bb' 微小段液体的体积。

故　　　　　　　　　　　　　　$$W = (p_1 - p_2) \Delta V$$

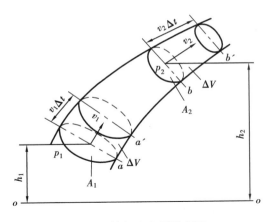

图 2.5 伯努利方程示意图

2)液体机械能的变化

因它是理想液体做稳定流动,经过时间 Δt 后,中间 $a'b$ 段液体的所有力学参数均未发生变化,故这段液体的能量没有增减。液体机械能的变化仅表现在 aa' 和 bb' 两小段液体的能量差别上。

由于前后两段液体有相同的质量 $\Delta m = \rho_1 v_1 A_1 \Delta t = \rho_2 v_2 A_2 \Delta t = \rho \Delta V$,因此两段液体的位能差 ΔE_p 和动能差 ΔE_k 分别为:

位能差
$$\Delta E_p = \rho g \Delta V(h_2 - h_1)$$

动能差
$$\Delta E_k = \frac{1}{2}\rho \Delta V(v_2^2 - v_1^2)$$

根据能量守恒定律,外力对液体所做的功等于该液体能量的变化量,$W = \Delta E_p + \Delta E_k$,即

$$(p_1 - p_2)\Delta V = \rho g \Delta V(h_2 - h_1) + \frac{1}{2}\rho \Delta V(v_2^2 - v_1^2)$$

将上式各项分别除以微小段液体的重力 $\rho g \Delta V$,整理后得理想液体伯努利方程为:

$$\frac{p_1}{\rho g} + \frac{v_1^2}{2g} + h_1 = \frac{p_2}{\rho g} + \frac{v_2^2}{2g} + h_2 \tag{2.17}$$

或写成:
$$\frac{p}{\rho g} + \frac{v^2}{2g} + h = 常数 \tag{2.18}$$

式(2.17)、(2.18)即为理想液体伯努利方程。

上式中各项分别是单位重力液体的压力能、动能和位能,分别称做比压能、比动能和比位能。它们都具有长度量纲。

上述伯努利方程的物理意义是:在密封管道内做稳定流动的理想液体具有三种形式的能量:即压力能、动能和位能。在流动过程中,三种能量可以相互转化,但在任一过流断面上,三种能量之和不变。

(2)实际液体伯努利方程

实际液体在管道内流动时,由于液体存在黏性,会产生内摩擦力,消耗能量;同时,管道局部形状和尺寸的骤然变化,使液流产生扰动,也消耗能量。因此,实际液体流动有能量损失。设单位重力液体在两断面间流动的能量损失为 h_w,再考虑到实际液体在管道过流断面上的流

速分布不均,在用平均流速代替实际流速计算动能时,会产生误差,引入动能修正因数 α,则实际液体的伯努利方程为:

$$\frac{p_1}{\rho g}+\frac{\alpha_1 v_1^2}{2g}+h_1=\frac{p_2}{\rho g}+\frac{\alpha_2 v_2^2}{2g}+h_2+h_w \tag{2.19}$$

式中,对于动能修正因数 α_1、α_2 的值,当紊流时,取 $\alpha=1$;当层流时,取 $\alpha=2$(紊流、层流的意义见 2.3.3 节)。

伯努利方程揭示了液体流动过程中的能量变化规律,因此,它是流体力学中的特别重要的基本方程。伯努利方程不仅是进行液压系统分析的理论基础,而且还可用来对多种液压问题进行研究和计算。

2.3.3　液体流动中的压力损失

(1)层流、紊流、雷诺数的概念

英国学者雷诺通过大量的实验研究发现:液体有两种流动状态——层流状态和紊流状态。当液体流速发生变化时,其流动状态也将发生变化。在流速较低时,液体各质点互不干扰,液流做规则的、层次分明的稳定流动,此即为层流状态;在流速较高时,液体各质点互相碰撞,液流做不规则的、杂乱无章的紊乱流动,此时即为紊流状态。

雷诺通过大量的实验证明:液体在圆管中的流动状态不仅与管内平均流速有关,还与管径和流体的黏度有关。可用量纲一的数来判断液流状态,此量纲一的数就是雷诺数 Re,即

$$Re=\frac{vd}{v} \tag{2.20}$$

式中　v——液体在圆管中的平均流速,m/s;

　　　　d——圆管的直径,m;

　　　　v——液体的运动黏度,m^2/s。

由于液体流动具有惯性,由层流转变为紊流时的雷诺数与由紊流转变为层流时的雷诺数不同。后者较前者小,工程中将后者作为判断液流状态的依据,称为临界雷诺数 Re_c。当实际雷诺数 Re 小于临界雷诺数 Re_c 时,液流为层流;反之,为紊流。常见液流管道的临界雷诺数由实验求得,参见表 2.2。

表 2.2　常见液流管道的临界雷诺数

管道的形状	临界雷诺数	管道的形状	临界雷诺数
光滑的金属圆管	2 000～2 300	有环槽的同心环状缝隙	700
橡胶软管	1 600～2 000	有环槽的扁心环状缝隙	400
光滑的同心环状缝隙	1 100	圆柱形滑阀阀口	260
光滑的偏心环状缝隙	1 000	锥阀阀口	20～100

(2)沿程压力损失

液体在等径直管中流动时因黏性摩擦而产生的压力损失称为沿程压力损失。

1)层流状态下的沿程压力损失

液体在等径直管中流动时多数情况下为层流。

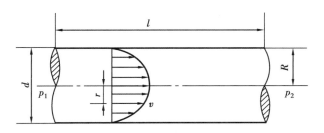

图 2.6　圆管层流速度分布

经理论推导可知,液体在圆管中做层流运动时,速度对称于圆管中心线分布,在某一压力降 $\Delta p = p_1 - p_2$ 的作用下,液流流速 v 沿圆管半径 r 呈抛物线规律分布,如图 2.6 所示。当 $r = 0$ 时,即圆管轴线上流速最大;当 $r = R$ 时,流速为零。速度分布表达式为:

$$v = \frac{\Delta p}{4\mu \cdot l}(R^2 - r^2) \tag{2.21}$$

式(2.21)在整个过流断面上积分,可推导出圆管层流的流量 q 为:

$$q = \int_A v \mathrm{d}A = \frac{\pi d^4}{128\mu \cdot l}\Delta p \tag{2.22}$$

式中　d——圆管直径;

　　　l——圆管长度;

　　　μ——液体的动力黏度。

式(2.22)也称泊肃叶公式。

根据平均流速的概念,管路中的平均流速 v 为:

$$v = \frac{q}{A} = \frac{d^2}{32\mu \cdot l}\Delta p \tag{2.23}$$

将 $\mu = \rho v$ 代入上式得:

$$\Delta p = 64 \cdot \frac{v}{vd} \cdot \frac{l}{d} \cdot \frac{\rho v^2}{2} = \frac{64}{Re} \cdot \frac{l}{d} \cdot \frac{\rho v^2}{2}$$

令 $\lambda = \frac{64}{Re}$,并用 Δp_l 代替 Δp,化简上式得圆管层流的沿程压力损失 Δp_l 为:

$$\Delta p_l = \lambda \cdot \frac{1}{d} \cdot \frac{\rho \cdot v^2}{2} \tag{2.24}$$

式中　λ——沿程阻力因数,其理论值为 $\lambda = \frac{64}{Re}$;

　　　p——液体的密度;

　　　v——液流的平均流速;

　　　d——管路直径;

　　　l——直管段长度。

在液压传动中,液压油在金属圆管中流动时,$\lambda = \frac{75}{Re}$;在橡胶管中流动时,$\lambda = \frac{80}{Re}$。

2)紊流状态下的沿程压力损失

紊流流动现象是很复杂的,至今没有得到很满意的理论计算方法。在工程中,紊流状态下的沿程压力损失仍用式(2.24)来计算,而沿程阻力因数 λ 则采用实验的方法来研究。λ 值除

与雷诺数有关外,而且与管壁的粗糙度有关。在一般的计算中,λ 可取:

$$\lambda = \sqrt[4]{\frac{0.316\ 4}{Re}}$$

(3)局部压力损失

　　液体流经阀门、弯管及断面突变处时,要产生压力损失,该压力损失称为局部压力损失。原因在于液体流经这些局部阻力区,流速和流向发生急剧变化,局部地区形成漩涡,使液体质点互相碰撞和摩擦而产生能量损失。

　　由于液体在上述局部阻力区的流动很复杂,从理论上计算局部压力损失非常困难。一般用实验来得出局部阻力因数,然后按下式计算:

$$\Delta p_r = \zeta \frac{\rho \cdot v^2}{2} \tag{2.25}$$

式中　ζ——局部阻力因数(由实验确定,具体数据可查阅有关手册);

　　　　v——平均流速(为安全起见,一般取局部阻力区域中的最大流速);

　　　　ρ——液体的密度。

　　液体流经各种阀的局部压力损失可由阀的产品技术规格中查得。查得的压力损失为其公称流量 q_e 下的压力损失 Δp_e。当实际通过阀的流量 q 不等于公称流量 q_e 时,局部压力损失可按下式计算:

$$\Delta p_r = \Delta p_e \left(\frac{q}{q_e}\right)^2 \tag{2.26}$$

2.4　液体在小孔和缝隙中的流动

2.4.1　液体在小孔中的流动

　　小孔可分为三种:当小孔的长径比 $l/d \leqslant 0.5$ 时,称为薄壁孔;当 $l/d > 4$ 时,称为细长孔;当 $0.5 < l/d < 4$ 时,称为短孔。

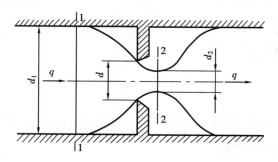

图 2.7　薄壁小孔流动状态

(1) 薄壁小孔的流量计算

图 2.7 所示为进口边做成锐缘的典型薄壁孔口。由于惯性作用,液流通过小孔时要发生收缩现象,在靠近孔口的后方出现收缩最大的过流断面。现在孔前通道断面 1—1 和收缩断面 2—2 之间列伯努利方程为:

$$\frac{p_1}{\rho g}+\frac{\alpha_1 v_1^2}{2g}+h_1=\frac{p_2}{\rho g}+\frac{\alpha_2 v_2^2}{2g}+h_2+h_w$$

式中,$h_1=h_2$;因为 $d_1 \gg d$,所以 $v_1 \ll v_2$,可以忽略不计;收缩断面的流动状态为紊流,$\alpha_2=1$;因两断面相距很近,沿程阻力损失可忽略不计,则 h_w 仅为局部阻力损失,即:$h_w=\frac{\Delta p_r}{\rho g}=\zeta \frac{v_2^2}{2g}$。

代入上式整理后得:

$$v_2=\frac{1}{\sqrt{1+\zeta}}\sqrt{\frac{2}{\rho}(p_1-p_2)}=C_v\sqrt{\frac{2}{\rho}\Delta p} \tag{2.27}$$

式中　Δp——小孔前后的压力差,$\Delta p=p_1-p_2$;

　　　C_v——速度因数,$C_v=\dfrac{1}{\sqrt{1+\zeta}}$。

由此可得通过薄壁小孔的流量公式为:

$$q=A_2 v_2=C_v C_c A\sqrt{\frac{2}{\rho}\Delta p}=C_q A\sqrt{\frac{2}{\rho}\cdot\Delta p} \tag{2.28}$$

式中　C_q——流量因数,$C_q=C_v C_c$;

　　　C_c——收缩因数,$C_c=A_2/A=d_2^2/d^2$;

　　　A_2——收缩断面的面积;

　　　A——小孔过流断面面积,$A=\dfrac{\pi}{4}d^2$。

$C_q=(C_c\cdot C_v)$ 的数值可由实验确定。当 $d_1/d \geqslant 7$ 时,$C_q=0.62$;当 $d_1/d<7$ 时,C_q 取 $0.7\sim0.8$。

薄壁孔由于流程很短,流量对油温的变化不敏感,因而流量稳定,且不易堵塞,宜做节流器用,但薄壁孔加工困难。

(2) 细长孔的流量计算

由于液体的黏性,液体在细长孔内流动不畅,多为层流。其流量计算可以应用前面推出的圆管层流流量公式(2.22),即

$$q=\frac{\pi\cdot d^4}{128\mu\cdot l}\Delta p$$

细长孔的流量与油液的黏度有关,当油温变化时,油的黏度变化,因而流量也随之发生变化。此外,压力降对流量的影响相对较大。一般细长孔用于做限压器或流量精度要求不高的节流器。

(3) 短孔的流量计算

短孔的流量公式依然是式(2.28),但流量因数 C_q 不同,一般取 $C_q=0.28$。短孔常用来做

固定节流器。

2.4.2　液体在缝隙中的流动

(1)平面缝隙的流量计算

图 2.8 所示为液体在两固定平行平板间流动的情形。两固定平行平板缝隙高为 δ,长度为 l,宽度为 b,b 和 l 一般比 δ 大得多。液体沿 x 轴方向流动。缝隙两端压差为 $\Delta p = p_1 - p_2$。不考虑侧漏,经理论推导可得出液体流经该平板缝隙的流量为:

$$q = \frac{\delta^3 b}{12\mu \cdot l}\Delta p \tag{2.29}$$

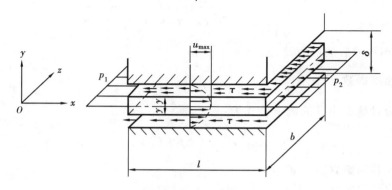

图 2.8　液体在平行平面中的流动

从上式可以看出,液体在平面缝隙中的流量与缝隙高 δ 的三次方成正比,与液体的黏度、缝隙长度成反比。为减小液体的泄漏,要尽量减小缝隙、适当增大黏度、增长流体的泄漏路程。

若图 2.8 所示的上平板以一定速度 v 相对下平板运动,在无压差作用下,由于液体的黏性,缝隙间的液体仍会产生流动,此流动称为剪切流动。这种情况下通过该缝隙的流量为:

$$q = \frac{v}{2}b\delta \tag{2.30}$$

在压差作用下,液体流经相对运动平行板缝隙的流量应为压差流动和剪切流动两种流量的叠加,即:

$$q = \frac{\delta^3 b}{12\mu \cdot l}\Delta p \pm \frac{v}{2}b\delta \tag{2.31}$$

上式中,平板运动方向与压差作用下液体流向相同时取"+"号;反之,取"-"号。

(2)环形缝隙的流量计算

在液压传动系统中,流体流经同心和偏心环形缝隙是最常见的情况,如液压缸的缸体与活塞之间的缝隙、阀套与阀芯之间的缝隙等。

如图 2.9 所示,偏心环形缝隙的长度为 l,缝隙为 δ,其偏心距为 e、内圆直径为 d、内外环沿轴线方向的相对运动速度为 v。通过该缝隙的流量为:

$$q = \frac{\pi d\delta^3}{12\mu \cdot l}\Delta p(1+1.5\varepsilon^2) \pm \frac{\pi d\delta \cdot v}{2} \tag{2.32}$$

式中, $\varepsilon = \dfrac{e}{\delta}$, 为相对偏心率。

如果内外环间无相对运动, 即没有剪切流动时, 则

$$q = \frac{\pi d \delta^3 \Delta p}{12 \mu l}(1 + 1.5 \varepsilon^2) \qquad (2.33)$$

由上两式可以看出, 环形缝隙流量的影响因素除与平面缝隙相同之外, 还与偏心有关。

在式(2.33)中, 当 $\varepsilon = 0$ (即偏心距 $e = 0$) 时, 得到的是同心圆环缝隙中的流量公式。当 $\varepsilon = 1$ (即 $e = \delta$ 时), 偏心圆环缝隙的流量最大, 为同心圆环缝隙中流量的 2.5 倍。

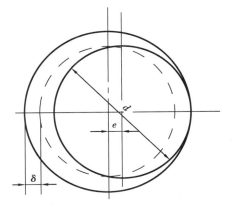

图 2.9　液体在偏心环形缝隙中的流动

2.5　液压冲击和汽蚀现象

2.5.1　液压冲击及其防范措施

在液压系统工作过程中, 管路中流动的液体往往会因执行部件换向或阀门关闭等原因而突然停止运动, 由于液流的惯性, 在系统内会产生很大的瞬时压力峰值, 这种现象叫做液压冲击。液压冲击会引起系统的振动和噪声; 其压力峰值可超过工作压力的几倍, 有时使某些液压元件、密封装置和管路损坏; 可使某些元件(顺序阀、压力继电器等)产生误动作, 影响系统正常工作。

造成液压冲击的本质原因是液体流速的突变。要减小液压冲击对液压系统造成的危害, 一方面要设法降低液流速度的突变值; 另一方面要设法吸收或释放冲击能量, 防止瞬时压力的升高。具体可采取以下措施:

①减小系统的换向速度;

②限制管路中的液流速度;

③设置储能器;

④在易出现液压冲击的地方安装安全阀。

2.5.2　汽蚀现象及其防范措施

在液压系统中, 如果某处的压力低于空气分离压时, 原先溶解在液体中的空气就会分离出来, 导致液体中出现大量气泡; 如果液体中的压力进一步降低到相应温度下的饱和蒸气压时, 液体将迅速汽化, 产生大量蒸气泡。这种由于液体压力过低而导致大量气(汽)泡产生的现象

称做"气穴现象"。

气穴现象的发生破坏了液流的连续性,造成流量和压力脉动;气(汽)泡随液流进入高压区时又迅速破灭,原气(汽)泡周围的液体向中心汇聚,以致引起局部液压冲击,发出噪声并引起振动;当附着在金属表面上的气(汽)泡破灭时,原气(汽)泡周围的液体冲向金属表面,产生高压并伴随局部高温,会使金属材料产生疲劳和腐蚀,造成疲劳磨损和腐蚀磨损,形成蜂窝状的侵蚀坑。上述现象称做"汽蚀现象"。汽蚀现象会使液压系统的性能变坏,使液压元件的寿命缩短。

产生汽蚀现象的本质原因是系统局部压力过低。易出现局部压力过低的地方一般在阀口、断面突然收缩、泵的吸入口处。为防止汽蚀现象,对于液压泵来说,要正确设计泵的结构参数和泵的吸油管路;对于液压元件和系统管路,应尽量避免出现流道狭窄处或急剧转弯,以防止产生局部低压区。另外,应合理选择液压元件的材料,增加零件的机械强度,提高零件表面质量等,以提高抗疲劳和腐蚀磨损的能力。

小　结

在液压传动中,可近似地认为液体是不可压缩的,液体的密度处处相等。液压油的黏性大小可用黏度来表示。黏度越高,则黏性越大,表象为油越稠。黏度随温度的升高而下降,随压力的升高而增大。在液压传动中,压力对黏度的影响相对较小,一般不予考虑。在高压的液压系统中,泄漏是矛盾的主要方面,液压油的黏度要选大点;在低压快速的液压系统中,流动阻力损失是矛盾的主要方面,液压油的黏度要选小点。

液压力是在外力的挤压作用下产生的。挤压液体的外力有表面力和质量力。在液压传动中,质量力产生的液压力远远小于表面力产生的液压力,一般不予考虑,从而认为连续液体中的液体静压力处处相等。

绝对压力、表压力、大气压力的关系:绝对压力＝表压力＋大气压力。若没有特别说明,液压传动中所说的液压力是指表压力。负的表压力称做"真空度"。

帕斯卡原理是液压传动的理论基础。

液流连续性方程:$q=vA=$ 常数。

理想液体伯努利方程:$\dfrac{p_1}{\rho g}+\dfrac{v_1^2}{2g}+h_1=\dfrac{p_2}{\rho g}+\dfrac{v_2^2}{2g}+h_2$。

实际液体的伯努利方程:$\dfrac{p_1}{\rho g}+\dfrac{\alpha_1 v_1^2}{2g}+h_1=\dfrac{p_2}{\rho g}+\dfrac{\alpha_2 v_2^2}{2g}+h_2+h_w$。紊流时,取 $\alpha=1$;层流时,取 $\alpha=2$。在要求不高的计算中,也可以不考虑。使用上述伯努利方程时的注意事项:

①液流的方向是确定的:由 1 断面流向 2 断面;

②研究断面 1 和 2 的选取是任意的,基准面的选择也是任意的。若研究断面和基准选得好,会使问题变得非常简单,否则,可能问题无解;

③速度用"平均速度",在认为液体不可压缩的情况下,压力可以用表压力。

液体在等径直管段流动时,由于摩擦而产生的压力损失称"沿程压力损失";液体在弯道、断面突变、阀件处产生的压力损失称"局部压力损失"。系统的总压力损失等于所有沿程压力损失与所有局部压力损失之和。

阻力损失 h_w 是比能的概念。它与压力损失 Δp 的关系是：$\Delta p = h_w \rho g$。

产生液压冲击的本质原因是液流速度突变，产生汽蚀现象的本质原因是系统局部压力过低。

思考题与习题

2.1　在如题图 2.1 所示的两个连通液压缸中，大缸内径为 80mm，小缸内径为 20mm，大缸活塞上放置的重物质量为 4 000kg。当加在小缸活塞上的力 F 至少是多大时才能使大活塞顶起重物？若要使大活塞的速度为 0.1m/s，小活塞的速度应为多少？

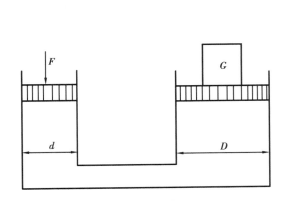

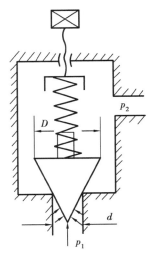

题图 2.1　　　　　　　　　　　　　　　　　　　　　　　题图 2.2

2.2　某压力控制阀如题图 2.2 所示，阀底孔直径 $d=10$mm，锥阀最大直径 $D=15$mm，当压力 $p_1=10$MPa 时，液压油顶开阀芯溢流。溢流压力 $p_2=0.5$MPa，求此时弹簧的压紧力为多少？

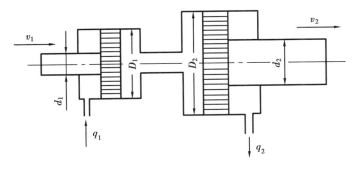

题图 2.3

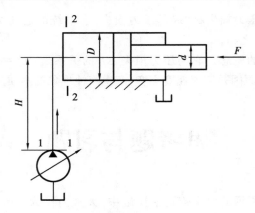

题图 2.4

2.3 在题图 2.3 所示的液压缸装置中，$d_1 = 20\text{mm}$，$d_2 = 40\text{mm}$，$D_1 = 75\text{mm}$，$D_2 = 125\text{mm}$，$q_1 = 25\text{L/min}$，试求：v_1、v_2、q_2 各为多少？

2.4 在如题图 2.4 所示的液压系统中，已知液压泵流量 $q = 90\text{L/min}$，缸内径 $D = 100\text{mm}$，负载 $F = 30\ 000\text{N}$，回油腔的压力近似为零，主油管是内径为 $d = 20\text{mm}$ 的钢管，总长（即为管的垂直高度）$H = 5\text{m}$，进油路总的局部阻力因数 $\sum \zeta = 7.2$，油液密度 $\rho = 900\text{kg/m}^3$，工作温度下的运动黏度 $v = 4.6 \times 10^{-5}\text{m}^2/\text{s}$，试求：①进油路的压力损失；②液压泵的供油压力。

第 3 章 液压动力元件

液压泵是液压系统的动力元件,它将输入的机械能转换为工作液体的压力能,为液压系统提供一定流量的压力液体,是系统的动力源。由于大多数的工作液体都是矿物油类产品,故液压泵又常称为油泵。

3.1 液压泵概述

3.1.1 液压泵的基本工作原理及分类

(1)工作原理

图 3.1 所示为单柱塞泵的结构原理。电动机带动凸轮轴旋转,在凸轮 1 和弹簧 4 的作用下,柱塞做往复运动。缸孔与柱塞形成一个密封的工作容积 a,当柱塞外伸时,容积由小变大,形成局部真空,经吸液阀 6 从油箱吸液;当柱塞缩回时,容积由大变小,在挤压下液体压力升高,吸液阀关闭,液体经排液阀 5 排出。可见,密封工作容积的变化是实现吸、排液的根本原因,所以这种泵又称为容积式液压泵。液压传动用泵都属于容积式。

通过对单柱塞泵吸、排液过程的分析,可将液压泵的工作原理归纳为:当原动机(电动机或内燃机)带动液压泵工作,且液压泵的密封工作容积由

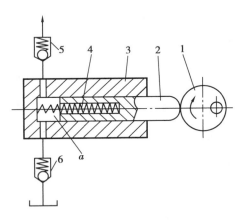

图 3.1 单柱塞泵结构原理
1—凸轮;2—柱塞;3—缸体;
4—弹簧;5—排液阀;6—吸液阀

小变大时,形成局部真空,经吸液机构从油箱吸液;当密封工作容积由大变小时,经排液机构向外排液。周而复始,使原动机的机械能转变为液压能,不断地向液压系统提供一定流量的压力液体。

为了将泵的吸液腔与排液腔隔离,保证有规律、连续地吸、排液体,大多数液压泵都具有专门的配流机构,以保证液体的单向流动。泵的结构不同,配流机构也不同,如配流盘、配流轴、配流阀。上述单柱塞泵的配流机构为单向阀,属于配流阀。

(2)分类

按结构将液压泵分为:齿轮泵、叶片泵、柱塞泵等多种类型。

按排液量是否可调,将液压泵分为:定量泵和变量泵。定量泵的工作容积变化量为常数,而变量泵的工作容积变化量可以调节。

按泵的吸、排液口是否可以互换,将液压泵分为:单向泵和双向泵。单向泵的吸排液口是固定不变的,而双向泵的吸排液口是可以互换的。

3.1.2　液压泵的基本性能参数

液压泵的性能参数有压力、排量、流量、功率和效率等,其中基本参数是压力和排量。

(1)压 力

液压泵的压力有工作压力、额定压力和最高压力。

工作压力是指在工作时泵排液口所达到的具体压力值,一般用“p_b”表示。主要由液压执行机构所驱动的负载决定,一般是不确定的。负载增大时,泵的压力升高;负载减小时,泵的压力降低。如果负载无限增大(故障过载),泵的压力便无限升高,直至机件破坏或使原动机停止,这是液压泵的一个重要性能特点。因此,在液压系统中常需设置安全阀,限制泵的最大压力,起过载保护的作用。

额定压力是指在连续运转情况下允许使用的最大压力。在这个压力下可以保证泵有较高的容积效率和使用寿命。考虑动态压力的影响,实际使用的压力总是低于额定压力,使泵有一定的压力储备。

最高压力是指泵在短时间内超载所允许的极限压力。

(2)排 量 和 流 量

排量是指泵轴每转一周由工作容积的变化量计算出的排出液体的体积,以“V”表示。排量取决于泵的结构参数,而与其工况无关,它是衡量和比较不同泵的供液能力的统一标准,是液压泵的一个特征参数。

理论流量是指在不考虑泄漏的前提下泵单位时间内排出液体的体积,以“q_{bl}”表示。显然,若泵的转速为 n,理论流量等于排量与转速的乘积,即

$$q_{bl} = Vn \tag{3.1}$$

理论流量仅与泵的结构参数有关,而与工作压力无本质上的联系,这是液压泵另一个重要的性能特点。因此,从理论上讲,容积式液压泵能在任何压力下以固定不变的流量保证液压执行机构稳定地工作,这也是在液压传动中几乎无一例外地采用容积式液压泵的原因。

实际流量是指泵在单位时间内实际排出液体的体积。显然,它与理论流量的关系为:

$$q_b = q_{bl} - \Delta q \tag{3.2}$$

式中　q_b——泵的实际流量；

　　　q_{bl}——泵的理论流量；

　　　Δq——泄漏量。

泄漏量是通过液压泵中各个运动副的间隙所泄漏的液体体积。这一部分液体不传递功率，也称泵的容积损失，泄漏量与压力的乘积便是容积损失功率。泄漏分为内泄漏和外泄漏两部分。内泄漏是指从泵的排液腔向吸液腔的泄漏，这部分泄漏量很难直接测量；外泄漏则是指从泵的吸、排液腔向其他自由空间的泄漏，其值容易测量。

泄漏量的大小取决于运动副的间隙、工作压力和液体黏度等因素，而与泵的运动速度关系不大。当泵的结构和采用的液体黏度一定时，泄漏量将随工作压力的提高而增大，即压力对泵的实际流量有间接的影响。

(3) 功率

1) 输入功率 P_d

输入功率是指原动机实际作用在泵主轴上的机械功率。

$$P_d = 2\pi nT \tag{3.3}$$

式中　T——泵的实际输入扭矩。

2) 输出功率 P

输出功率是指泵单位时间内实际输出的液压功率。

$$P = p_b q_b \tag{3.4}$$

(4) 效率

液压泵内存在能量损失，主要有容积损失和摩擦损失，分别用容积效率和机械效率表示。

1) 容积效率 η_{bv}

容积效率是表征泵的泄漏程度的性能参数，由实验测定。在消除转速波动影响的前提下，用下式表示：

$$\eta_{bv} = \frac{p_b q_b}{p_b q_{bl}} = \frac{q_b}{q_{bl}} = \frac{V_s n}{V_1 n} = \frac{V_s}{V_1} \tag{3.5}$$

式中　V_s、V_1——泵的实际排量（或称试验压力下的有效排量）和理论排量（或称空载排量）。

在泵的工业试验中，以空载流量作为泵的理论流量，以额定压力下的流量作为实际流量。由于拖动泵的鼠笼式电动机在空载和额定负载时的转速不同，因此，在测定时，同时测定空载时流量和转速，计算出空载排量，作为理论排量；再测定额定压力时的转速和流量，计算出实际排量，由式(3.5)便可求得泵在额定工况下的容积效率。

对于性能正常的液压泵，其容积效率大小随泵的结构类型不同而异。如齿轮泵容积效率为 $0.7\sim0.9$，叶片泵容积效率为 $0.8\sim0.95$，柱塞泵容积效率为 $0.9\sim0.95$。具体可查阅产品说明书或相关液压元件手册。

2) 机械效率 η_{bJ}

机械效率是表征泵内摩擦损失程度的性能参数，它等于泵的理论输入功率与实际输入功率之比。

$$\eta_{bJ} = \frac{P_{dl}}{P_d} = \frac{2\pi n T_1}{2\pi n T} = \frac{T_1}{T} \tag{3.6}$$

式中　P_{dl}——无摩擦时泵应输入的功率；

　　　T_1——无摩擦时泵应输入的扭矩。

显然，$P_{dl} < P_d$，$T_1 < T$，机械效率总小于1。

3）总效率 η_b

总效率是表征泵的能量转换程度的性能参数，它等于泵的输出功率与输入功率之比。

$$\eta_b = \frac{P}{P_d} = \frac{p_b \, q_{bl} \, \eta_{bv}}{P_{dl}/\eta_{bJ}} = \eta_{bv} \, \eta_{bJ} \tag{3.7}$$

则

$$P_d = \frac{P}{\eta_b} = \frac{p_b \, q_b}{\eta_b} \tag{3.8}$$

式(3.7)表明泵的总效率等于容积效率与机械效率之积。式(3.8)也是拖动液压泵的电动机输出轴功率。在液压系统设计中，若泵已经选定，那么可根据泵的液压参数，按此式计算所需电动机的功率。

通常，齿轮泵的总效率为 0.6~0.8，叶片泵总效率为 0.7~0.85，柱塞泵总效率为 0.8~0.9，具体可查阅产品说明书或相关液压元件手册。

3.2　齿　轮　泵

齿轮泵是一种结构简单的液压泵。它体积小，工作可靠，成本低，抗污染力强，便于维修使用，所以应用比较广泛。但它的容积效率较低，齿轮承受的径向力不易平衡，不能变量，所以主要用于中低压系统。若采取一定措施，可以成为高压泵，但结构就比较复杂了。

齿轮泵按其啮合形式分为外啮合齿轮泵和内啮合齿轮泵，应用最多的是外啮合渐开线齿轮泵。

3.2.1　外啮合齿轮泵

(1)工作原理

外啮合齿轮泵主要由一对齿数和模数均相同的齿轮、传动轴、轴承、端盖和泵壳等组成。其工作原理如图 3.2 所示，两齿轮与泵体及端盖之间形成密封工作容积，两轮齿的啮合接触线将密封工作容积分为吸液腔（退出啮合）和排液腔（进入啮合）两部分。当主动齿轮带动从动齿轮沿图示方向转动时，相互啮合的轮齿在吸液腔逐渐脱开，齿谷容积逐渐扩大，形成局部真空，从油箱吸液。齿轮连续旋转就将齿谷内的液体沿圆周带到排液腔，轮齿在排液腔进入啮合，密封工作容积由大变小，将液体排出。

显然，在齿轮泵工作的过程中，只要转向不变，吸排液腔的位置也是确定不变的，轮齿啮合线一直起着分隔吸、排液腔的作用，所以不需单独的配流机构。

由于轮齿啮合点位置的不断改变，吸、排液腔在每一瞬间的容积变化量都不是常数，因此，泵的瞬时流量是脉动的。齿数越少，脉动量越大，故液压传动用齿轮泵通常比润滑用齿轮泵的

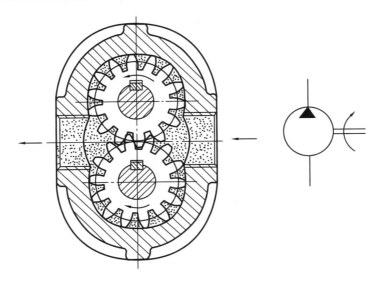

图 3.2　齿轮泵工作原理

齿数多,以减少其脉动量。齿轮泵只能为定量泵。

　　齿轮泵的排量为两齿轮所有齿谷容积与齿顶间隙所占容积(此处液体未排出又返回吸液腔)之差,近似地认为轮齿体积与齿谷容积相等,则排量等于外径为齿顶圆直径、厚度为轮齿有效工作高度、宽度为齿轮宽度的圆环体积,即

$$V = \pi D h B = 2\pi m^2 Z B \qquad (3.9)$$

式中　D——齿轮节圆直径,$D = mZ$;

　　　　m——齿轮模数;

　　　　Z——齿数;

　　　　B——齿轮宽度;

　　　　h——齿轮有效工作高度。对于标准齿,等于两个齿顶高,而齿顶高等于模数,即 $h = 2m$。

　　实际上,齿谷容积比轮齿体积稍大,齿数越少,差值越大。用 3.33 代替 π,对式(3.9)进行修正(若为润滑泵则用 3.5 代替 π),则齿轮泵的排量为:

$$V = 6.66 m^2 Z B \qquad (3.10)$$

泵的实际流量为:

$$q_{\mathrm{b}} = 6.66 m^2 Z B n \eta_{\mathrm{bv}} \qquad (3.11)$$

式中　n——齿轮泵转速;

　　　　η_{bv}——齿轮泵容积效率。

(2)齿轮泵的结构特性分析

　　齿轮泵存在三个共性问题,即间隙泄漏、径向力和困油现象。为解决这几个问题,在结构上采取了相应的措施,现分析如下:

　　1)间隙泄漏

　　在齿轮泵工作时,存在三处可能产生内泄漏的部位,即轴向间隙、径向间隙、啮合处的齿面

间隙。这使得压力液体从排液腔向吸液腔泄漏。

由于制造精度的误差,啮合处不可能严密接触,由于啮合力使齿面互相压紧,因此此处间隙很小,泄漏量也很小,占总泄漏量的 4%～5%。

径向间隙是指齿顶与泵体的配合间隙。因为齿轮旋转方向与圆周泄漏方向相反,使泄漏受阻滞,且泄漏距离长;又由于轴承存在间隙,在排液腔压力作用下,齿轮被压向吸液腔一侧,使此处径向间隙很小,所以,径向间隙的泄漏量也不大,占总泄漏量的 15%～20%。径向间隙一般为 0.03～0.07mm,某些低压泵可达 0.1mm。

轴向间隙是指齿轮端面与端盖之间的平面配合间隙。此处配合面积大,加工和配合精度难以保证,泄漏途径又短,同时齿轮旋转圆周方向在一定区域内(靠近啮合处)与泄漏方向一致。所以,导致轴向间隙成为主要的泄漏渠道,且泄漏量最大,占总泄漏量的 75%～80%。

由上分析可知,齿轮泵的轴向间隙愈小,其容积效率将愈高;但轴向间隙过小又将增加摩擦损失,使机械效率下降。为提高泵的效率,目前中低压齿轮泵多采用端盖与泵体分离的三片式结构,其轴向间隙直接由齿轮与泵体的厚薄公差来保证,间隙为 0.02～0.05mm;对于中高压和高压齿轮泵,一般均采用液压自动补偿轴向间隙的方法,其基本原理是:把高压液体引到浮动轴承或侧板的外侧,施加一个指向齿轮端面的压紧力,工作压力愈大,压紧力愈大,端面磨损后,通过自动补偿,仍能保证较小的间隙,防止容积效率下降。YBC 型齿轮泵就采用了这种机构。

2)径向力

作用于齿轮上的径向力由两部分组成:一是液压力,二是啮合力。

齿轮泵工作时,作用在齿轮外圆上的液压力是不同的,吸液腔压力最低,排液腔压力最高。由于径向间隙的存在和影响,所以,在齿轮外圆上,从排液腔到吸液腔的径向液压力是逐步降低的,且不平衡,其合力 F_y 的方向可近似地认为由高压腔一侧指向低压腔一侧,如图 3.3 所示。

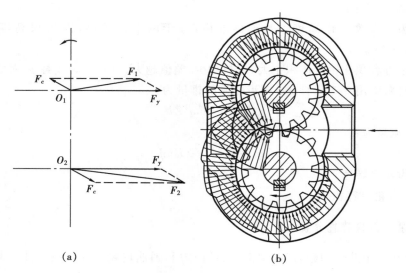

(a)　　　　　　　　　　　(b)

图 3.3　齿轮泵的径向力

啮合力 F_c 是传递扭矩而产生的,其方向可按齿轮啮合原理确定。啮合力约为不平衡径向液压力的 15%，由于啮合力对两个齿轮的作用方向相反，因此，F_y 与 F_c 的合力对于两个齿轮是不同的，如图 3.3 所示，其合力的大小可分别按下式近似计算：

作用于主动齿轮的径向力 F_1 为：

$$F_1 = 0.75\Delta pDB \tag{3.12}$$

作用于从动齿轮的径向力 F_2 为：

$$F_2 = 0.85\Delta pDB \tag{3.13}$$

式中　Δp——排液腔与吸液腔压力差，若吸液腔压力为零，则 Δp 等于工作压力；

　　　D——齿顶圆直径；

　　　B——齿宽。

径向力使齿轮轴和轴承受到较大的单向压力，造成轴的弯曲和轴承的不均匀磨损（这也是径向间隙必须选择较大的原因），甚至出现"刮壳"现象（齿顶刮削壳体），而从动齿轮比主动齿轮还要严重。

径向力主要是由泵的工作压力引起的，为避免产生过大的径向力而缩短齿轮泵的使用寿命，工作压力的提高将受到限制。

为减小径向力（完全消除是难以办到的），可在结构上采取一些措施，通常采用的办法是：适当缩小排液口（排液腔），以减少压力液体的作用面积。另外，为减轻径向力的影响，可加粗齿轮轴径，并采用承载能力较大的滑动轴承或滚针轴承。

3）困油现象

为保证齿轮泵正常工作，连续排液，要求齿轮啮合的重合度大于 1（一般为 1.05～1.1），势必出现一对齿尚未脱开啮合，后一对齿就进入啮合。即在一段时间内，同时有两对齿处于啮合状态，在它们之间将形成一个封闭腔，常称闭死容积。随着齿轮的旋转，闭死容积先是由大变小，直到两个啮合点处于节点两侧对称位置时，其容积最小；当齿轮继续转动时，闭死容积又由小变大。这一容积与泵的吸、排液腔均不相通，当闭死容积由大变小时，其内液体受到挤压，压力急剧上升，竭力外泄，使齿轮和轴承受到很大的额外的径向载荷，并伴有强烈的振动和噪声，当闭死容积由小变大时，形成局部真空，产生气穴，对泵的工作不利。这一现象称为困油现象，如图 3.4 所示。

为消除困油现象的危害，通常是在两侧端盖或轴承端面上开设两个卸荷槽，如图 3.4（d）虚线所示。当闭死容积变小时，通过排液腔侧的卸荷槽与排液相通；容积增大时，通过吸液腔侧的卸荷槽吸液。

卸荷槽有两种布置方式：一是对称于两齿轮中心连线，二是不对称，卸荷槽向吸液腔一侧偏移一段距离。对称分布时，闭死容积由大变小，通过右侧卸荷槽排液，当闭死容积中心通过节点后，虽整个容积是逐渐增大的，但右半腔 d 还在减小，这时 d 腔液体便经齿侧间隙进入左半腔 e。若齿侧间隙较小或无间隙，则 d 腔仍将出现升压现象并导致噪声增大。为此采用不对称布置，使 d 腔容积达到最小值的过程始终与排液腔相通，不致压力急增，且多回收了一部分压力液，使流量增大，脉动减小，提高了容积效率。但闭死容积过节点后，e 腔不能立即与吸液腔相通，则可能出现局部真空，这种情况一般不严重。对于偏移尺寸，一般由试验确定。实践证明，不对称布置不但基本上解决了困油问题，而且噪声也明显减小。CB 型泵就采用了此种布置。

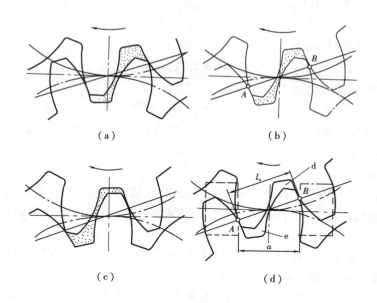

（a）　　　　　　　　　　　（b）

（c）　　　　　　　　　　　（d）

图 3.4　齿轮泵的困油现象

（3）典型结构——YBC 型齿轮泵

YBC 型齿轮泵是工程机械中常用的一种中高压齿轮泵，其额定压力为 8MPa，最高允许压力为 12MPa。

YBC 型齿轮泵结构如图 3.5 所示，它由主动齿轮、从动齿轮、端盖、外壳（泵体）、两对滑动轴套（轴承）以及支撑板等组成。

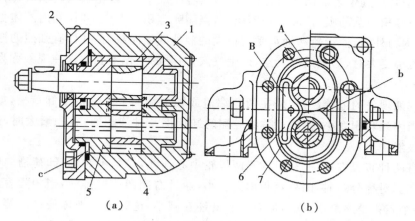

图 3.5　YBC 型齿轮泵的结构
1—外壳；2—端盖；3—主动齿轮；4—从动齿轮；
5—滑动轴套；6—支撑板；7—密封圈

该泵采用浮动轴套实现轴向间隙自动补偿。左边一对滑动轴套可在齿轮轴上轴向浮动，右侧一对滑动轴套则安装在泵体内固定不动。在轴承与端盖之间留有空腔 c，其中靠吸液腔一侧安装着一个支撑板，其外围的 O 形密封圈（厚度大于支撑板）把空腔 c 分隔成 A 腔和 B 腔两部分,A 腔经三角形通道 b 与排液腔相通,B 腔则通过支撑板上的小孔与吸液腔相通。因此,浮动轴套在 A 腔液压力作用下紧靠齿轮端面,浮动轴套另一侧还同时受到轴向间隙油膜与齿谷液压力所产生的推开力作用,合理地确定支撑板的尺寸以改变 A 腔面积,可使压紧力略大于推开力,保证良好的轴向间隙密封。当接触面磨损后,通过轴套的移动使轴向间隙自动缩小,减小轴向泄漏,提高容积效率。另外,支撑板外围的 O 形密封圈被端盖压紧在浮动轴套的外端面上,使轴套贴向齿轮端面,保证轴向间隙的初始密封。

支撑板除了能保证压紧力的大小外,还可使压紧力的作用点向排液腔一侧偏移,与推开力近似地作用在同一直线上(方向相反),避免浮动轴套偏斜造成不均匀磨损或卡死。

YBC 型泵两端轴套的端面开有对称布置的卸荷槽,以消除困油现象。泵的排液口(排液腔)比吸液口小,以减小不平衡的径向力。

端盖上的两个轴承孔用小孔连通,泄漏到此处的液体经从动轴中心孔到达泵体另一端的固定轴承安装孔内,再经一凹槽和三角形通道进入吸液腔。

为便于装配轴套,两个轴套的结合面留有 0.1mm 间隙。待装入泵体后在两侧弹簧丝的作用下,自行回转一角度,即可将此间隙消除。

3.2.2 内啮合齿轮泵

内啮合齿轮泵按齿廓曲线的形状分为渐开线内啮合齿轮泵和摆线内啮合齿轮泵(简称摆线转子泵),现仅介绍后者。

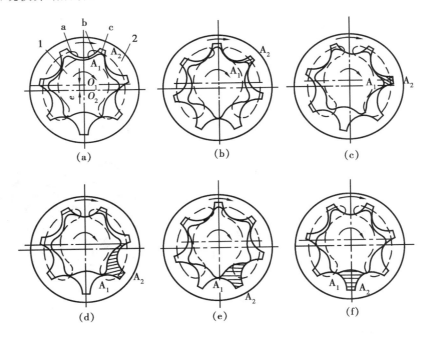

图 3.6 摆线转子泵的工作原理

1—内转子;2—外转子;a—排液窗口;b—吸液窗口

如图 3.6(a)所示,摆线转子泵由一对互相啮合的内外齿轮组成,二者有一偏心距。外齿轮为主动轮,称为内转子;内齿轮为从动轮,称为外转子。内转子齿廓曲线为摆线,外转子齿廓为圆弧曲线。外转子比内转子多一个齿,所以又称一齿差泵。图 3.6 中外转子为 7 齿,内转子为 6 齿,内外转子同时啮合,共有 7 条啮合线,形成 7 个工作容积。当内转子沿顺时针方向转动时,也带动外转子同向异速转动,由于啮合点沿齿廓曲线不断移动,使工作容积不断变化。图 3.6 表示内转子回转半周时工作容积 c 由最小到最大的变化规律,再继续回转,则容积 c 将由大变小,在容积变化过程中,经过端盖的配流窗口(虚线所示)吸、排液。内转子回转 1 周,外转子回转 6/7 周(等于内转子和外转子的齿数之比),每个工作容积仅完成吸、排液总过程的6/7,当外转子回转 1 周,则各个工作容积将依次完成 1 次吸、排液。

摆线转子泵的结构紧凑,体积小,排量大,运转平稳,噪声低,所以适于高速运转,常用转数为 1 500～2 000r/min,最高可达 10 000r/min;但内外转子加工精度要求高,容积效率较低,常作为辅助泵使用。

3.3　叶　片　泵

叶片泵是机床液压系统中应用最广的一种液压泵,它主要的优点是:流量均匀,运转平稳,结构紧凑,噪声小;其缺点是:结构较复杂,吸入性能差,对工作液体的污染较敏感。它主要用于对速度平稳性要求较高的中低压系统。随着结构、工艺及材料的不断改进,叶片泵正向中高压及高压方向发展。

叶片泵按每转吸排液次数分为单作用和双作用两大类,后者应用较普遍。

3.3.1　单作用叶片泵

(1)工作原理

单作用叶片泵主要由转子、定子、叶片、配流盘和端盖等组成。定子内表面为圆形,与转子有一偏心距,叶片装在转子槽内可自由滑动,吸排液窗口之间的区段为过渡密封区。

如图 3.7 所示,当转子旋转时,叶片受离心力和底槽压力液的作用,紧贴在定子内表面。这样在每相邻叶片间就构成一个密封的工作容积,当转子按图示方向旋转时,右半部的各密封容积不断增大,形成局部真空,从配流盘的吸液窗口吸液;左半部的各密封容积不断缩小,液体经配流盘

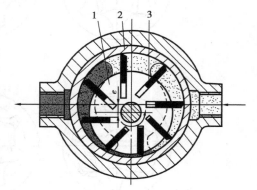

图 3.7　单作用叶片泵工作原理
1—转子;2—定子;3—叶片

的排液窗口排出。转子每转 1 周,各密封容积完成 1 次吸排液循环,故称做单作用叶片泵。

若改变偏心距的大小,则可以调节泵的排量。所以,单作用叶片泵通常作为变量泵使用,变量方式有手动和自动调节两种。为利于叶片依靠离心力的外伸运动,通常将叶片相对于旋

转方向后倾一个角度安装,但这种泵只能单向旋转。

单作用叶片泵的转子每转 1 周,通过过渡密封区的液体体积为一圆环体积,其圆环外半径为 $D/2+e$、内半径为 $D/2-e$、宽度为 B。若不考虑叶片体积的影响,则排量为:

$$V=2\pi DeB \tag{3.14}$$

实际流量为:

$$q_b = 2\pi DeBn\eta_{bv} \tag{3.15}$$

式中　D——定子内径;

　　　e——转子与定子偏心距;

　　　B——叶片宽度;

　　　n——转子转速;

　　　η_{bv}——容积效率。

单作用叶片泵的瞬时流量是脉动的,当叶片数较多且为奇数时,脉动愈小,故叶片数一般为 13 或 15。

(2) 单作用叶片泵的结构特性分析

1)密封

叶片泵工作时,排液腔的压力液有可能通过径向间隙和轴向间隙向吸液腔泄漏,所以,保证这两处间隙的密封是提高叶片泵容积效率的必然途径。

径向间隙是指叶片顶端与定子内表面的间隙,压力液通过位于过渡密封区的叶片顶端间隙向吸液腔泄漏,其泄漏途径很短,所以影响最大,为保证叶片与定子内表面接触,通常采用以下 3 条措施:

① 利用离心力使叶片贴紧定子内表面。这种方法最简单,但不大可靠。当叶片位于过渡密封区时,一侧的压力液通过径向间隙泄漏,同时给叶片一个回缩的压力,有可能克服离心力而使叶片与定子内表面脱离接触,导致泄漏增大。

② 利用向叶片底槽通入压力液,使叶片可靠伸出。但在吸液区叶片上下压力差很大,将加速叶片与定子内表面的磨损,所以,为解决这个问题,通常只在排液区和过渡密封区向叶片底槽通入压力液,而在吸液区叶片底槽则与吸液腔相通,使叶片上下液压力平衡,减小叶片与定子间的磨损。

③ 采用机械的方法使叶片强制伸出。这种机构较复杂,很少使用。

轴向间隙(端面间隙)直接由配合公差保证,一般为 0.02 ~0.04 mm。

2)径向液压力

单作用叶片泵一侧为排液腔,另一侧为吸液腔,始终存在不平衡的径向液压力,其值 F 用下式计算:

$$F=\Delta pDB \tag{3.16}$$

式中　Δp——排液腔与吸液腔的压力差;

　　　D——定子内圆直径;

　　　B——转子宽度。

由于存在径向液压力,使泵轴和轴承要承受很大的径向载荷,因此单作用叶片泵又称非卸荷泵。这个缺点限制了泵的工作压力的提高,因而单作用叶片泵通常为中低压泵,其压力一般不超过 7MPa。

3)过渡密封区与困油

为防止叶片泵吸排液腔串通,过渡密封区的包角应略大于相邻两叶片的夹角,所以,在两叶片位于此区时,其间也要形成一个闭死容积,产生困油;由于泵的偏心距不大,闭死容积的变化也不大,因此困油不严重,不一定采用单独的卸荷措施。

(3)限压式变量叶片泵

限压式变量叶片泵是利用其工作压力的反馈作用来实现变量,它有外反馈和内反馈两种形式。以下仅介绍外反馈限压式变量叶片泵:

限压式变量叶片泵的工作原理如图 3.8 所示。转子的中心 O_1 固定,定子的中心 O_2 可以左右移动。定子在限压弹簧作用下,被推向左端与变量活塞接触,产生偏心距。泵的输出压力 p 经泵体内通道作用于变量活塞左端,对定子产生一个推力,此推力随压力 p 的升高而增大,当它大于限压弹簧的预紧力时,定子向右偏移,偏心距减小,输出流量随之减小。

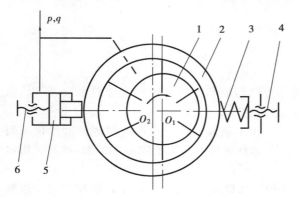

图 3.8　外反馈限压式变量叶片泵工作原理
1—转子;2—定子;3—限压弹簧;
4—调压螺钉;5—变量活塞;6—流量调节螺钉

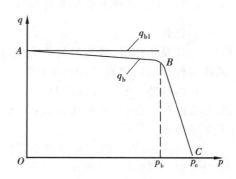

图 3.9　限压式变量叶片泵的
流量—压力特性曲线

图 3.9 为限压式变量叶片泵的流量—压力特性曲线。曲线 AB 段是泵的不变量段,此时,压力小于限定值 p_b,变量活塞对定子的推力小于限压弹簧力,偏心距最大,对应的流量也最大。由于泄漏量随压力升高而增加,所以,在 AB 段实际流量随压力升高稍有减小。曲线 BC 段是泵的变量段,此时压力大于限定值 p_b,变量活塞对定子的推力大于限压弹簧预紧力,流量随压力升高迅速减少。B 点称为曲线的拐点,其对应的压力 p_b 为泵的限定工作压力,它表示泵在最大流量基本保持不变时可以达到的最高工作压力。C 点所对应的压力 p_c 为极限压力(又称截止压力),此时,泵的偏心距最小,其少许流量仅用于补偿泵的内泄漏,实际输出流量为零。

调节流量调节螺钉 6,可改变泵的最大偏心距,即改变最大流量,使曲线 AB 段上下平移;调节调压螺钉 4,可改变限压弹簧 3 的预紧力,即改变限定工作压力 p_b 的大小,使曲线 BC 段左右平移;若改变限压弹簧的刚度,可改变曲线 BC 段斜率。

限压式变量叶片泵结构较复杂,噪声较大,容积效率和机械效率也较定量叶片泵低;但可根据负载压力自动调节流量,功率利用合理,因此,它常用于执行机构需要有快、慢速运动和保压要求的液压系统中。

3.3.2　双作用叶片泵

(1)工作原理

双作用叶片泵主要由转子、定子、叶片、配流盘和端盖等组成。转子与定子同心,定子内表面近似椭圆状,由 4 段圆弧和 4 段过渡曲线组成,如图 3.10 所示。

当转子转动时,叶片受离心力和底槽压力液的作用,紧贴在定子内表面上。当叶片由短半径向长半径移动时,相邻叶片之间的工作容积便逐渐增大而吸液;叶片从长半径向短半径移动时,其工作容积逐渐变小而排液。转子每旋转 1 周,每个工作容积完成 2 个吸排液循环,故称双作用叶片泵。因转子与定子同心,所以只能作定量泵使用。

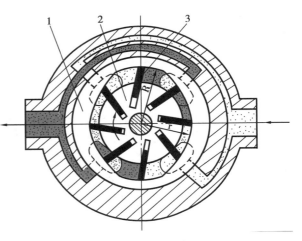

图 3.10　双作用叶片泵工作原理
1—定子;2—转子;3—叶片

在排液区,定子曲线对叶片的法向作用力与叶片相对运动方向的夹角称为叶片的压力角。为减小压力角使叶片相对运动方向靠近法向作用力的方向,以利于缩回运动,通常将叶片相对于旋转方向前倾一个角度安装,倾角一般为 $10°\sim14°$,显然,这种泵不能反转使用。

双作用叶片泵的转子每旋转 1 周,通过过渡密封区的液体体积为一圆环体积的 2 倍,其圆环外半径等于定子长半径 R、内半径等于定子短半径 r、宽度为 B。考虑叶片体积的影响,则排量为:

$$V = 2B\left[\pi(R^2 - r^2) - \frac{R-r}{\cos\alpha}\delta Z\right] \tag{3.17}$$

实际流量为:

$$q_b = 2B\left[\pi(R^2 - r^2) - \frac{R-r}{\cos\alpha}\delta Z\right]n\eta_{bv} \tag{3.18}$$

式中　R、r——分别为定子圆弧的长半径和短半径;

　　　α——叶片倾角;

　　　δ——叶片厚度;

　　　Z——叶片数;

　　　n——转子转速;

　　　η_{bv}——容积效率。

双作用叶片泵的瞬时流量是脉冲的,但比单作用泵小,当叶片数为 4 的倍数时可进一步减小脉动,故叶片数一般为 12 或 16。

(2)双作用叶片泵结构特性分析

1)间隙密封
径向间隙密封通常采用向叶片底槽通入压力液的办法而使叶片紧贴定子。

轴向间隙密封,对于中低压泵($p<7\text{MPa}$)直接由配合公差保证;对于中高压以上的泵,采用浮动配流盘自动补偿的办法,使密封良好。

2)径向力平衡

双作用叶片泵的两个排液腔对称于转子中心,两个吸液腔也如此。所以,转子所受的径向液压力是平衡的,又称卸荷式叶片泵。

双作用泵的压力一般比单作用泵高,如果在结构上采取一些措施,可成为中高压或高压泵。

3)过渡密封区与液压冲击

在过渡密封区定子圆弧与转子外圆同心,两叶片位于此区时,其间的闭死容积不变化,理论上不会产生困油现象。但在由吸液区向排液区过渡时,闭死容积内的压力等于吸液压力,当转子转过一个角度,使这部分容积与排液区相通时,其压力便突然上升到排液压力,造成液压冲击,引起压力和流量脉动和噪声。为消除这种现象,一般在配流盘的排液窗口一端开有尖角槽,使闭死容积内的液体在还没有接通排液区前就通过尖角槽与压力液相通,使其压力逐渐上升,尖角槽尺寸一般由试验确定。

由于加工误差,定子圆弧及其中心角不可能很精确,配流盘吸排液窗口间距的夹角也有可能大于圆弧段的中心角,因此,在过渡密封区也可能产生轻微的困油现象,此时可通过尖角槽卸荷,消除困油。

4)定子曲线

定子曲线由两段长半径圆弧、两段短半径圆弧和四段过渡曲线组成。

过渡曲线一般采用等加速曲线,使叶片在槽内径向移动的速度和加速度连续均匀变化。这种曲线使叶片在前一半做径向等加速运动,而后一半做等减速运动,在过渡曲线与圆弧段连接处,叶片的径向速度从零开始逐渐增大,其加速度为常量,叶片对定子的冲击较小,产生所谓的软性冲击,其磨损要小得多。

(3)典型结构——YB1型双作用叶片泵

YB1型泵是在YB型泵的基础上改进设计而成的,额定压力为6.3MPa,其结构如图3.11所示。它由泵体、配流盘、定子、转子和传动轴等组成。

泵体为分离式结构,前后泵体可任意转90°安装,便于选择吸、排液口位置。两个配流盘分别位于转子两侧,为便于装配和定位,两个配流盘与定子、转子和叶片组装成一个部件,用两颗螺钉紧固,螺钉头部作为定位销插入后泵体的定位孔内。转子上有12块叶片,前倾13°安放,转子通过内花键与传动轴相配合。

排液配流盘有两个腰形通孔为排液窗口,有两个凹槽对应于吸液配流盘的吸液缺口。配流盘端面上的环形槽c通过两个小孔与配流盘外侧的压力腔相通,压力液体经此通道进入叶片底槽b,使叶片可靠伸出。a为泄漏孔,将泵体间的泄漏液体引入吸液腔。排液配流盘外侧突出部分伸入前泵体内,并在其外周安装了O形密封圈,当配流盘受到液压力作用而使外侧端面和前泵体分开时,仍能保证可靠地密封。配流盘受到外侧液压力作用后,靠自身的变形能对其与转子间的轴向间隙产生小于0.01mm的自动补偿作用。

吸液配流盘有两个吸液缺口,另有两个腰形凹槽和一个环形槽分别对应于排液配流盘的排液窗口和环形槽,这种对应关系可使叶片和转子两端所受液压作用完全相同,防止叶片和转

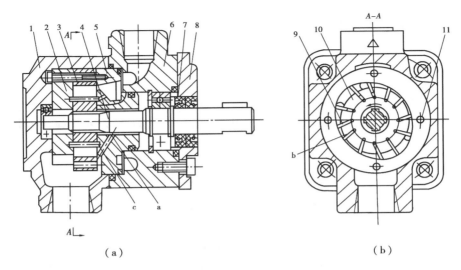

图 3.11　YB1 型双作用叶片泵

1—后泵体;2—吸液配流盘;3—定子;4—传动轴;5—排液配流盘;
6—前泵体;7—油封;8—端盖;9—叶片;10—转子;11—螺钉

子偏移一端出现不均匀磨损及增加泄漏。

　　YB1 型叶片泵的噪声较低,使用寿命长,装配维修方便。如果将转子反向装入定子内,并使定子相对配流盘转动 90°安装定位,泵即可反向运转。

3.4　柱　塞　泵

　　柱塞泵是依靠柱塞在缸体中做往复运动形成密封工作容积的变化进行吸液和排液的。由于柱塞和缸孔的配合表面为圆柱面,工艺性能好,容易取得较高的配合精度,因此,泄漏小,容积效率高;同时,柱塞和缸体的受力状况好、强度大,故能承受很高的压力;另外,柱塞泵容易实现变量,因而在高压系统中应用相当普遍。其缺点是:对零件的材质和工艺要求高,抗污染能力差。

　　按柱塞和传动轴(主轴)的相对位置,将柱塞泵分为轴向式和径向式两大类。

　　轴向柱塞泵的柱塞排列和相对运动方向均沿传动轴或缸体的轴向。其转速高、结构紧凑、径向尺寸小,故应用相当的广泛。按缸体中心线与传动轴线是重合还是斜交,又将轴向柱塞泵分为直轴式和斜轴式两类。直轴式利用改变斜盘倾角的方法实现变量,故又称斜盘式;斜轴式利用摆动缸体的方法变量,故又称摆缸式。

　　径向柱塞泵的柱塞排列和相对运动方向均沿传动轴的径向。

3.4.1 斜盘式轴向柱塞泵

(1)工作原理

如图 3.12 所示,这类泵由主轴、缸体、柱塞、斜盘、配流盘、外壳等组成。柱塞(多为 5 个或 7 个)安装在沿缸体圆周方向均布的轴向缸孔中,斜盘与缸体斜交,柱塞靠弹簧力和液压力使端部始终与斜盘接触。配流盘与缸体贴紧,并形成端面密封。

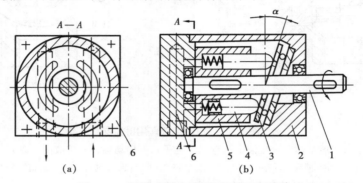

图 3.12　斜盘式轴向柱塞泵工作原理图
1—主轴;2—外壳;3—斜盘;4—柱塞;5—缸体;6—配流盘

当主轴带动缸体按图示方向旋转时,在 A—A 断面的右半部,柱塞逐渐伸出,容积增大,经配流盘(不动)右边的吸液窗口吸液;在左半部,斜盘使柱塞逐渐缩回,容积变小,经配流盘左边的排液窗口排液。当柱塞泵位于图中的最高点时,容积最大,位于最低点时容积最小。在这两处,缸孔与吸排液窗口均不相通,即为过渡密封区。主轴每转 1 周,每一个柱塞都往复运动 1 次,进行 1 次吸液和排液,其瞬时流量是脉动的,柱塞数愈多且为奇数时,脉动愈小。

若斜盘倾角 α 固定不变,则为定量泵;若斜盘倾角可调,则为变量泵;若改变斜盘倾斜方向,就可变换排液方向,则为双向变量泵。

柱塞泵的排量为:

$$V=\frac{\pi}{4}d^2DZ\tan\alpha \tag{3.19}$$

实际流量为:

$$q_{\mathrm{b}}=\frac{\pi}{4}d^2DZn\eta_{\mathrm{bv}}\tan\alpha \tag{3.20}$$

式中　d——柱塞直径;
　　　D——柱塞分布圆直径;
　　　Z——柱塞数;
　　　α——斜盘倾角;
　　　n——缸体转速;
　　　η_{bv}——容积效率。

(2)主要零件的结构和性能分析

1)柱塞和斜盘

柱塞受力情况如图 3.13 所示。斜盘对柱塞的法向作用力 F_{n} 可分解为轴向分力 F 和径向

分力 F_r。轴向分力与柱塞底部的液压作用力平衡,使柱塞逐渐缩回排液;径向分力对缸体转动产生阻力矩,该阻力矩与原动机的旋转力矩平衡。则

$$F = \frac{\pi}{4}d^2 p \qquad (3.21)$$

$$F_n = \frac{F}{\cos\alpha} \qquad (3.22)$$

$$F_r = F\tan\alpha \qquad (3.23)$$

式中　p——柱塞缸孔内的液压力;

　　　　d——柱塞直径;

　　　　α——斜盘倾角。

由图 3.13 可知,径向分力 F_r 悬臂地作用在柱塞端部,必然在柱塞表面和缸孔间造成较大的接触应力。由于柱塞和缸体本身刚度很大,其受力变形和配合间隙相比很小,可以认为柱塞的尾部及柱塞在缸口处同缸体之间是线接触。因此,根据力矩平衡条件,这两处的接触作用力为:

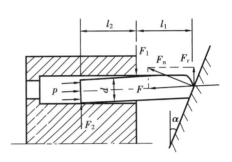

$$F_1 = \frac{l_1+l_2}{l_2}F_r \qquad (3.24)$$

$$F_2 = \frac{l_1}{l_2}F_r \qquad (3.25)$$

图 3.13　柱塞受力分析图

式中　F_1、F_2——柱塞同缸口、柱塞尾同缸孔的接触作用力;

　　　　l_1、l_2——柱塞在缸外和缸内的长度。

接触作用力可简称为侧向力。显然,$F_1 > F_2$,侧向力使柱塞运动阻力增大,加速柱塞与缸孔的磨损,尤其是缸口常常被磨成喇叭形口,使泄漏增加。

由式(3.23)知,斜盘倾角 α 愈大,径向力 F_r 愈大;又由式(3.24)和式(3.25)知,侧向力 F_1 和 F_2 与柱塞伸出行程有关,当柱塞伸出最长时,F_1、F_2 最大。为了减小侧向力,通常采取两条措施:一是控制斜盘的倾角不超过 20°;二是在柱塞伸出最长时,仍有相当长度保留在缸孔内,其值应大于 $(2\sim3)d$,柱塞直径较大时可接近 $2d$。

柱塞与斜盘的接触形式有两种:即点接触式和滑履式。

点接触式是柱塞直接与斜盘接触。因柱塞端部为球面,所以接触面很小,呈一点。如果柱塞直径 $d=20$mm,压力 $p=32$MPa,斜盘倾角 $\alpha=20°$,由式(3.21)、式(3.22)计算出斜盘对柱塞的作用力 $F_n=10.7$ kN。可见,挤压应力很高,缸体高速旋转时,接触面的磨损与发热都相当严重,所以,点接触式只用于压力不太高的小流量液压泵。斜盘采用平面止推滚动轴承,如图 3.12 所示,当缸体旋转时,利用柱塞与斜盘接触面的摩擦力带动斜盘一起转动,使接触面的磨损大为减小。

滑履式是柱塞通过滑履与斜盘接触,为平面接触。由于接触面大,因此压应力小;同时,为减小接触面的磨损,采用了静压支承。目前,高压大流量泵多采用这种接触形式,如图 3.14 所示。

2)滑履及其静压支承原理

液体静压支承是一种高精度的滑动支承,它是直接把一定压力的润滑油引入摩擦面之间

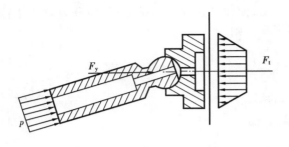

图 3.14　滑履的静压平衡结构

产生承载力。若这个力与负载相平衡,摩擦面之间将形成稳定油膜,使两摩擦面脱离接触,呈现液体摩擦;若承载力稍小于负载力,虽不能形成稳定油膜,但由于摩擦面的粗糙度仍可渗入压力油液,使负载产生的压紧力大为减小,并起润滑作用,改善了工作条件。前者称为完全平衡型静压支承,后者称为不完全平衡型静压支承。只要各部分尺寸设计合理,压力油供给可靠,则不管运动与否,两摩擦面之间都有承载力存在,减小摩擦和磨损,提高机械效率。

斜盘式轴向柱塞泵的重要零件——滑履,就采用了静压支承结构。柱塞的球头位于滑履一侧的球窝内,球头在球窝内没有轴向位移,但能灵活转动。柱塞端部有一轴向阻尼孔与滑履中心孔相通。滑履的另一侧为圆环形平面,中间为油室,其结构如图 3.14 所示。柱塞排液时,压力液体经柱塞中心阻尼孔和滑履中心孔进入滑履油室,在滑履与斜盘之间的环形间隙中形成承载油膜。

滑履上的作用力主要有两个:压紧力 F_y 和承载力 F_t。压紧力将滑履压向斜盘,其中起主导作用的是液压作用力,其次是弹簧力。承载力将滑履推离斜盘,它包括油室中的液压作用力和环形间隙油膜的承载力。

为了保证液压泵可靠工作,使滑履始终压向斜盘,提高容积效率,简化设计,通常采用不完全平衡型静压支承,这时,承载力只抵消大部分压紧力,剩余的压紧力由接触面的突起部分的弹性和塑性变形来承载。滑履与斜盘不完全脱离接触,液体摩擦和固体摩擦同时存在,摩擦阻力稍大。由于接触面的粗糙度和运动时产生的动压,油液仍能渗入摩擦面间建立压力场,但摩擦面基本上没有或很少有泄漏。

3)缸体与配流盘

如图 3.12 所示,缸体上均布有 5 个(或 7 个)柱塞孔,每个柱塞孔的底部有腰形通液口,其宽度与配流盘吸排液窗口的宽度相适应。柱塞排液时,压力液进入缸体与配流盘的接触面之间形成承载油膜;同时,压力液作用于柱塞孔底部,将缸体压向配流盘,当泵刚开始工作尚未产生压力时,为保证初始密封,缸体还受到弹簧力的作用。液压作用力与弹簧力共同产生压紧力 F_y(液压作用力是主要的),适当地确定配流盘结构尺寸,使缸体与配流盘接触面间油膜的承载力 F_t 略小于压紧力 F_y,即可保证接触面的密封性,还可避免压紧力过大,致使油膜破坏而出现过大的磨损,通常,$F_t = (0.85 \sim 0.95)F_y$。可知,缸体与配流盘之间也采用不完全平衡型静压支承。

配流盘吸排液窗口两端的间隔称为过渡密封区。为避免柱塞位于过渡密封区时,将吸排液口串通,应使柱塞的通液口长度小于过渡密封区,形成正封闭。但这会产生困油现象,引起冲击和噪声,所以,为消除困油,在吸排液窗口的端部开有小尖角槽(卸荷槽),其间距略小于柱塞孔通液口的长度,形成负封闭。

配流盘的结构有对称型和非对称型,图 3.15(a)为对称型结构,吸排液窗口两端均有尖角槽,其对称中心线与斜盘垂直中心线的投影相重合,允许泵正反转。图 3.15(b)为非对称型结构,尖角槽只开在配液口的一端,在安装时,配流盘的中心线沿缸体旋转方向相对于斜盘垂直中心线偏转一个角度。当由吸液向排液过渡时,柱塞孔容积最大,刚好与吸液窗口脱离,当密封容积由大变小时,通过尖角槽与排液窗口相通,使压力平稳上升。同理,当由排液向吸液过渡时,柱塞孔容积达最小,刚好与排液窗口脱离,当容积由小变大时,通过尖角槽与吸液窗口相通,使压力平稳减小。试验证明:这种非对称的负封闭结构对于减少液压冲击和噪声的效果比较显著,但泵只能单方向转动,不能反转工作。

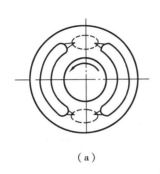
（a）

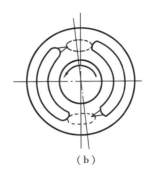
（b）

图 3.15　配流盘

过渡密封区里还有几个盲孔,起储油和润滑作用。当柱塞通液口遮盖盲孔时,液体充满盲孔,由于表面张力作用,液面要高出盲孔;当缸体遮盖盲孔后,由于挤压效应,使盲孔储液压力高于油膜压力,向油膜补液,防止油膜破坏产生干摩擦。

(3)典型结构——CY14—1B 型轴向柱塞泵

CY14—1B 型泵是目前我国产量最大的一种系列泵,它由 CY14—1 型泵改进而成,其额定压力有 19.6MPa 和 31.5MPa 两种,排量 3.49～422 mL/r,分 7 种规格。此种泵由主体部分和变量机构两部分组成,如图 3.16 所示。

1)主体部分

缸体上均布有 7 个带滑履的柱塞,回程盘套装在滑履上,中心弹簧通过内套、钢球和回程盘将滑履压紧在止推板上,止推板浮动地安装在斜盘上,防止斜盘和滑履直接摩擦而磨损。中心弹簧同时通过弹簧外套将缸体压在配流盘上,起初始密封作用。当主轴通过花键带动缸体旋转时,吸液侧柱塞靠中心弹簧及回程盘拉出而吸液,排液侧柱塞靠止推板强制压回而排液。采用配流盘配流,用一定位销来确定配流盘的安装方位。缸体的左端用大轴承支撑在主泵体上,用来承受斜盘对滑履推力而产生的作用于缸体上的径向力。滑履与止推板之间以及配流盘与前泵体之间都采用静压支承,以减小摩擦和磨损,提高机械效率。该泵的配流盘为非对称负封闭型,安装配流盘时,使其中心线相对斜盘中心线向缸体旋转方向偏转 6°,由定位销定位,如图 3.15(b)所示。

2)变量机构

变量机构的作用是调节斜盘倾角,改变泵的排量。每一种规格的主体部分都可根据需要配备不同形式的变量机构,即手动变量机构、手动伺服变量机构、恒功率变量机构等类型。现仅介绍手动变量机构和手动伺服变量机构。

①手动变量机构　如图 3.16 所示,斜盘用轴销支承在变量活塞上。变量活塞可相对于壳体上下移动(不能转动),变量活塞上部制有内螺纹,与丝杆构成螺旋副。丝杆在压盖限定下只

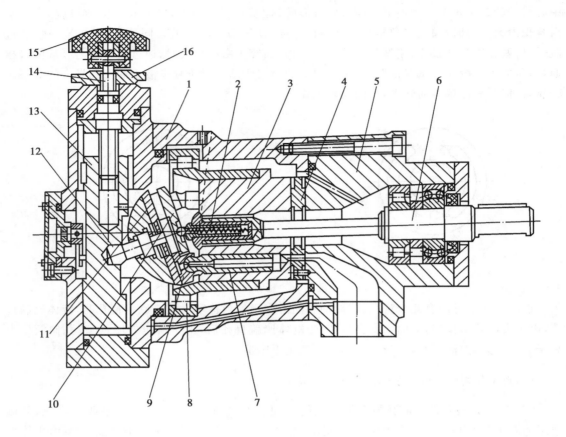

图 3.16　CY14—1B 型泵

1—主泵体；2—弹簧；3—缸体；4—配流盘；5—前泵体；6—传动轴；7—柱塞；8—轴承；
9—滑履；10—回程盘；11—止推板；12—轴销；13—变量活塞；14—丝杆；15—手轮；16—锁紧螺母；

能转动，而不能上下移动。丝杆上部装有手轮。旋转手轮可经螺旋机构使变量活塞上下移动，从而使斜盘倾角改变，实现流量调节。斜盘倾角可以由变量机构左端面的指示盘显示。当流量调节完毕后，用锁紧螺母锁紧。此类变量机构结构简单，工作可靠，但操作费力，一般需在泵卸荷的情况下调节。

②手动伺服变量机构　手动伺服变量机构由拉杆、伺服阀芯、阀套、变量活塞、壳体及指示盘等组成，如图 3.17 所示。

变量活塞为差动结构，上端面积大于下端面积，泵排液口来的高压液体经泵体上的孔及单向阀 a 进入活塞下腔 d，始终作用于活塞下端面，活塞上腔 g 的通液状况则由伺服阀控制。

未操作拉杆时（图 3.17 所示的位置），阀套的上环形槽被伺服阀芯遮盖，因此，活塞上腔处于封闭状态，变量活塞不动。

若将拉杆下推使伺服阀芯下移，阀套的上环形槽开启，压力液体经活塞上的孔道 e 进入活塞上腔 g，g、d 两腔压力相等。由于上腔作用面积大，故活塞下移带动斜盘，使其倾角增大。与此同时，阀套也随活塞下移，直到将上环形槽封闭为止，其位移量等于伺服阀芯的位移量，斜盘倾角固定在某一确定位置上。

当拉杆带动伺服阀芯上移时，阀套的下环形槽打开，活塞上腔液体经活塞上的孔道 f、下

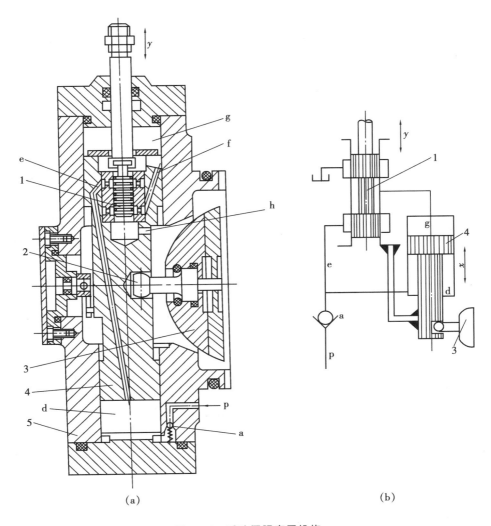

(a)　　　　　　　　　　　　　　　　　(b)

图 3.17　手动伺服变量机构

1—伺服阀芯;2—轴销;3—斜盘;4—变量活塞;5—壳体

环形槽、孔道 h 及主泵体上的泄液口回液,活塞在下腔压力作用下上移,斜盘倾角减小,与此同时,阀套也随活塞上移,直到又把下环形槽封闭,倾角又固定在某一位置上。若继续上移伺服阀芯,则斜盘倾角可越过零位而反方向增大,液压泵排液方向改变。

　　由上述变量过程可知,伺服阀芯移动,使得阀口开启,导致变量活塞跟随伺服阀芯而移动;变量活塞移动后,致使伺服阀的阀套移动,又使得阀口关闭,伺服阀又回到新的平衡位置上(反馈作用),这种机构称伺服机构,又称随动机构(具体参见第 10 章)。这种变量机构调节省力,可在负载下调节;工作可靠,反应灵敏,而且能通过反馈精确地控制排量变化;但价格高,维护困难。

3.4.2　斜轴式轴向柱塞泵

斜轴式轴向柱塞泵工作原理如图 3.18 所示。此种泵由主轴、连杆、缸体、柱塞、配流盘等主要零件组成。主轴中心线与缸体中心线斜交,连杆的一端通过球铰与主轴的传动盘相连,另一端通过球铰与柱塞相连,柱塞沿圆周方向均布于缸体上的柱塞孔中,依靠液压力和弹簧力(图上未画出)使缸体贴紧配流盘,配流原理和工作特性与斜盘式泵相同。

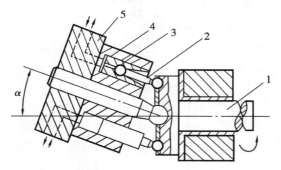

图 3.18　斜轴式轴向柱塞泵工作原理
1—主轴;2—连杆;3—柱塞;
4—缸体;5—配流盘

当主轴旋转时,连杆的侧面与柱塞的内壁接触,拨动缸体转动,同时带动柱塞做往复运动,通过配流盘吸排液。配流盘与回转缸体的端面之间形成油膜接触,保持静压平衡。中心连杆仅起定心作用。此种泵可利用缸体的摆动使倾角变化,实现变量。

斜轴式轴向柱塞泵与斜盘式泵相比较有如下优点:

① 由于连杆轴线与柱塞轴线夹角很小(2°左右),大大减少了柱塞与缸孔间的侧向力,改善了磨损情况,因而允许缸体有较大的摆角。而在一些特殊结构中(将连杆和柱塞一体化),摆角可扩大到 40°,从而可用较小的结构尺寸获得较大的排量范围。

② 结构坚固,主轴传动盘、连杆和柱塞之间采用铰接,结构相当牢靠,没有滑履这样的薄弱环节,因而耐冲击,工作可靠、寿命长。

③ 抗污染能力比斜盘式好。

其主要缺点是:柱塞、连杆、配流盘(采用球面时)加工难度大;依靠摆动缸体实现变量,所以外形尺寸和质量也较大,结构也较复杂。

由于斜轴式柱塞泵的显著优点,因此在工程机械和矿山机械液压系统中广泛地使用。

3.4.3　径向柱塞泵

径向柱塞泵是柱塞排列和相对运动方向均沿传动轴径向的一类柱塞泵。它有两种基本结构:一种是柱塞位于固定的缸孔内,采用配流阀配流;另一种是柱塞沿圆周半径方向布置在旋转的缸体中,采用配流轴配油。

(1)配流阀配流的径向柱塞泵

从广义上讲,单柱塞泵和卧式三柱塞泵即属于此类泵。

单柱塞泵的结构原理如图 3.1 所示,其工作原理不再复述。这种泵的主要优点是:结构简单,工作可靠,但其流量很不均匀,所以,只用于压力较高,流量较小,特别是对执行元件的运动速度无确定要求的液压系统中。

卧式三柱塞泵实质上由三个单柱塞泵并列组成,用一根三曲拐的曲轴通过连杆滑块带动,三个曲拐互成 120°,使流量不均匀性得到改善。矿山液压支护设备的泵站就采用此种泵,其工作介质为乳化液。

这两种泵都采用配流阀配流,由于阀芯惯性力的影响,存在不同程度的滞后现象,即吸液阀(或排液阀)的完全关闭要比排液(或吸液)行程开始滞后一段时间,引起少量液体倒流,影响容积效率,因此,它们的传动轴转速通常比较低。

(2) 配流轴配流的径向柱塞泵

配流轴配流的径向柱塞泵的工作原理如图 3.19 所示。此种泵由柱塞、转子(缸体)、轴套、定子、配流轴等组成。柱塞分布于转子的径向缸孔内,轴套与转子紧固在一起,转子与定子有一偏心距。配流轴有 4 个轴向孔,T_1 和 T_2 为吸液孔,与吸液管相连通,P_1 和 P_2 为排液孔,与排液管相连通。为达到配流目的,在配流轴与轴套接触的部分开有两个槽口,分别与吸、排液孔相通(A—A 剖面),两槽口之间的圆弧面与轴套形成密封区,将吸、排液区隔开。

转子旋转时(图 3.19 所示的方向),柱塞依靠离心力从缸孔伸出压紧在定子内圆表面上。在图 3.19 所示的上半部,缸体工作容积由小变大,通过轴套的通液孔从固定不转的配流轴吸液孔吸液;当柱塞转到下半部时,缸孔工作容积由大变小,经配流轴排液孔排液。通过定子的水平移动可改变偏心距大小,实现变量。若改变偏心距的方向,可改变排液方向。

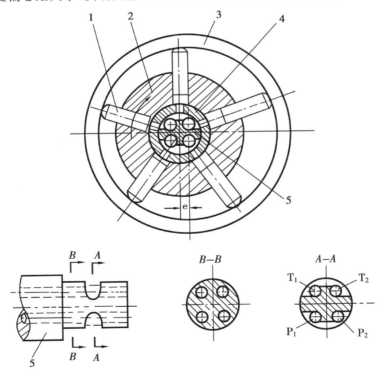

图 3.19　配流轴配流的径向柱塞泵工作原理
1—柱塞;2—转子(缸体);3—定子;4—轴套;5—配流轴

为增大排量,减小径向尺寸,可采用双排径向柱塞;为减小柱塞端部与定子内表面的磨损,可在定子内圈安装一个大直径的滚动轴承,柱塞与轴承内圈接触,在转子旋转时,借助于摩擦力使轴承内圈一起旋转。

此类泵结构较复杂,径向尺寸大,使用较少。

3.5　液压泵的选用

选用液压泵时,应根据液压系统所需求的压力、流量、使用要求、工作环境等合理地确定泵的具体规格和类型。同时,考虑泵的调节方式、自吸能力、抗污染能力、流量脉动性、噪声水平、结构尺寸、价格、节能效果以及工作液体的种类等问题。

在选择泵的额定压力时,要考虑系统动态压力的影响,使泵有一定的压力储备。对于负载变化大、工作条件恶劣的液压系统,泵的工作压力一般应为其额定压力的 50%～60%,使泵具有较大的压力储备;对于负载变化小、工作平稳的固定设备系统,泵的工作压力可为其额定压力的 70%～80%。

一般负载小、功率小的液压设备,可选用齿轮泵或双作用叶片泵;精度较高的设备可选用双作用叶片泵;有快速和慢速工作行程的设备可选用限压式变量叶片泵;在负载大、功率大的设备中,可选用柱塞泵,其中以轴向柱塞泵应用最多。

常用液压泵的性能比较见表 3.1。

表 3.1　常用液压泵的性能比较

性　能	齿轮泵 (外啮合)	叶　片　泵		轴向柱塞泵
		单作用(变量)	双作用	
压　力 /MPa	低压<2.5 中高压 16～21	<6.3	6.3～21	<40
流量调节	不能	能	不能	能
容积效率/%	0.7～0.9	0.8～0.9	0.8～0.95	0.9～0.95
总效率/%	0.6～0.8	0.7～0.8	0.75～0.85	0.8～0.9
流量脉动	大	一般	很小	一般
自吸性能	好	较差	较差	差
污染敏感性	不敏感	较敏感	较敏感	敏感
噪　声	大	较大	小	较大
价　格	最低	较高	中等	高

小　结

液压泵是液压系统的动力源。它将输入的机械能转换为工作液体的压力能,为液压系统提供一定流量的压力液体。具有周期性变化的密封工作容积和配流机构是液压泵工作的必备条件。

　　排量和压力是泵的两个基本参数。额定压力体现了泵的能力,而运行过程中的工作压力是随负载变化的。泵的效率主要包括:容积效率和机械效率。容积效率反映了泄漏的大小,影响实际流量;而机械效率反映了机械摩擦损失,影响驱动泵所需的转矩。

　　本章介绍了齿轮泵、叶片泵和柱塞泵,应该注意它们在工作原理、性能和应用范围上的差别。

　　齿轮泵容积效率较低,存在不平衡的径向力和困油现象,使压力提高受到限制,只能为定量泵,且流量脉动和噪声也较大,但其结构简单,价格便宜,抗污染能力强,故适用于运动平稳性能要求不高的中低压系统或辅助系统。

　　叶片泵分为单作用和双作用两类。单作用泵可以变量,但存在不平衡的径向力和困油问题;双作用泵所受的径向力平衡,输出流量均匀,噪声水平低,但只能定量。叶片泵主要用于对速度平稳性要求较高的中低压系统,在机床行业中应用十分普遍。

　　柱塞泵性能比较完善、压力高,容积效率也高,可以变量,并有多种变量方式,主要用于高压系统,其中轴向柱塞泵应用最多,径向柱塞泵应用较少。柱塞泵结构较复杂,价格较贵,对液体的清洁度要求也较高;但其优越的性能使它在高压系统中,尤其是需要变量的场合应用相当的广泛。

思考题与习题

　　3.1　液压泵的工作原理是什么? 为什么液压传动中几乎无一例外地采用容积式液压泵?

　　3.2　液压泵的额定压力与工作压力有什么不同? 液压泵的流量与压力有无关系? 流量和排量有什么不同?

　　3.3　容积效率表示什么意义? 在工业上如何测试?

　　3.4　齿轮泵存在哪三个共性问题? 通常采用什么措施来解决?

　　3.5　什么是困油现象? 它产生在液压泵的什么部位?

　　3.6　YBC 型齿轮泵在结构上有何特点?

　　3.7　说明摆线转子泵的工作原理。

　　3.8　叶片泵的径向密封采用哪些方法?

　　3.9　单作用叶片泵的不平衡径向液压力如何计算? 它对泵的压力提高有什么影响?

　　3.10　分析限压式变量叶片泵的特性曲线。

　　3.11　说明斜盘式轴向柱塞泵的工作原理,并分析柱塞受力情况和滑履的静压支承原理。

　　3.12　说明 CY14—1B 型泵的伺服变量机构工作原理。

　　3.13　说明斜轴式轴向柱塞泵的工作原理。它有什么优点?

　　3.14　为什么高压系统普遍采用柱塞泵?

第4章 液压执行元件

液压马达和液压缸总称液压执行元件,其功用是将液压泵供给的液压能转变为机械能输出,驱动工作机构做功。二者的不同在于:液压马达是实现旋转运动,输出机械能的形式是扭矩和转速;液压缸是实现往复直线运动(或往复摆动),输出机械能的形式是力和速度(或扭矩和角速度)。液压马达又称油马达,液压缸又称油缸。

4.1　液压马达

4.1.1　液压马达概述

(1)液压马达的基本工作原理

液压马达和液压泵一样,都是依靠密封工作容积的变化实现能量的转换,都属容积式,同样具有配流机构。液压马达在输入的高压液体作用下,进液腔由小变大,并对转动部件产生扭矩,以克服负载阻力矩,实现转动;同时,马达的回液腔由大变小,向油箱(开式系统)或泵的吸液口(闭式系统)回液,压力降低。对于不同结构类型的液压马达,其扭矩产生的方式也不一样,这将在后续内容中介绍。

从理论上讲,相同结构形式的液压泵和液压马达可互逆使用(阀式配流的除外),但实际上,由于使用目的和性能要求不同,它们在结构上仍有差别,一般不互逆使用,甚至不能互逆使用。

液压马达的分类依据与液压泵相同。除此以外,还可按转速的大小将马达分为高速和低速两大类。一般认为,额定转速高于 500 r/min 的属于高速马达,低于 500 r/min 的属于低速马达。

高速马达常用的结构形式有齿轮式、叶片式和轴向柱塞式等。它们的主要特点是:转速较高,转动惯量小,便于启动和制动,调速和换向灵敏度高,输出扭矩较小,故又称高速小扭矩马达。低速马达主要的结构形式有各种径向柱塞式马达和行星转子式摆线马达。其主要特点是:排量大、体积大、转速小,输出扭矩很大,可直接与工作机构连接,而不需要减速装置,使传动机构大大简化,故又称低速大扭矩马达。

（2）液压马达的基本性能参数

液压马达的性能参数有压力、输入流量、排量、扭矩、功率和效率等,而基本参数是排量、扭矩和转速。

1）压力

液压马达的工作压力指其实际输入液体的压力,其大小取决于马达的负载。马达连续工作所允许的最高压力称做额定压力。

2）排量

液压马达排量是指马达轴每旋转一周,由工作容积的变化量计算出的所需液体的体积,计算方法与同结构类型的液压泵相同,用"V_m"表示,单位是 m^3/r 或 mL/r。排量是液压马达工作能力的重要标志,在相同功率的条件下,马达排量不同,则输出参数——扭矩和转速的大小也不同,高速小扭矩马达的排量小,而低速大扭矩马达的排量大。

3）转速

液压马达的理论输出转速 n_{ml} 为:

$$n_{ml}=\frac{q_m}{V_m} \tag{4.1}$$

考虑到泄漏损失,液压马达的实际输出转速要比理论转速小,即

$$n_m=n_{ml}\eta_{mv}=\frac{q_m}{V_m}\eta_{mv} \tag{4.2}$$

式中　　q_m——液压马达的实际输入流量;

　　　　V_m——液压马达的排量;

　　　　η_{mv}——液压马达的容积效率。

4）扭矩

液压马达每转输入的液压功率为 $\Delta p V_m$,若不考虑功率损失,则每转输出的机械功率为 $2\pi T_{ml}$,由能量守恒定律得:$\Delta p V_m=2\pi T_{ml}$,由此可得,马达的理论输出扭矩 T_{ml} 为:

$$T_{ml}=\frac{\Delta p V_m}{2\pi} \tag{4.3}$$

考虑到摩擦损失,实际输出的扭矩要比理论输出扭矩小,即

$$T_m=T_{ml}\eta_{mJ}=\frac{\Delta p V_m}{2\pi}\eta_{mJ} \tag{4.4}$$

式中　　Δp——液压马达进出口压力差;

　　　　η_{mJ}——液压马达的机械效率。

5）功率

实际输入的液压功率为:

$$P_E=\Delta p q_m \tag{4.5}$$

实际输出的机械功率为:

$$P=2\pi n_m T_m \tag{4.6}$$

6）效率 η_m

与液压泵一样，液压马达内也存在泄漏损失和摩擦损失，分别用容积效率 η_{mv} 和机械效率 η_{mJ} 表示各种损失的程度。

液压马达的总效率为输出功率与输入功率之比：

$$\eta_m = \frac{P}{P_E} = \eta_{mv}\,\eta_{mJ} \tag{4.7}$$

由上式可看出，液压马达的总效率为容积效率与机械效率之积。

在实际中，液压马达的容积效率和总效率由实验测定，机械效率则由式（4.7）换算出。

容积效率直接影响马达的制动性能。如果容积效率低（即泄漏大），则制动性能就差，在负载作用下，马达会反转。

机械效率直接影响马达的启动性能，如果机械效率高，即摩擦阻力小，就可增大马达的启动扭矩。

4.1.2　高速小扭矩液压马达

(1) 齿轮式液压马达

齿轮马达的基本结构与齿轮泵相同。如图4.1所示，两齿轮的啮合点为 P。齿轮 O_1 与输出轴相连。设齿轮的齿全高为 h，齿宽为 B，啮合点到两齿根的距离分别为 a、b，显然，a 与 b 均小于 h。当输入压力液后，凡轮齿两侧对称部分都受高压液作用，则液压作用力互相抵消，对马达的旋转不起作用（图4.1中不标注液压力），而其余部分将对马达的旋转起作用（标注液压力）。从图4.1中可以看出，对齿轮 O_1 而言，促使其逆时针旋转的液压作用面积大于促使其顺时针旋转的液压作用面积；对齿轮 O_2 而言，促使其顺时针旋转的液压作用面积大于促使其逆时针旋转的液压作用面积。因此，马达各齿轮产生图示方向的转动，最终经输出轴输出扭矩，其大小为两齿轮产生的扭矩之和。进入齿轮马达的液压液在两齿轮的带动下，沿圆周方向进入出液口而排回油箱。

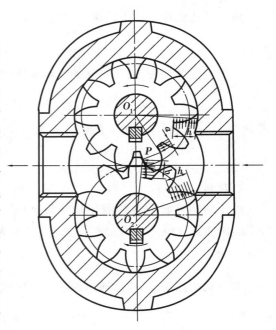

图 4.1　齿轮马达工作原理

若改变供液方向，马达旋转方向将随之改变。

为适应正反转的要求，马达的进出液口大小相等，位置对称，并有单独的泄漏口。

(2) 叶片式液压马达

叶片马达和叶片泵一样分为单作用和双作用两种类型，其结构与相对应的泵基本相同。

如图 4.2(a)所示是单作用叶片马达的工作原理图。位于进液腔内的叶片两侧,所受的液压力相同,其作用相互抵消;而位于过渡密封区的叶片 1,一侧承受进液腔高压液体的作用,另一侧为低压,产生逆时针扭矩;同理,叶片 2 将产生顺时针扭矩。由于叶片 1 的承压面积大,最终转子逆时针转动,输出扭矩和转速。与单作用相同,双作用叶片马达的工作原理如图 4.2(b)所示,在高压液体作用下,叶片 1 产生逆时针力偶,而叶片 2 则产生顺时针力偶。由于叶片 1 的承压面积大,最终转子逆时针旋转。与单作用相比,双作用叶片马达是在力偶作用下旋转的,运转更为平稳。单作用叶片马达可以制作成变量马达,而双作用只能为定量马达。

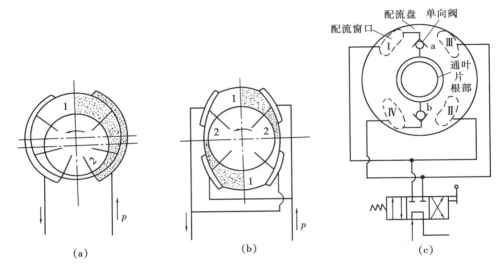

(a)　　　　　　　　(b)　　　　　　　　(c)

图 4.2　叶片马达的工作原理

马达与泵不同,为适应马达正反转要求,马达叶片均径向安装;为防止马达启动时(离心力尚未建立)高低压腔串通,叶片槽底装有弹簧,以便使叶片始终伸出贴紧定子;另外,在向叶片底槽通入压力液的方式上也与叶片泵不同,为保证叶片槽底始终与高压相通,油路中设有单向阀 a、b,如图 4.2 (c)所示。

(3)轴向柱塞式液压马达

轴向柱塞马达是一类相当重要的高速马达,同泵一样适合在高压系统中使用,它也分为斜盘式和斜轴式两种。

1)斜盘式轴向柱塞马达

斜盘式轴向柱塞马达如图 4.3(a)所示。当压力液进入马达时,图中左侧的 3 个柱塞在压力液推动下外伸,压在斜盘上,斜盘则对柱塞产生反作用力 N,该力可以分解为沿轴向的分力 F 和垂直于轴向的分力 T,分力 F 与作用在柱塞上的液压作用力平衡,分力 T 则通过柱塞作用在缸体上,产生使缸体顺时针旋转的扭矩,带动输出轴顺时针旋转。与此同时,右侧的 3 个柱塞回缩,将液压液挤入排液口流回油箱。由于转动过程中位于进液区的柱塞数不断变化,力臂 R 也在不断变化,因此,马达的瞬时扭矩是脉动的。

改变供液方向,则马达旋向随之改变。

由于马达要正反转,因此配流盘的过渡密封区应采用对称布置,其他部分的结构与同类型

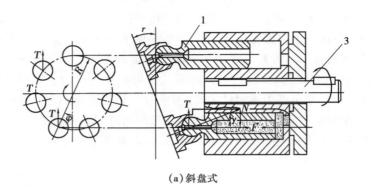

(a)斜盘式

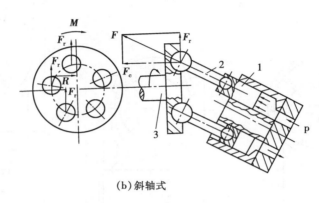

(b)斜轴式

图 4.3　轴向柱塞马达工作原理

1—柱塞;2—连杆;3—输出轴

的泵基本相同。

2)斜轴式轴向柱塞马达

斜轴式轴向柱塞马达如图 4.3(b)所示。柱塞位于马达进液区的柱塞孔内,液压力推动柱塞和连杆,其作用力 F 沿连杆方向传至马达输出轴的传动盘上。F 的轴向分力 F_c 由止推轴承所承受,径向分力 F_r 和力臂 R 形成了逆时针扭矩,使传动盘转动,连杆又拨动缸体转动。与此同时,右侧的 2 个柱塞回缩,将液压液挤入排液口流回油箱。马达输出轴的扭矩是位于进液区的各个柱塞所产生的扭矩之和。与斜盘式一样,斜轴式轴向柱塞马达的瞬时扭矩也是脉动的。

在液压系统工作中,液压马达首先直接承受来自负载的冲击,在耐冲击方面斜轴式轴向柱塞马达具有明显的优点。

4.1.3　低速大扭矩马达

(1)行星转子式摆线马达

这是一种以体积小、扭矩大为特点的新型马达,近几年来得到较大的发展和推广应用。

1)工作原理

这种马达在结构上与摆线转子泵有相似之处,但并非将转子泵反过来当马达使用,而是将外转子固定不动,变为定子(固定齿圈),使内转子一方面绕定子的中心 O_2 公转(行星运动),另一方面又绕本身的中心 O_1 自转,其自转速度便为输出轴转速。

马达的工作原理如图 4.4 所示,转子有 6 个齿,定子有 7 个齿,二者同时啮合,形成了 7 个密封工作容积,分别与配流机构相应的孔相通,配流轴(即输出轴)与转子同步转动。图 4.4 表示了在进液压力推动下转子扫过定子一个内齿,即自转 1/6 转的 4 个工作位置以及配流状况。图 4.4(a)为起始状态,定子的 5、6、7 齿间进高压液,2、3、4 齿间回液,1 齿间处于进、回液的过渡区。图 4.4(b)是转子自转 1/14 转的状态,定子的 1、2、3 齿间进高压液,5、6、7 齿间回液,4齿间过渡。图 4.4(c)是转子自转 1/7 转的状态,定子的 4、5、6 齿间进高压液,1、2、3 齿间回液,7 齿间过渡。图 4.4(d)是转子自转 1/6 转的状态,齿 b 占据了齿 a 的原始位置。由图可以看出,当转子自转了 1/6 转,公转了 1 周,7 个密封工作容积各进液和回液 1 次,当转子自转 1转,则公转 7 周,7 个工作容积将各进、回液 6 次,大大地提高了马达的排量。在马达工作过程中,始终以连心线 O_1O_2 为界,将马达的高、低压区分开。在高压区,齿间的工作容积由小变大进液;而在低压区,齿间的工作容积由大变小回液。

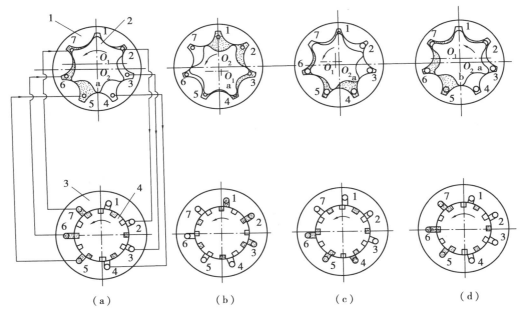

图 4.4　行星转子式摆线马达的工作原理
1—定子;2—转子;3—壳体;4—输出轴(配流轴)

若转子齿数为 z_1,定子齿数为 z_2(比 z_1 多 1 齿),由工作原理可知,转子自转 1 转,每一个齿间工作容积将进、回液 z_1 次,z_2 个工作容积共变化 z_1z_2 次,所以能平稳地低速旋转。显然,马达的排量等于同参数摆线转子泵排量的 z_1 倍。

行星转子式摆线马达的配流装置有两种结构形式:即配流轴和配流盘。由于配流轴因磨损后径向间隙不能补偿,故容积效率较低,工作压力受到限制;而配流盘式可以补偿磨损间隙,故容积效率高,工作压力大。图 4.4 中的配流装置为配流轴,图 4.6 中的配流装置为配流盘。

摆线马达扭矩产生的原理如图 4.5 所示。作用在转子上的液压力的合力 F 通过啮合点 a 和 b 的连接线的中点 K。对于外转子转动的内外转子式马达,F 推动内转子以自身的 O_1 为中心逆时针旋转,其力臂为 O_1M;对于行星转子式马达,转子以内、外齿轮的节点 P(节圆 r_1、r_2 的相切点)为瞬心转动,自转与公转方向(顺时针)相反,F 的作用力臂为 PN,它远比 O_1M 大。因此,行星转子式摆线马达的扭矩远远大于内外转子式摆线马达。

2)典型结构——BM 型摆线马达

此种马达由定子 6、转子 8、长花键轴 9、短花键轴 5、配流盘 3、辅助配流板 4、补偿盘 2、端盘、壳体等组成,如图 4.6 所示。转子的齿廓曲线为短幅外摆线,其齿数 $z_1 = 8$,定子的齿廓曲线为圆弧,其齿数 $z_2 = 9$。

该型马达有如下结构特点:

① 定子采用装配式结构　马达定子是用滚柱代替圆弧齿形,滚柱可以在定子中转动,如图 4.7 所示。在工作时,位于进、回液区分界处的滚柱被液压

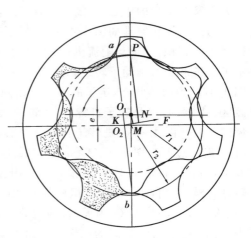

图 4.5　摆线马达扭矩产生的原理

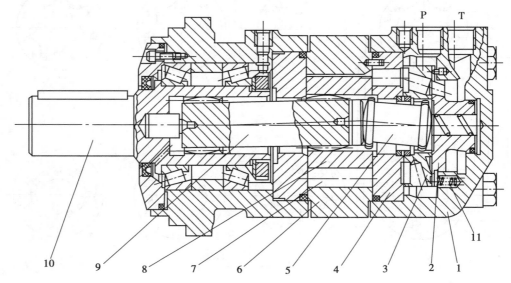

图 4.6　BM 型摆线马达

1—后壳体;2—补偿盘;3—配流盘;4—辅助配流板;5—短花键轴;
6—定子;7—滚柱;8—转子;9—长花键轴;10—输出轴;11—弹簧

力压向回液区,使滚柱与定子和转子都贴紧,提高了进、回液区之间的密封性,使泄漏减小。同时借助转子与滚柱啮合时的摩擦力,使滚柱自转,形成滚动摩擦,提高机械效率,并减少磨损。

② 采用端面配流及自动补偿间隙措施　图 4.8(a)所示的辅助配流板贴紧定子并固定不动,其上有 $z_2(=9)$ 个孔,分别与定子齿间容积相对应。图 4.8(b)所示的补偿盘也固定不动,其上也有 z_2 个孔,分别与辅助配流板的孔相对应,但各孔恒与回液腔 T 相通。

配流盘上有两组孔道 P 和 T(图 4.9),每组各有 $z_1(=8)$ 条孔道,P 组孔道均与进液腔连通,T 组孔道则通过补偿盘与回液腔连通(图 4.6)。转子经短花键轴带动配流盘同步转动。孔道 P、T 便轮流与辅助配流板及补偿盘上的孔道通断,实现配流。

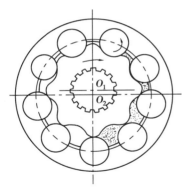

图 4.7　装配式定子

在运转中,配流盘与两侧的补偿盘和辅助配流板产生相对运动,为减少摩擦,采用不完全平衡型静压支承,使补偿盘右端的压紧力(液压力与弹簧力之和)略大于它与配流盘之间的推开力,同时,该推开力(也是配流盘对辅助配流板的压紧力)略大于配流盘与辅助配流板间的推开力。其压紧因数(压紧力与推开力之比)为 1.01～1.05。这样如果补偿盘和辅助配流板之间产生了磨损,则补偿盘会自动向左移动,使轴向间隙得到补偿,保证良好的密封和较高的容积效率。

③ 转子利用两端均为渐开线鼓形花键的长轴与输出轴连接　这种浮动连接方式可保证转子公转时花键两端能够良好地啮合,并且可卸除转子所受的径向载荷,从而简化了结构。

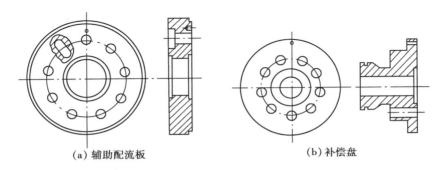

(a) 辅助配流板　　　　　　　　　　　(b) 补偿盘

图 4.8　辅助配流板和补偿盘结构图

(2)径向柱塞式液压马达

径向柱塞式液压马达属于低速大扭矩马达,在重型机械中应用较多。

1)曲轴连杆式径向柱塞液压马达

这是一种历史比较久的径向柱塞式液压马达,至今仍有较多的应用。如图 4.10 所示,它由缸体(壳体)、柱塞、连杆、偏心曲轴、配流轴和配流套等组成。在固定不动的缸体上沿径向均匀分布 5 个缸孔,内置柱塞,柱塞通过球形铰与连杆相连,连杆另一端为内圆柱面,紧贴

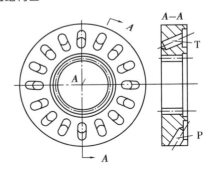

图 4.9　配流盘结构图

曲轴的偏心圆柱面,曲轴一端用十字联轴器与配流轴连接,同步转动,配流套与缸体固定。

在图 4.10 所示的位置,高压液体由配流套上的 A 输入,经配流轴内的孔道 a,再由配流套上的径向孔①、②、③进入相应的缸孔顶部,作用于柱塞上。其液压作用力经连杆传递到曲轴圆柱面,并指向偏心圆中心 O_1。此力可分解为两个力:一是法向力,沿 O_1 与曲轴回转中心 O 的连线方向;另一个是切向力,与 O_1O 连线方向垂直。切向力将对曲轴回转中心 O 产生扭矩,使曲轴克服负载而逆时针旋转。曲轴输出扭矩等于各进液柱塞产生扭矩之和。随着曲轴旋转,缸孔④、⑤内柱塞在连杆推动下缩回,经配流轴 b 孔和配流套 B 孔回液。配流轴与曲轴同步转动,使各缸孔轮流进、回液,周而复始,马达连续旋转,输出扭矩。

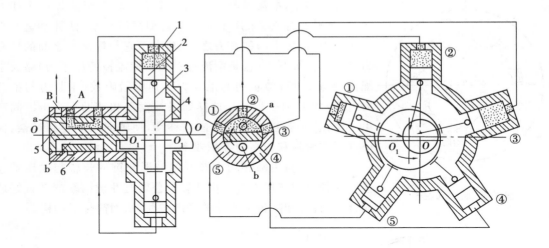

图 4.10　曲轴连杆式径向柱塞液压马达工作原理

1—缸体(壳体);2—柱塞;3—连杆;4—偏心曲轴;5—配流轴;6—配流套

这种马达每回转 1 周,各柱塞往复运动 1 次,故为单作用马达。

2)内曲线径向柱塞液压马达

它属于径向柱塞式马达中较重要的一种类型,简称内曲线马达。它是一种应用较广,发展比较迅速,性能优良的低速大扭矩马达。

① 工作原理

如图 4.11 所示,内曲线马达由定子(凸轮环)3、转子(缸体)4、柱塞 1、滚轮 2、配流轴 5 等组成。定子内壁是由若干段相同曲面组成的导轨,每一段曲面凹部顶点将曲面分成对称的两个区段:一侧为进液区段(工作区段),另一侧为回液区段(空载区段)。它们分别与配流轴进、回液孔相对应,而外侧顶点(称外死点)b 和内侧顶点(称内死点)a 均对应配流轴进、回液的过渡区。转子沿圆周均布有多个径向柱塞缸孔,内含柱塞,缸孔底部有通液口,通液口与配流轴相应的配流口相通。柱塞通过端部滚轮与定子导轨接触,配流轴固定不动。

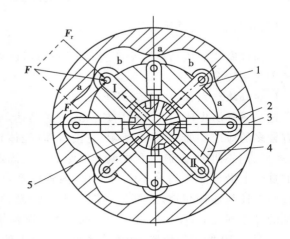

图 4.11　内曲线马达工作原理

1—柱塞;2—滚轮;3—定子;4—转子(缸体);5—配流轴

高压液体经配流轴进入对应于定子进液区段的柱塞(Ⅰ、Ⅱ)缸孔,在液压力作用下,柱塞伸出经滚轮压紧定子。进液区段的反作用力 F 沿曲线法线方向通过滚轮中心,F 力的径向分力 F_r 与柱塞底部液压力平衡,其切向分力 F_t 对转子中心产生扭矩,通过柱塞(或传力机构)推动转子旋转。当柱塞转至外死点时,缸孔内液体封闭,进入回液区段时,缩回排液(此时转子在其他进入进液区段柱塞作用下旋转);到达内死点时,柱塞完全缩回。由上可知,每个柱塞经过一个定子曲面时完成一个伸缩循环,其缸孔内工作容积进、回液各 1 次,转子每旋转 1 周,每个柱塞将完成多次工作循环,因而大大地增加了马达的排量,柱塞作用次数等于定子曲面段数,所以内曲线马达属于多作用马达。

在图 4.11 中,其他柱塞的工作状态可比照柱塞Ⅰ、Ⅱ的工作原理来理解。显然,马达输出扭矩等于进液区段各柱塞产生的扭矩之和。

上述讨论的是缸体(转子)旋转的马达,称轴转型内曲线马达。若令缸体不动,则切向力 F_t 将推动定子逆时针旋转(配流轴同步转动)变为壳转型内曲线马达,目前我国已形成 3 个标准系列产品,即轴转型(NJM 系列)、壳转型(NKM 系列)和车轮马达(CNM 系列)。

② 内曲线马达结构分析

A. 配流装置　配流装置有多种结构形式,常用的是配流轴。如图 4.12 所示,配流轴有两个轴向孔,分别与马达的进液管和回液管相接。在配流轴两个横断面上有两排径向孔,分别与两个轴向孔相接。每排径向孔数等于定子曲面段数,两排径向孔互相错开一个角度,使每段定子曲面各对应一个进液径向孔和一个回液径向孔。

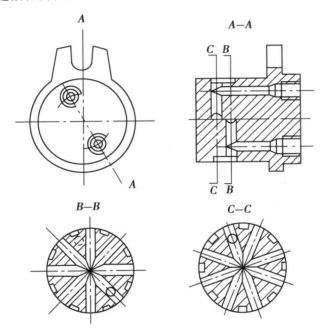

图 4.12　配流轴

马达运转时,配流轴不动,转子上的柱塞孔底部通流口分别与进、回液径向孔相通,实现配流。

配流装置在装配时必须与马达定子曲面相对应,即每段定子曲面必须对应一组进、回液孔,当滚轮位于定子曲面的死点时,该柱塞孔既不进液也不回液,所以,内曲线马达一般都有配流装置的微调机构,通常为偏心凸轮。调节时使马达空载运转,边调节边观察,直到马达正转、反转声响小而均匀和压力表指示值低而稳定时为止,然后锁紧防止松动。

B. 传力机构　为减小柱塞与缸孔的磨损,提高容积效率,定子曲面对滚轮反作用力的切向分力一般不由柱塞直接传递,而是常用横梁或滚轮传递。

a. 横梁传力机构:如图 4.13(a)所示,柱塞 1 与横梁 8 自由接触,横梁可在转子槽中滑动伸缩,其两端轴颈上各装滚轮,切向力由横梁传给转子,推动转子旋转,柱塞只承受径向液压力。

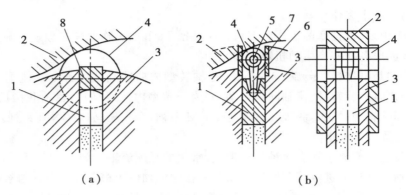

（a）　　　　　　　　　　　　　　（b）

图 4.13　传力机构

1—柱塞;2—定子;3—转子;4—滚轮 5—横轴;6—连杆;7—耐磨板;8—横梁

　　b. 滚轮传力机构:如图 4.13(b)所示,滚轮部件由 4 个外圈加厚的特制滚针轴承组成,连杆 6 的一端活套在滚轮轴的中部,另一端球头与柱塞 1 相连,内侧两个滚轮 4 与定子曲面作用,外侧两个滚轮传递切向力,滚轮可在转子槽中滚动伸缩,为防止转子滑槽的磨损,在滑槽两侧装有耐磨板 7。

　　C. 定子曲线　定子曲面与转子旋转平面的交线,称为定子曲线。其形状直接制约柱塞相对运动的状态,影响马达的一系列性能,如扭矩和转速的均匀性、效率、冲击、寿命、噪声等。因此,定子曲线的设计和加工非常重要,常用的定子曲线是等加速率曲线和余弦曲线。

　　a. 等加速率曲线:其特点是柱塞的相对运动按等加速→等速→等减速规律变化,在一定条件下可使马达的扭矩脉动为零。

　　b. 余弦曲线:其特点是柱塞径向加速度按余弦规律变化。马达扭矩脉动很小,它的突出优点是容易加工制造。

　　③ 内曲线马达的背压与敲缸

　　背压是指马达的回液压力。敲缸是指滚轮撞击定子曲面的现象。由马达的工作原理可知,在定子曲面回液区段作用下柱塞缩回排液,从相对运动规律看,柱塞的缩回开始是加速运动,然后变为减速运动。如果回液压力为零或很小,而马达的转速又较高,则柱塞从加速运动变为减速运动时,由于相对运动惯性力的影响,有可能在减速区域脱离定子曲面。当柱塞经过内死点转入进液区段时,在高压液体作用下,必将快速伸出,使滚轮撞击定子曲面,产生无背压敲缸现象,造成滚轮和曲面的损坏,缩短马达的使用寿命。因此,马达回液必须保持一定的背压,以克服相对运动惯性力的影响,使滚轮不脱离定子曲面。背压一般为 0.5～1MPa。背压是一种损失,不宜太大,只要能满足不敲缸即可,通常由试验确定。

4.1.4　液压马达的选用

　　选择液压马达时,应根据液压系统所确定的压力、排量、设备结构尺寸、使用要求、工作环境等合理地选定马达的具体类型和规格。

　　若工作机构速度高、负载小,宜选用齿轮马达或叶片马达;速度平稳性要求高时,选用双作用叶片马达;当负载较大时,则宜选用轴向柱塞马达。若工作机构速度低,负载大,有两种方案可供选择:一是选用高速小扭矩马达,配合机械减速装置来驱动工作机构;二是选用低速大扭矩马达,直接驱动工作机构,这要经过技术经济比较才能确定。常用液压马达的性能比较见表4.1,以供选用时参考。

表4.1　常用液压马达的性能比较

类　型	压力	排量	转速	扭矩	技术性能及适用工况
齿轮马达	中低压	小	高	小	结构简单,价格低,抗污染性好,但效率低。用于负载扭矩不大,速度平稳性要求不高,噪声限制不大及环境粉尘较大的条件
叶片马达	中压	小	高	小	结构简单,噪声和流量脉动小。适于负载扭矩不大,速度平稳性和噪声要求较高的条件
轴向柱塞马达	高压	小	高	较大	结构较复杂,价格高,抗污染性差,效率高,可变量。用于高速运转,且负载扭矩较大,速度平稳性要求较高的条件
行星转子摆线马达	高压	较大	较低	较大	结构较复杂,价格高,抗污染性好,外形尺寸小,输出扭矩较大。适用于中速(160~320r/min)、中扭矩条件
曲轴连杆式径向柱塞马达	高压	大	低	大	结构较复杂,价格高,低速稳定性和启动性能较差。适用于负载扭矩大,速度低(5~100r/min),对运动平稳性要求不高的条件
内曲线径向柱塞马达	高压	大	低	大	结构较复杂,价格高,径向尺寸较大,低速稳定性和启动性能好,适用于负载扭矩大,速度低(0~40r/min),对运动平稳性要求高的条件,一般用于直接驱动工作机构

4.2　液压缸

4.2.1　液压缸的类型及工作原理

　　液压缸的种类繁多,按不同的分类方法,主要有以下类型:

　　按运动方式的不同分为:往复直线运动液压缸(又称推力缸)和往复摆动液压缸。

　　按液压力的作用方式可分为:单作用液压缸和双作用液压缸。对于单作用液压缸,液压力只能使液压缸单向运动,返回靠外力(自重或弹簧力等);对于双作用液压缸,液压缸正反两个方向的运动均靠液压力。

　　按结构特点可分为:活塞式、柱塞式、组合式。活塞式和柱塞式是液压缸的基本结构形式,而组合式则是它们的组合,以适应不同工作条件的要求。组合式种类较多,如伸缩缸、增压缸、串联缸等。

　　液压缸结构简单,工作可靠,维修方便,所以应用相当的广泛,其使用数量远超过液压马达。

(1)活塞式液压缸

1)单活塞杆液压缸

单活塞杆液压缸有单作用和双作用之分。

图 4.14(a)所示为单作用液压缸。工作行程,活塞由液压力推动外伸,在返回行程无杆腔卸压,外力或弹簧力使活塞杆缩回。

图 4.14(b)所示为双作用液压缸。这种液压缸应用比较普遍,其往复运动都是靠作用于活塞上的液压力实现的。

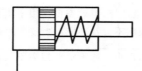　　　　　　　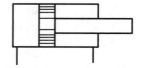

　　　　(a)单作用　　　　　　　　　　　　　(b)双作用

图 4.14　单活塞杆液压缸工作原理

活塞杆外伸时,输出的推力 F_1 和速度 v_1 为:

$$F_1 = \frac{\pi}{4} D^2 p \tag{4.8}$$

$$v_1 = \frac{4q}{\pi D^2} \tag{4.9}$$

活塞杆缩回时,输出的拉力 F_2 和速度 v_2 为:

$$F_2 = \frac{\pi}{4}(D^2 - d^2) p \tag{4.10}$$

$$v_2 = \frac{4q}{\pi(D^2 - d^2)} \tag{4.11}$$

式中　　p——液压缸的工作压力;

　　　　q——液压缸的输入流量;

　　　　D——活塞直径;

　　　　d——活塞杆直径。

由上述各式可知,无杆腔进液时,液压缸推力(F_1)大,速度(v_1)慢;而有杆腔进液时,液压缸拉力(F_2)小,速度(v_2)快。

表示单杆双作用活塞式液压缸尺寸特点的一个重要参数是速比 φ:

$$\varphi = \frac{v_2}{v_1} = \frac{D^2}{D^2 - d^2} \tag{4.12}$$

对于标准液压缸,φ 为 1.06、1.12、1.25、1.32、1.4、1.6、2、2.5、5,压力愈高,取值愈大。

单杆双作用液压缸的一个重要的特点是,可以实现差动连接,使得其应用范围更广。

如图 4.15 所示,利用方向阀将液压缸两腔连通,同时向两腔供液,由于无杆腔有效作用面积大,所以液压作用力使活塞向外伸出。活塞杆返回时,应使方向阀移动,恢复成普通液压缸的连接方式,即有杆腔进液,无杆腔回液。差动连接可用二位三通换向阀(图 4.15(a))或梭阀(图 4.15(b))控制。

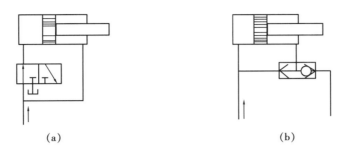

(a)　　　　　　　　　　　　　　　　(b)

图 4.15　差动连接的双作用液压缸

差动连接时活塞杆外伸的推力 F_3 等于液压缸两腔有效作用面积上液压作用力之差,即

$$F_3 = \frac{\pi}{4}\big[D^2 - (D^2 - d^2)\big]p = \frac{\pi}{4}d^2 p \tag{4.13}$$

无杆腔输入流量等于泵的流量 q 与有杆腔排出流量 q_1 之和,因为

$$q_1 = \frac{\pi}{4}(D^2 - d^2)v_3$$

则差动连接活塞杆外伸速度 v_3 为:

$$v_3 = \frac{4(q+q_1)}{\pi D^2} = \frac{4\big[q + \frac{\pi}{4}(D^2 - d^2)v_3\big]}{\pi D^2}$$

整理后得:
$$v_3 = \frac{4q}{\pi d^2} \tag{4.14}$$

　　由式(4.13)和式(4.14)可知,差动连接降低了液压缸的推力,但提高了速度,这种速度的提高是用力的损失换来的。

　　活塞杆返回时,则必须改为普通连接,其拉力 F_2 和速度 v_2 由式(4.10)、式(4.11)计算。

　　若令 $v_3 = v_2$,则得 $D = \sqrt{2}d$。反之,如果设计时使 $D = \sqrt{2}d$,利用差动连接与普通连接相结合,单杆双作用液压缸也可实现双向等速运动。

　　若令 $F_2 > F_3$,则得 $D > \sqrt{2}d$。同样,在设计时满足此关系,可使液压缸的拉力大于推力。

2)双活塞杆液压缸

这种液压缸为双作用两端出杆结构,如图 4.16 所示。通常,两侧活塞杆直径相等,活塞两侧有效作用面积相等,因而双向运动的推力和速度也相同。很适合于有此种要求的设备,如平面磨床。

双活塞杆液压缸的推力和速度可参照式(4.10)、式(4.11)计算。

图 4.16　双活塞杆液压缸　　　　　　　　　　图 4.17　柱塞式液压缸

(2)柱塞式液压缸

它的结构比活塞式简单,其配合处仅限于缸口,如图 4.17 所示。由于柱塞与缸筒内壁不接触,故缸筒加工要求较低,简化了内孔加工的难度,只需精加工缸口即可,适用于行程较长的

场合。其缺点是：只能单作用，并且柱塞在缸内呈悬臂状态，支撑状况不好，容易使缸口导向部分发生偏磨，增加泄漏。

(3)组合式液压缸

1)伸缩式液压缸

图 4.18 为二级伸缩式液压缸结构示意图，图中显示的是两级活塞全部伸出的状态。二级活塞套在一级活塞杆内，外负载作用在二级活塞杆上。当右通液口进压力液时，一、二级活塞同时外伸，在一级活塞运动到底后，二级活塞继续外伸，与此同时，左通液口回液；当左通液口进压力液时，二级活塞回缩直到底部，然后，一、二级活塞同时回缩。若负载、供液量不变，外伸时，液压力、速度逐级升高；回缩时，压力、速度逐级降低。

伸缩式液压缸的特点是：结构紧凑，伸出行程远大于缸筒长度，特别适合行程长且要求回缩后结构紧凑的场合。

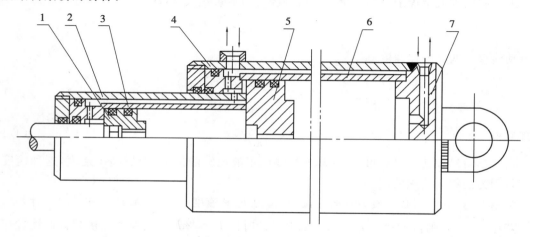

图 4.18　伸缩式液压缸

1—二级活塞；2、4—缸筒；3—二级缸套（一级活塞杆）；5——一级活塞；6——一级缸套；7—缸盖

伸缩式液压缸的具体结构可根据需要而不同，伸出顺序还可根据活塞作用面积或阀类控制，可双作用也可单作用。其推力和速度可按照前述原则计算。

2)增压液压缸

增压液压缸简称增压缸或增压器，它由大直径活塞缸和小直径柱塞缸（或活塞缸）串接而成，如图 4.19 所示。当大活塞腔输入低压大流量液体时，将推动大活塞和与其相连的小柱塞（或小活塞）运动，使柱塞缸（或小活塞缸）输出高压小流量液体，满足执行机构的需要。增压缸分为单作用和双作用，分别如图 4.19(a)和图 4.19(b)所示。单作用增压缸在柱塞缸（或小活塞缸）充液行程中无高压液体输出，属间断性输出。而双作用增压缸具有两个柱塞缸：一个充液，另一个排液。两个柱塞缸交替工作，可连续输出高压液体。

从以上分析可知，增压缸不起执行元件作用，而是提高工作液体压力。

对于单作用增压缸，根据大活塞和小柱塞受力平衡关系 $\frac{\pi}{4}D^2 p_1 = \frac{\pi}{4}d^2 p_2$，得：

$$p_2 = \frac{D^2}{d^2}p_1 = kp_1$$

$$(4.15)$$

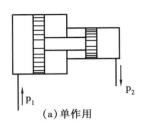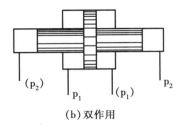

$$(a) 单作用 \qquad\qquad (b) 双作用$$

图 4.19　增压缸工作原理

根据大活塞和小柱塞运动速度相等的关系 $\dfrac{4q_1}{\pi D^2}=\dfrac{4q_2}{\pi d^2}$，得：

$$q_2=\frac{d^2}{D^2}q_1=\frac{1}{k}q_1 \tag{4.16}$$

式中　p_1、p_2——增压缸输入、输出压力；

　　　　q_1、q_2——增压缸输入、输出流量；

　　　　D——增压缸大活塞直径；

　　　　d——增压缸小柱塞直径；

　　　　k——增压比，$k=\dfrac{D^2}{d^2}$。

与单作用增压缸类似，分析大、小活塞受力平衡关系，可推出双作用增压缸输入压力、流量与输出压力、流量之间的关系，此处从略。

增压缸主要用于某些短时或局部需要高压液体的设备。

（4）摆动液压缸

摆动液压缸又称摆动马达。实现往复回转运动，回转角度小于 $360°$，主要由缸筒、缸盖、隔板、转子、叶片、输出轴等零件组成。其工作原理如图 4.20 所示，输入右工作腔内的压力液体作用在叶片上，推动转子逆时针回转，由转子轴输出力矩和角速度；与此同时，左腔回液。改变供液方向，即可改变回转方向。

摆动液压缸结构紧凑，构造简单，但密封较困难，一般只适于中、低压系统，常用于机床工件夹紧装置、回转工作台和小型半回转式挖掘装载机械等。

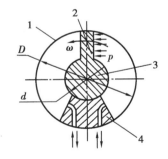

图 4.20　摆动液压缸
1—缸体；2—叶片；3—转子；4—隔板

4.2.2　液压缸的结构

（1）液压缸的典型结构

因用途和要求不同，液压缸的结构也多种多样。图 4.21 所示为一种通用的带缓冲装置的双作用单活塞杆液压缸。它由缸底、缸筒、缸盖、活塞、活塞杆、导向套和密封件等组成，基本上反映了液压缸的结构特点。

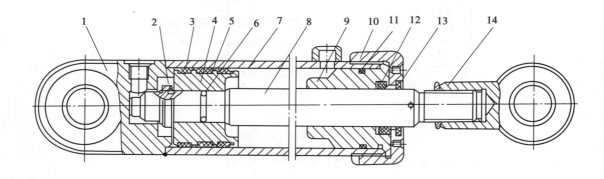

图 4.21　双作用单活塞杆液压缸

1—缸底；2—卡环；3、6、11、12—密封圈；4—活塞；5—支承环；7—缸筒；
8—活塞杆；9—导向套；10—缸盖；13—防尘圈；14—连接头

　　缸筒左端与缸底焊接，另一端与缸盖靠螺纹连接，以便于拆装检修。缸口导向套对活塞杆起支承和导向作用，使其不偏离中心，运动平稳，并改善受力状况。活塞利用卡环与活塞杆固定。活塞上套装有耐磨材料制成的支承环，以支承活塞。活塞杆左端带有缓冲柱塞，右端为连接头与工作机构相连。为保证可靠地密封，在相应部位安装有不同结构形式的密封圈。缸盖内孔还安装有防尘圈，在活塞杆缩回运动时，以刮除黏附在活塞杆外露部分的尘土。

(2)液压缸主要结构

1)缸筒与缸底、缸盖的连接

　　缸筒是液压缸的主体，应有足够的强度、耐磨性和几何精度，以承受液体压力和活塞往复运动的摩擦，并保证良好的密封。缸筒结构形式主要取决于与缸底、缸盖的连接形式以及安装支承方式。

　　缸筒与缸底的连接形式较多，常用的有焊接连接、螺栓连接(法兰连接)、螺纹连接、卡环连接和钢丝卡圈连接等，如图 4.22 所示。焊接连接一般用于短行程液压缸；螺栓连接拆装方便，应用较广，适用于缸径较小的液压缸；卡环连接的卡环 K 一般切成三块装在缸筒槽内，缸筒开槽后，削弱了强度，故适用压力不宜太高；钢丝卡圈 S 连接结构简单紧凑，但承载能力较小，常用于缸径较小的液压缸。

　　缸筒与缸盖的连接形式基本上与缸底相同，但没有焊接式。

　　除上述连接方式外，还有依靠拉杆将缸底、缸套、缸盖直接连接成一体的连接方式。该方式不需对缸底、缸套、缸盖进行任何加工，连接方便、可靠，但径向尺寸较大。适用于行程不太大、无径向尺寸限制的场合。

2)活塞与活塞杆

　　活塞应有足够的强度和较好的滑动性及耐磨性，活塞的结构应当适应它与缸筒内壁接触和密封，以及与活塞杆的连接。

　　活塞与缸筒内壁接触和密封，常见的有两种形式：一种是活塞直接与缸壁接触，采用密封圈密封；另一种是在活塞上套装一个耐磨材料制成的支承环，以降低滑动摩擦阻力和磨损，再在支承环两侧安装密封圈，实现密封，如图 4.21 所示。

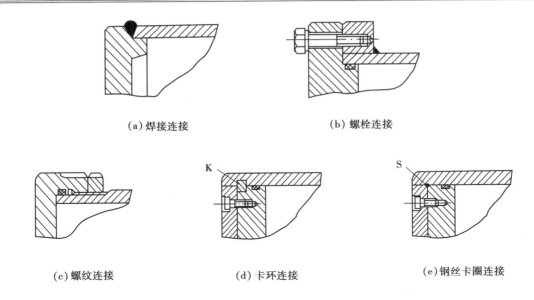

(a) 焊接连接　　　　　　　　　　　　　　　(b) 螺栓连接

(c) 螺纹连接　　　　　　　(d) 卡环连接　　　　　　　(e) 钢丝卡圈连接

图 4.22　缸筒与缸底的连接

活塞与活塞杆常采用卡环连接和螺纹连接。图 4.23(a)所示为卡环连接,两块半圆卡环安装于活塞杆槽内,再外装套环防止卡环脱落,弹簧挡圈可防止套环轴向移动,卡环承受轴向力并使活塞定位。图 4.23(b)所示为螺纹连接,螺纹连接要有防松措施。

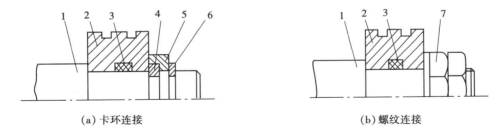

(a) 卡环连接　　　　　　　　　　　　　　　(b) 螺纹连接

图 4.23　活塞与活塞杆的连接
1—活塞杆;2—活塞;3—密封圈;4—卡环;5—套环;6—弹簧挡圈;7—螺母

活塞杆是重要的传力零件,有实心杆和空心杆两种。空心杆用于杆径较大时,以减轻质量,节省材料。

活塞杆头部与工作机构的连接有多种形式,如图 4.24 所示。

3)密封装置

密封装置安装于可能产生泄漏的配合表面之间。其种类很多,应用最广的是橡胶密封圈,它既可用于静密封(配合面固定不动),也可用于动密封(配合面有相对运动)。常用的橡胶密封圈有以下几种:

① O 形密封圈　O 形密封圈是一种断面呈圆形的耐油橡胶环,如图 4.25 所示。它结构简单,密封性好,应用广泛,可用于静密封和动密封。

O 形密封圈的密封原理如图 4.26 所示。在自由状态其断面呈圆形,安装好后断面近似为椭圆形,使密封圈受到预压缩,如图 4.26(a)所示,将配合间隙密封。当压力较高时,间隙液压力使密封圈产生附加变形,如图 4.26(b)所示,增加了密封圈对配合表面的接触力,增强了密

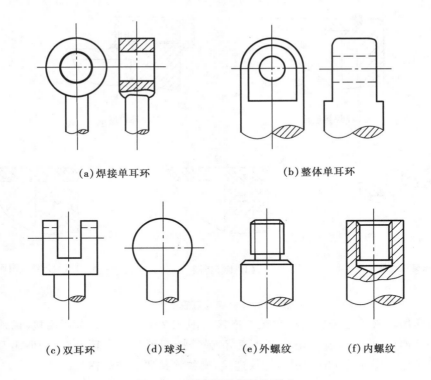

(a)焊接单耳环　　　　　　　　　　(b)整体单耳环

(c)双耳环　　　(d)球头　　　(e)外螺纹　　　(f)内螺纹

图 4.24　活塞杆头部结构形式

封效果。当压力超过一定限度时,密封圈有可能被挤入间隙,产生破损,降低密封性。因此,当动密封的压力超过 10MPa 或静密封的压力超过 32 MPa 时,需要加挡圈(又称防挤圈)保护。密封圈单向受压时,在非受压侧加一个挡圈,如图 4.26(c)所示;双向受压时,在两侧各加一个挡圈,如图 4.26(d)所示。挡圈材料通常是尼龙或聚四氟乙烯塑料。

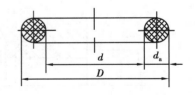

图 4.25　O 形密封圈

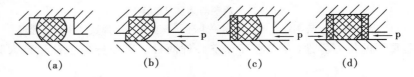

(a)　　　　　(b)　　　　　(c)　　　　　(d)

图 4.26　O 形密封圈的密封原理

O 形密封圈有较好的弹性,可以伸张,可安装在轴或孔的沉槽内,沉槽的深度和宽度应视 O 形密封圈的断面直径而定,具体尺寸可查相应的国家标准。

② Y 形密封圈　Y 形密封圈是一种断面呈 Y 形的耐油橡胶圆环,其密封性能好,应用较多,一般用于动密封,特别是往复运动的密封,如液压缸的活塞上和缸口处。

Y 形密封圈的密封原理如图 4.27 所示,图 4.27(a)为自由状态时的断面形状,图 4.27(b)为安装后和工作时的断面形状。Y 形密封圈的唇边靠弹性力和液压力贴紧配台表面,实现密封。由于唇边的弹性变形,可使密封圈在工作磨损后能自动地补偿,保持密封性能。安装时必须使唇边面对压力腔,使用压力一般小于 20MPa。

还有一种高低唇 Y 形密封圈,如图 4.28 所示,其特点是:两个唇边不等高,增加了底部支

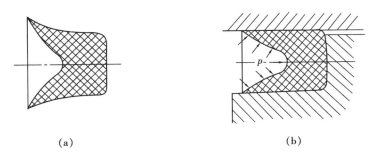

图 4.27　Y 形密封圈的密封原理

撑宽度,可以避免摩擦力造成的密封圈的翻转和扭曲。高低唇 Y 形密封圈分为孔用(图 4.28 (a))和轴用(图 4.28(b))两种。

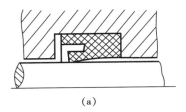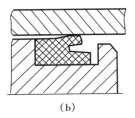

图 4.28　高低唇 Y 形密封圈

　　Y 形密封圈的弹性比 O 形密封圈差,伸张性小,在密封设计时,要考虑如何安装和拆卸的问题。

　　③ V 形密封圈　V 形密封圈是由多层夹织物橡胶压制而成,断面形状呈 V 形。其硬度大、弹性小,因此,使用时要求与支撑环、压环配合,组成密封圈组,并用压盖压紧,磨损后可以调紧压盖给予补偿。图 4.29(a)为 V 形密封圈组的结构,图 4.29(b)为安装使用情况。其密封原理与 Y 形相似,用于往复运动的密封,安装时也必须使唇边面对压力腔。V 形密封圈的数量与工作压力有关,压力越高,使用数量越多,相当于多级密封,其工作压力可达 60MPa。V 形密封圈一般用于缸口,乳化液泵的柱塞与缸孔之间也采用这种密封圈。

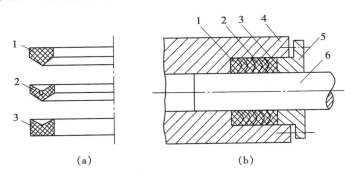

图 4.29　V 形密封圈

1—支撑环;2—V 形圈;3—压环;4—缸体;5—压盖;6—柱塞

　　④鼓形和蕾形密封圈　鼓形和蕾形密封圈适于往复运动的密封。其中鼓形密封圈用于活塞上,蕾形密封圈用于缸口。

　　鼓形密封圈的断面形状呈鼓形,如图 4.30 所示,芯部为橡胶,外层为夹布橡胶,两者压制而成。

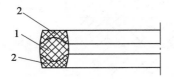

　图 4.30　鼓形密封圈
　1—橡胶;2—夹布橡胶

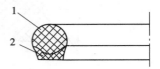

　图 4.31　蕾形密封圈
　1—橡胶;2—夹布橡胶

　　蕾形密封圈的断面形状呈花蕾形,如图 4.31 所示,也是由橡胶和夹布橡胶层压制而成。安装时以橡胶层面对压力腔。

　　这两种密封圈的工作压力为 20～60MPa,当压力超过 25MPa 时,鼓形圈的两侧应加装挡圈,而蕾形圈只在夹布胶层一侧加装挡圈(单向受压)。

　　4)缓冲装置

　　液压缸一般不考虑缓冲问题,但当活塞运动速度高或运动部件质量较大时,惯性力有可能使活塞撞击缸底或缸盖,则必须设置缓冲装置。

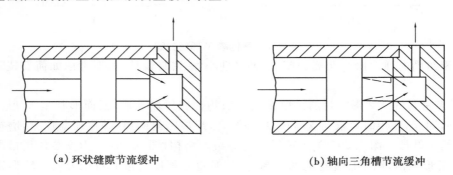

　　(a)环状缝隙节流缓冲　　　　　　　　(b)轴向三角槽节流缓冲

图 4.32　缓冲装置

　　图 4.32 所示为两种结构形式的缓冲装置。图 4.32(a)为环状缝隙节流缓冲,当缓冲柱塞进入缓冲孔时,活塞右腔受到挤压的液体只能从缓冲柱塞与缓冲孔之间的环状缝隙缓慢排出,使活塞右腔产生背压,迫使活塞运动速度降低,实现缓冲。图 4.32(b)为轴向三角槽节流缓冲,活塞右腔受挤压的液体只能经轴向三角槽排出,随着活塞的运动,三角槽通流面积越来越小,缓冲作用逐渐增强,活塞被逐渐制动。

　　5)排气装置

　　在安装过程中或长期停止工作以后,液压缸及其回路不可避免地要渗入空气,由于空气具有很大的压缩性,会使活塞运动时产生爬行和振动,产生噪声,影响正常工作。最简便的排气方法是,将液压缸的进、回液口布置在缸筒最高处,只要

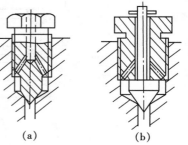

　　　(a)　　　　　(b)

图 4.33　排气装置

活塞往复运动多次,即可将空气通过管路引至油箱排出。对于要求较高的液压缸,应在其最上部位置设置专门的排气装置,其结构原理如图 4.33 所示。图 4.33(a)为端部呈锥形的整体排

气螺塞,图 4.33(b)为带阀芯的排气螺塞。

排气过程在活塞空载运动中进行,旋松排气螺塞后排气,排完后再旋紧。

液压缸主要零件的材料和技术要求见有关国家标准和设计手册。

(3)液压缸的安装

机械设备上的液压缸有多种安装方式。当要求液压缸固定时,可采用底座或法兰来安装定位;当液压缸两端都有底座,且缸体较长时,应使一端固定,另一端浮动,以适应热变形的影响。如果液压缸需要摆动,则可采用铰轴、耳环或球头等连接方式。

液压缸中心轴线应与负载中心线同心,避免出现侧向力。液压缸安装在机床上时,必须注意其轴线与机床导轨的平行度。

若缸口采用 V 形密封圈时,不应调整过紧,以伸出的活塞杆上有润滑油膜但无泄漏为宜。

总之,安装液压缸时,应严格按照相关的技术要求进行操作和检测,以保证其可靠工作。

4.2.3　液压缸的设计计算

在设计液压缸时,应首先根据使用要求确定其类型,再按工作压力、负载和运动要求确定主要结构尺寸,并进行强度和稳定性校核,最后进行结构设计。

(1)液压缸主要结构尺寸的确定

1)缸筒内径和活塞杆直径的确定

缸筒内径 D 应根据负载力 F 和工作压力 p 来确定,参照前述液压缸输出力的有关公式来计算。工作压力与负载的关系可参考表 4.2。

表 4.2　不同负载下液压缸常用的工作压力

负　　　载/kN	<5	5~10	10~20	20~30	30~50	>50
工作压力/MPa	<0.8~1	1.5~2	2.5~3	3~4	4~5	≥5~7

活塞杆直径 d 的确定,对于往复运动,有速比要求的按速比确定;若无速比要求,则按活塞杆受力状况确定:

当活塞杆受拉时　　　　　　　　　　$d=(0.3\sim0.5)D$

当活塞杆受压时　　　　　　　　　　$d=(0.5\sim0.55)D$　　　$(p\leqslant5\mathrm{MPa})$

　　　　　　　　　　　　　　　　　$d=(0.6\sim0.7)D$　　　$(5\mathrm{MPa}<p\leqslant7\mathrm{MPa})$

　　　　　　　　　　　　　　　　　$d=0.7D$　　　　　　　$(p>7\mathrm{MPa})$

上述 D、d 应按 GB/T2348—93 圆整为标准值。

2)最小导向长度的确定

最小导向长度是指当活塞杆全部伸出时,从活塞宽度的中点到导向套滑动面中点的距离,如图 4.34 所示。

若导向长度太小,将使液压缸因径向间隙引起的初始挠度增大,影响液压缸工作的稳定性。最小导向长度 H 的计算公式为:

$$H\geqslant\frac{L}{20}+\frac{D}{2} \tag{4.17}$$

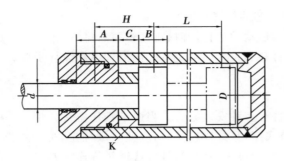

图 4.34　液压缸的导向长度

式中　　L——液压缸最大行程。

活塞宽度 B 根据液压缸工作压力和密封方式确定,一般 B 取 $(0.6\sim1)D$。

导向套滑动面长度 A,在 $D<80\text{mm}$ 时,A 取 $(0.6\sim1)D$;在 $D>80\text{mm}$ 时,A 取 $(0.6\sim1)d$。

为保证最小导向长度,不宜过分地增大导向套长度和活塞宽度,最好的办法是在导向套与活塞之间加装一个隔离套 K,其长度 $C=H-(A+B)/2$。

3)缸筒长度和活塞杆长度的确定

缸筒长度根据最大行程、活塞宽度、导向长度和其他结构(如缓冲装置)的总体需要确定。一般长度不大于内径的 20 倍。

活塞杆长度根据缸筒长度、活塞宽度、导向套和缸盖的有关尺寸以及活塞杆的连接方式确定。

(2)强度和稳定性的校核计算

1)缸筒壁厚和外径计算

在一般中、低压系统中,缸筒壁厚是由结构和工艺要求来确定。当工作压力较高和缸筒内径较大时,有必要对其强度进行校核计算。

缸筒相当于一个两端封闭的圆筒形受压容器,其应力状态与缸筒内径 D 和壁厚 δ 的比值有关。

当 $D/\delta\geqslant10$ 时,按薄壁圆筒的计算公式校核,即

$$\delta\geqslant\frac{p_y D}{2[\sigma]} \tag{4.18}$$

式中　　p_y——试验压力,当液压缸额定压力 $p_n\leqslant16\text{MPa}$ 时,取 $p_y=1.5p_n$;当 $p_n>16\text{MPa}$ 时,取 $p_y=1.25p_n$;

$[\sigma]$——缸筒材料许用应力,对于韧性材料,$[\sigma]=\dfrac{\sigma_s}{n_s}$,$\sigma_s$ 为材料的屈服极限,n_s 为安全因数,n_s 取 $1.5\sim2.5$;对于脆性材料,如铸铁,$[\sigma]=\dfrac{\sigma_b}{n_b}$,其中 σ_b 为材料抗拉强度,n_b 为安全因数,一般 n 取 $3.5\sim5$。

当 $D/\delta<10$ 时,按厚壁圆筒的计算公式校核,即

$$\delta\geqslant\frac{D}{2}\left(\sqrt{\frac{[\sigma]+0.4p_y}{[\sigma]-1.3p_y}}-1\right) \tag{4.19}$$

壁厚确定后,即可求得缸筒外径 D_1,并圆整为标准值:

$$D_1 = D + 2\delta \tag{4.20}$$

2）活塞杆强度与稳定性计算

一般按受力状况所确定的活塞杆直径 d，其强度可以满足要求，若有必要时，可按下式进行强度校核。

$$d \geqslant \sqrt{\frac{4F}{\pi[\sigma]}} \tag{4.21}$$

式中　F——活塞杆承受的负载力；

　　　$[\sigma]$——活塞杆材料的许用应力，$[\sigma] = \dfrac{\sigma_s}{n_s}$，$\sigma_s$ 为材料的屈服极限，n_s 为安全因数，n_s 取 2～4。

活塞杆承受轴向压缩载荷时类似于压杆，当负载力超过一定数值时，液压缸整体将出现纵向弯曲，呈现不稳定状态。为此，活塞杆承受的负载力不能超过使它保持稳定所允许的临界负载力，临界负载力与活塞杆直径、长度、材料性质以及液压缸安装方式等因素有关。当活塞杆全部伸出后，其顶端到液压缸支承点之间的距离称作活塞杆计算长度。活塞杆计算长度与其直径之比大于 10 时，可根据材料力学的压杆稳定理论对活塞杆稳定性进行校核，其计算方法可参考有关设计手册。若稳定性校核不合格时，应加大活塞杆直径和缸筒内径，重新进行验算。

（3）液压缸连接件强度计算

液压缸连接件包括焊接、连接螺栓、连接螺纹、法兰盘、卡环、钢丝卡圈等，其强度计算纯属一般机械零件问题，可参阅机械零件设计手册。

小　结

液压马达和液压缸均属于液压执行元件，其作用是将液压泵供给的液压能转变为机械能，驱动工作机构做功。

液压马达实现旋转运动，输出参数是扭矩和转速，其他参数：压力、排量、流量、容积效率、机械效率等与液压泵的同名参数的定义基本相同，但应注意：液压马达输入的是液压能，所以某些参数的计算与泵有所不同。

具有周期性变化的密封工作容积和配流装置同样是液压马达工作的必要条件，应着重掌握不同类型马达的扭矩产生原理。齿轮式、叶片式、轴向柱塞式液压马达的结构、性能与同类型的液压泵基本类似；行星转子式摆线马达、径向柱塞式马达的排量大，属于低速大扭矩马达。当工作机构速度高、负载小，宜用齿轮式、叶片式马达；若负载较大时，则用轴向柱塞马达。当工作机构速度低、负载大时，可以选用高速小扭矩马达，配合机械减速装置驱动工作机构，也可以选用低速大扭矩马达直接驱动工作机构，这要经过技术经济比较才能确定。

液压缸实现往复直线运动或回转摆动。基本类型有：活塞式、柱塞式、摆动式。本章着重介绍了应用最为广泛的活塞式液压缸，其基本性能参数是推（拉）力和速度。应掌握这类液压缸的结构、工作原理、安装使用以及设计计算等内容。

思考题与习题

4.1　液压马达的输出扭矩和转速如何计算？

4.2　说明齿轮式、叶片式及轴向柱塞式液压马达的工作原理。

4.3　说明行星转子式摆线马达的工作原理。BM 型摆线马达有哪些结构特点？

4.4　说明内曲线马达的结构和工作原理。其配流装置如何调整？

4.5　什么是内曲线马达的敲缸现象？并分析敲缸产生的原因。

4.6　分析各种活塞式液压缸的工作原理和性能参数。

4.7　分析增压缸的工作原理。

4.8　说明液压缸缓冲装置的作用和原理。

4.9　说明各种常用密封圈的密封原理、适用条件和安装的注意问题。

4.10　说明液压缸设计计算的主要内容。

第5章 控制阀及应用

在液压系统中,用于控制液体的流动方向、压力高低、流量大小的元件统称为液压控制阀。液压控制阀按其作用的不同可分为三大类:

(1)方向控制阀

控制液体的通断和流动方向的阀类,以实现执行元件启停或运动方向变换的要求。如单向阀、换向阀、电液比例方向阀、插装式方向阀等。

(2)压力控制阀

限制和调节液压系统工作压力的阀类,以实现执行元件提出的作用力或转矩的要求。如溢流阀、减压阀、顺序阀、压力继电器、电液比例压力阀、插装式压力阀等。

(3)流量控制阀

控制和调节液压系统中流量大小的阀类,以实现执行元件运动速度变化的要求。如节流阀、调速阀、电液比例流量阀、插装式流量阀等。

每一阀类中又有不同的形式,有的阀是由几种不同的阀组合而成的,例如电液换向阀、单向顺序阀、调速阀等都是组合阀。

阀作为液压系统中的控制元件,它们对外并不做功,只是组成液压基本回路,以满足不同的液压设备的工作要求。控制阀是液压系统的一个重要组成部分,通过它才能使液压系统按需要去完成各种动作。阀的质量优劣,直接影响到液压系统的工作性能。对各种阀的共同要求是:

①阀的工作可靠、动作灵敏、冲击和振动小;

②密封性好、通流能力强;

③当油液流过时,压力损失小;

④结构紧凑,使用维护方便,通用性好。

本章着重介绍控制阀的结构、工作原理、性能特点及应用场合。

5.1　方向控制阀及应用

方向控制阀按其工作职能主要分为单向阀和换向阀两类。

5.1.1　单向阀及液控单向阀

(1)单向阀的结构特点及工作原理

单向阀只允许液流在管道内沿一个方向流动,反向流动时不通。

单向阀的结构简单,如图 5.1 所示。主要由阀体、阀芯和弹簧等零件组成,按其结构可分为直通式和直角式两种。

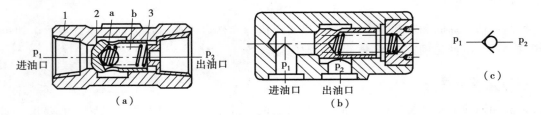

图 5.1　单向阀

图 5.1(a)为直通式单向阀。当压力油从进油口引入后,推动阀芯 2 右移压缩弹簧 3,油液经阀芯上的 4 个径向孔 a 和内孔 b 从出油孔流出。当液体反向流动时,液压力与弹簧力方向一致,将阀芯紧紧压在阀体 1 的阀座上,使液流不能通过。直通式单向阀的阀芯被顶开后,油液始终从弹簧孔中流出,易产生振动和噪声,增大了液流阻力损失。

图 5.1(b)为直角式单向阀。当压力油顶开阀芯后,油液不经过阀芯的中心孔直接流向出油口,使油液受到阻力小,工作平稳。单向阀中的弹簧主要是用来使阀芯复位的,所以弹簧较软。其开启压力一般为$(0.35 \sim 0.5) \times 10^5 Pa$。

图 5.1(c)为单向阀的图形符号。

(2)单向阀的应用

1)用于双泵系统

如图 5.2 所示为两台液压泵轮流工作向系统供油。在这种系统中,必须在泵的出口管路上串联一个单向阀,以防止工作泵输出的压力油倒灌向备用泵。

2)作背压阀用

把单向阀串联在液压缸的回油管路上,如图 5.3 所示。使回油路上保持一定的背压力,增加工作机构的平稳性。用单向阀作背压阀时,应换上较硬的弹簧,使回油背压力为$(0.2 \sim 0.5)$ MPa。

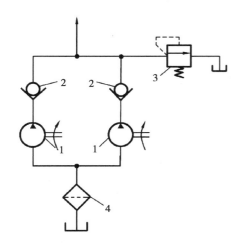

图 5.2 单向阀用于双泵系统

1—液压泵;2—单向阀;3—溢流阀;4—过滤器

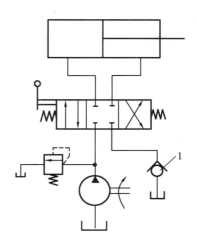

图 5.3 单向阀用作背压阀

1—背压阀

(3)液控单向阀的结构特点及工作原理

液控单向阀的结构如图 5.4 所示。它主要由阀体、单向阀芯、卸载阀芯及控制活塞等组成。其结构特点比直角式单向阀多一个控制油口、控制活塞和卸载阀芯。当控制油口 K 不通入压力油时,其作用与普通单向阀相同,即油液从 A 腔进入,打开单向阀从 B 腔流出。当油液反向流动时,单向阀关闭,油液不能通过。如果从 K 口引入控制压力油时,则控制活塞在油压力作用下向上移动,顶开卸载阀芯,使主油路卸压,然后再顶开单向阀,使 A 腔和 B 腔形成通路,实现油液的反向流动。

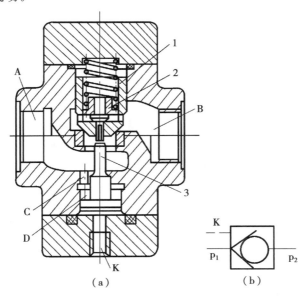

图 5.4 液控单向阀

1—单向阀;2—卸载阀芯;3—控制活塞

由图 5.4 可看出,D 腔通过 C 孔与 A 腔相通,在油液反向流动时,A 腔只能接回油箱或处于零压状态。若 A 腔处于高压或背压较大时,控制油液可能推不开控制活塞不能实现油液的反向流动。为解决这一问题,可将 C 孔堵住,在 D 腔开泄油孔将油液单独引回油箱,这种液控单向阀称为外泄式液控单向阀。采用外部泄油的液控单向阀用于回油管路有较高背压的场合,内部泄油的液控单向阀用于回油管路没有背压的场合。

卸载阀芯的作用是使主油路卸压,这样可以减小控制压力,使控制压力为主油路工作压力的 40% 左右,还可以减小高压密封腔在释压时的冲击和噪声。因此,这种液控单向阀可用于压力较高的液压系统中。若系统压力不高,则可采用不带卸载阀芯的液控单向阀。图 5.4(b) 为液控单向阀的图形符号。

(4)液控单向阀的应用

液控单向阀用于液压缸的锁紧,如图 5.5 所示。液控单向阀安装在换向阀与液压缸之间,阀 4 的控制油路接在阀 5 的进油路上,阀 5 的控制油路接在阀 4 的进油路上。当压力油从阀 4 进入液压缸下腔时,通过控制油路把阀 5 打开,液压缸上腔的回油经阀 5 回油箱,活塞上升。同理,当压力油从阀 5 进入液压缸上腔时,液压缸下腔回油经阀 4 回油箱,活塞下降。当换向阀处于中间位置时,两液控

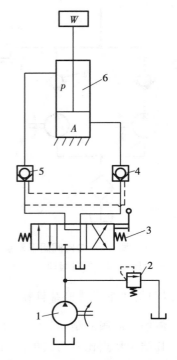

图 5.5　液控单向阀用于液压缸的锁紧
1—液压泵;2—溢流阀;3—手动换向阀
4、5—液控换向阀;6—液压缸

单向阀的进油口均与油箱相通而失去压力,单向阀迅速关闭,液压缸活塞可以被锁紧在任意位置上。其锁紧精度仅受液压缸内泄漏的影响,锁紧精度很高。汽车起重机的支腿锁紧就是其应用实例。

5.1.2　换向阀

换向阀是利用阀芯和阀体的相对运动来改变液体的流动方向,接通或关闭油路使执行元件换向或停止运动。换向阀的种类较多,按其结构可分为滑阀式和转阀式;按阀芯工作位置可分为二位阀、三位阀、多位阀;根据阀的进出口通道数目可分为二通阀、三通阀、四通阀;根据操纵方式不同可分为电磁换向阀、液动换向阀、电液换向阀、手动换向阀、机动换向阀等。

(1)电磁换向阀

这种阀操纵阀芯换向的动力是由电磁铁产生的推力来推动阀芯移动,从而实现控制液流的通断及改变方向。电气信号的控制与传递都较方便,便于自动化和远距离控制。

电磁换向阀分直流与交流两种。交流电磁铁吸引力大,启动性能好,换向时间短,但换向时冲击力大,当阀芯卡住吸不动时,电磁铁线圈易烧坏;直流电磁铁换向较慢,换向冲击力小,寿命长,但它启动时吸引力小,需直流电源。

1) 电磁换向阀的结构及工作原理

图 5.6 所示为三位四通电磁换向阀的结构和图形符号。它由电磁铁、阀体、阀芯、弹簧和推杆等组成。阀体内有 5 条沉割槽(环形槽),中间的一条沉割槽与进油口 P 相通(接压力油),两边的槽与 T 口相通(接回油箱),A、B 两油口分别接执行元件。当两边电磁铁线圈均不通电时,在两复位弹簧的作用下使阀芯处于中间位置,各油口间被阀芯台肩封死互不相通。当左边电磁铁线圈通电时,铁芯通过推杆将阀芯推向右端,这时,油口 P 和 A 相通,而油口 B 和 T 相通;当右边电磁铁线圈通电时,阀芯被推向左端,这时,油口 P 和 B 相通,而油口 A 和 T 相通实现了油路的换向。

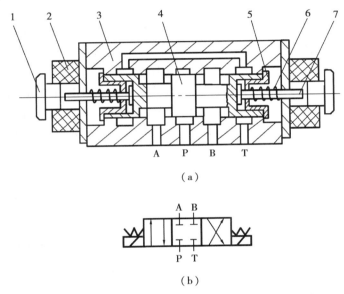

(a)

(b)

图 5.6　三位四通电磁换向阀

1—衔铁;2—线圈;3—阀体;4—阀芯;

5—定位套(弹簧座);6—弹簧;7—推杆

2) 换向阀的位、通及滑阀机能

"位"是指阀芯的工作位置。阀芯有两种位置的换向阀简称二位阀,阀芯有三种位置的阀简称三位阀。在图形符号中用方格表示换向阀的工作位置,二格即二位,三格即三位,如图5.7所示。工作位置不同,说明进油方向不同。

图 5.7　工作位置表示法　　　　　　　　　　　　　　**图 5.8　封闭油路表示法**

"通"是指换向阀的通油口数目。有两个通油口的阀简称二通阀,同理,有四个通油口的叫四通阀等。

在阀的某一位置上通油口被封闭,用"⊥"或"⊤"表示这个通油口,如图 5.8 所示。

若两个通油口是相通的,则用箭头连接这两个通口。箭头只表示液流的正方向,实际液流的方向也可能和箭头所示的方向相反,如图 5.9 所示。

方格外的连线表示与阀体连接的管路,并用字母表示通路的性质。例如:

P——压力油口；

T——回油口；

A、B——工作油口，分别接执行元件两腔或与其他元件连接，如图 5.10 所示。

 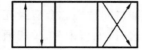

图 5.9　内部通道及液流方向表示法

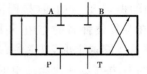

图 5.10　通路性质表示法

滑阀机能是指阀芯处于常态位置时，换向阀各油口的通断情况。

三位阀的机能指阀芯处于中位时，阀各油口的通断情况。中间位置的工作机能不同就有不同的用途。以下介绍常用的几种机能。

①O 型机能　如图 5.11 所示，阀芯处于中位时，P、A、B、T 四个油口均被封闭，油液不流动。这时，液压泵不能卸荷，液压泵排出的压力油只能从溢流阀排回油箱。液压缸的两腔被封闭，活塞在任一位置均可停住，但因换向阀的内泄漏使其锁紧精度不高。由于液压缸内充满着油液，从静止到启动较平稳，但换向过程中由于运动部件惯性引起换向时冲击较大。

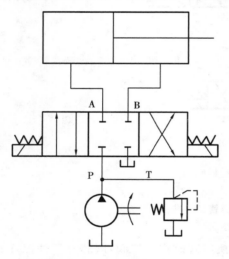

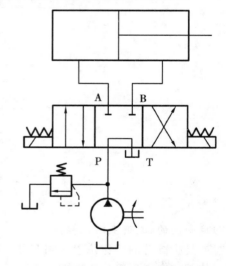

图 5.11　O 型机能换向阀回路

图 5.12　M 型机能换向阀回路

②M 型机能　如图 5.12 所示，阀芯处于中位时，压力油口 P 与回油口 T 相通，液压泵输出的油液直接回油箱，使泵处于卸荷状态。A、B 油口被封闭，液压缸两腔不能进油也不能回油而锁紧不动，但锁紧精度不高。启动平稳，换向时有冲击现象，不宜用于多个换向阀并联的系统中。

③H 型机能　如图 5.13 所示，P、A、B、T 四油口互通，液压泵卸荷，液压缸处于浮动状态，可用于手动机构。由于油口全通，换向时比 O 型阀平稳，但冲击较大，换向精度低。

④P 型机能　如图 5.14 所示，P、A、B 口互通，压力油从 P 口同时进入 A、B 口。由于液压缸左右两面的有效作用面积不等，使液压缸有杆腔油液经滑阀通道流入无杆腔，加快了活塞同向运动速度而形成差动连接。但在中位和活塞到死点时液压泵不卸荷，始终在调定高压下工作易使油温升高。因液压缸两腔通高压油，换向平稳。

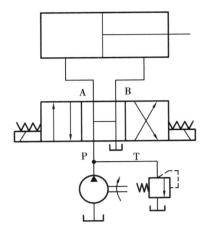

图 5.13 H 型机能换向阀回路

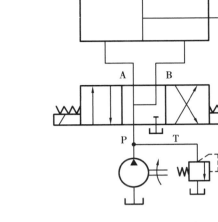

图 5.14 P 型机能换向阀回路

⑤Y 型机能　如图 5.15 所示,阀芯处于中位时,A、B、T 口互通,P 口封闭,即液压缸两腔均通油箱,活塞处于浮动状态,可用手动机构,液压泵不卸荷。启动时因液压缸两腔油液通油箱有冲击。

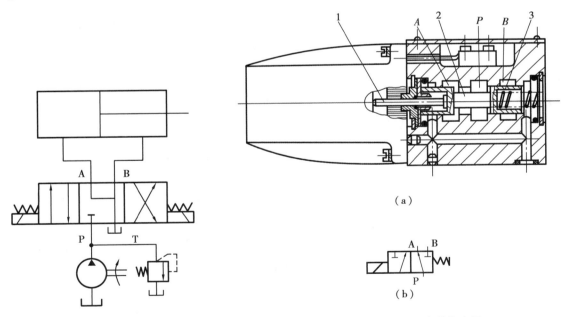

图 5.15 Y 型机能换向阀回路

（a）

（b）

图 5.16 23D－25B 型电磁换向阀
1—推杆;2—阀芯;3—弹簧

除上述五种常用的机能外,根据油口通断情况不同还可组成多种机能,读者可自行分析。

从以上所述可以看出,采用不同的位、通和滑阀机能就可以组成各种不同功能的换向阀。位、通和滑阀机能对下面将要介绍的换向阀具有相同的意义。

3)其他电磁换向阀的结构及应用

图 5.16 所示为二位三通电磁换向阀的结构和图形符号。它只有一个电磁铁,阀体上有三条沉割槽,分别连通 P、A、B 三个油口。当电磁铁断电时,阀芯在靠弹簧端工作,油口 P 与 A

相通。当电磁铁通电时,阀芯被推向右端,油口 A 封闭,而油口 P 与 B 相通。

　　二位三通阀可用来控制单作用液压缸(如柱塞缸)工作,见图 5.17 所示。常态下柱塞在高压油推动下上升。当电磁铁通电时,柱塞在自重作用下下降。

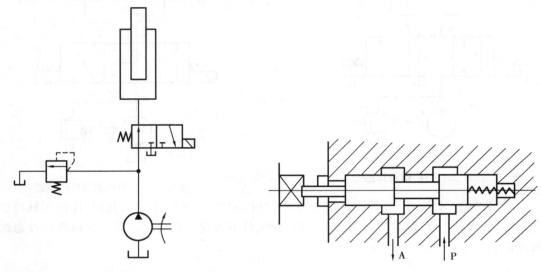

图 5.17　二位三通阀的应用　　　　　　　图 5.18　二位二通电磁阀工作原理

　　二位二通电磁换向阀的工作原理如图 5.18 所示。其阀体上只有两条沉割槽,分别与 P、A 油口相通。当电磁铁断电时(图 5.18 所示的位置)油口 P 与 A 相通;电磁铁通电时,阀芯右移,油口 P 与 A 不通。在安装时,如果将阀芯反过来放置,则断电时油口 P 与 A 不通,通电时油口 P 与 A 才相通。对于二位二通阀在断电时油口 P 与 A 不通,换向阀关闭称常闭型,反之,则称常开型。其图形符号见图 5.19 所示。

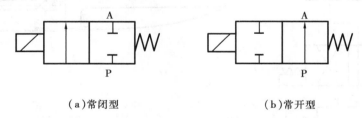

（a）常闭型　　　　　　　　　　　　（b）常开型

图 5.19　二位二通电磁阀图形符号

　　图 5.20 所示为二位二通电磁换向阀的卸荷回路,利用三位四通 O 型机能电磁换向阀实现油路换向。当三位阀处于中位时,二位二通电磁阀把液压泵的流量全部接通油箱,使泵空载运转。这种回路要求二位二通阀的规格和泵的容量相适应。

（2）液动换向阀

　　从换向阀的工作原理可知,油路的换向过程实际上就是要一股高速流动的液流突然停住,随即又马上改变方向再高速流动。当油路中通过的流量较大时,要在极短的时间内完成换向过程,必然产生很大的液压冲击力。若通过流量大时,作用在阀芯上的摩擦力和液压力也很大,用电磁铁推力来推动阀芯移动就不能实现。所以,当油路中的流量较大时,采用了液动换

向阀,用液压力来推动阀芯移动。液动阀的工作原理与
电磁阀基本相同,它是利用压力油来推动阀芯移动,改变
与阀体的相对位置而换向的。

　　图 5.21 所示为 34Y－25B 型液动换向阀的结构和图
形符号。当控制油路的压力油从阀左边的控制油口 K_1 进
入阀芯左端油腔时,阀芯被油压推向右端,使油口 P 与 A
相通,B 与 T 接通。当控制油路的压力油从阀右边的控
制油口 K_2 进入阀芯右端的油腔时,阀芯被推向左端,使油
口 P 与 B 接通,A 与 T 接通,实现油路的换向。当两个控
制油口都不通压力油时,阀芯在两端弹簧作用下恢复到中
间位置。当对液动阀的换向性能要求高时,应在液动阀的
两端装上可调节的单向节流阀,用来调节阀芯的移动速
度,其结构将在电液换向阀中介绍。

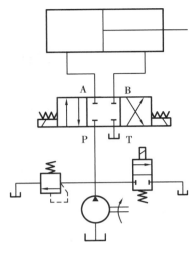

图 5.20　二位二通阀卸荷回路

(3)电液换向阀

　　电液换向阀是电磁换向阀和液动阀的组合阀,既可以

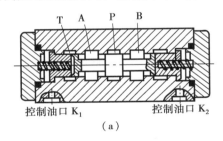

(a)

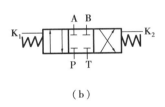

(b)

图 5.21　34Y－25B 型液动换向阀

通过大流量,也能实现自动化控制。

　　如图 5.22 所示,上面的电磁阀用来接受控制电路中输出的电信号,使电磁铁推动阀芯移
动输出控制压力油,以推动下面的液动换向阀阀芯,由液动阀的阀芯来变换主油路的流向。因
此,直接控制油路方向的是液动阀,而电磁阀只起个先导作用,不直接与主油路联系,但能够用
较小的电磁铁来控制较大的流量。当两个电磁铁线圈都不通电时,电磁阀阀芯 2 处于中间位
置,其滑阀机能选用 Y 型,这样主阀的阀芯两端的油腔均通过电磁阀与油箱连通,使这两腔的
压力接近于零,便于主阀芯回复到中间位置。当左边电磁铁线圈通电时,把电磁阀芯推向右
端,控制油液顶开单向阀 7 进入液动阀左腔,将液动阀芯推向右端,阀芯右腔的控制油液经节
流阀 4 和电磁阀流回油箱。这时,主阀进油口 P 和 A 相通,油口 B 和 T 相通。同理,右边电磁
铁通电时,控制油路的压力油将主阀阀芯推向左端,使主油路换向。主阀阀芯向左或向右的运
动速度可分别用两端的节流阀来调节,这样就调节了执行元件的换向时间,使换向平稳而无冲
击,所以电液阀的换向性能较好。

　　图 5.22(b)所示为电液换向阀的符号原理图,图 5.22(c)所示为它的简化图形符号。

　　电液换向阀的控制油源有内控和外控两种方式。内控油源是将控制油和主油源连通在一
起,压力油均由 P 腔进入阀内,即先导阀和主阀共用一个油源,这种供油方式是在主油路压力

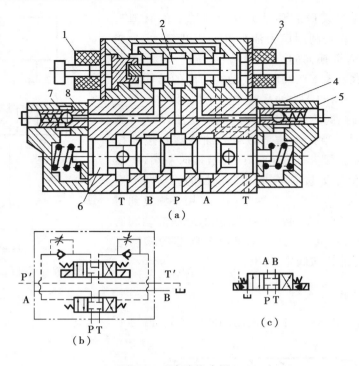

图 5.22　电液换向阀

1、3—电磁换向阀;2—阀芯;4、8—节流阀;5、7—单向阀;6—主阀芯

较低的情况下使用。当主油路压力较高时,采用外控方式,将控制油孔与外部油源直接接通即可。

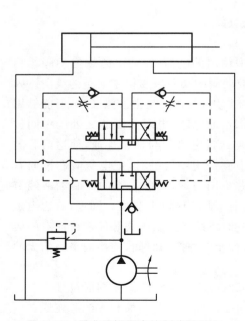

图 5.23　用背压阀提高控制油源压力

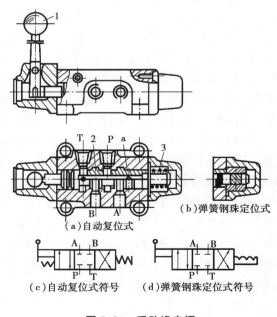

图 5.24　手动换向阀

1—手柄;2—阀芯;3—弹簧

　　若采用内控方式的电液换向阀,当主阀的滑阀机能为 H、M、K 型时,为了使此阀能正常工作,必须在回油路上装上背压阀,使控制油的压力提高到(0.3~0.5)MPa,这样主阀才能换向,如图 5.23 所示。

(4)手动换向阀

　　手动换向阀用手动杠杆来推动阀芯在阀体里移动,以实现液流的换向。图 5.24 (a)为三位四通自动复位式手动换向阀。当手柄向左扳时,阀芯右移,油口 P 和 A 接通,B 和 T 接通;当手柄向右扳动时,阀芯左移,这时油口 P 和 B 接通,油口 A 通过油槽 a 和阀芯的中心孔与 T 接通,实现了换向。放松手柄时,右端的弹簧能够自动将阀芯恢复到中间位置,使油路断开,所以称为自动复位式,这种阀不能定位在两端位置上。

　　如果要使滑阀在三个位置上都能定位,可以将右端的弹簧改为如图 5.24(b)所示结构,在阀芯右端的一个径向孔中装一个弹簧和两个钢球,可以在三个位置上实现定位。推拉手柄可使阀芯左位或右位接通,放开手柄后阀芯由定位装置保持在左位或右位不动,用于换向后持续时间较长的场合,图 5.24(c)和(d)表示上述两种结构形式手动换向阀的图形符号。

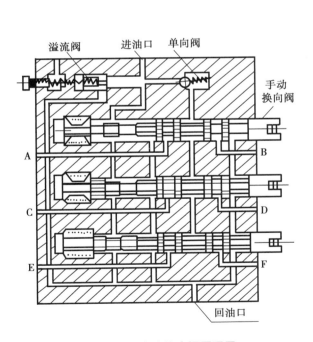

图 5.25　多路换向阀原理图

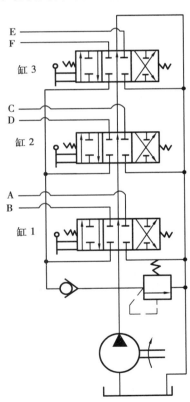

图 5.26　多路换向阀内部线路图

　　图 5.25 所示为多路换向阀原理图,它是由多个手动换向阀、单向阀和溢流阀组合而成。主要用于多个执行元件的集中控制,如液压挖掘机、汽车起重机等都用了多路换向阀。压力油进入多路阀进油口后分成三条支路,左支路通溢流阀,右支路通单向阀,中间支路通回油口。当三个手动换向阀靠弹簧自动定位在中位时,压力油自中间支路穿过换向阀经回油口回油箱,

液压泵卸荷。当扳动上面操纵手柄使阀芯左移时,阀芯凸肩堵住中间支路进油口,回油口不通,液压泵来的压力油一部分流向左支路,经溢流阀溢去(此时系统压力即为溢流阀调定压力),另一部分油液顶开单向阀进入换向阀。由于此时阀芯已左移,故通向液压缸一腔的 A 口进入压力油,而与液压缸另一腔相通的 B 口就与回油口相通。当阀芯右移时,B 口通压力油,A 口通回油口。扳动另两支手柄时,工作状态相同,其图形符号如图 5.26 所示。

(5)机动换向阀

机动换向阀又称行程换向阀。它是用挡铁或凸轮推动阀芯移动来控制油液流动方向的。机动换向阀通常是二位的,有二通、三通等几种,二位二通的分常闭、常通两种。图 5.27(a)为二位二通机动换向阀,阀芯被弹簧压向左端,油腔 P 和 A 不通;当挡块压住滚轮时,阀芯移动到右端,油腔 P 和 A 接通。挡块和滚轮脱离接触后,阀芯靠弹簧复位。图 5.27(b)是其图形符号。

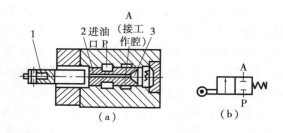

图 5.27　机动换向阀
1—滚轮;2—阀芯;3—弹簧

(6)换向阀的选择及应用

1)换向阀的选择

换向阀的选择主要应考虑它们在系统中的作用,所通过的最高压力和最大流量、操纵方式、工作性能要求及安装方式等因素。尤其应注意:单杆活塞液压缸中由于面积差形成的不同,回油量对换向阀正常工作的影响。如图 5.28 所示,当换向阀在左位工作时:

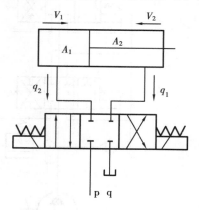

图 5.28　换向阀选用

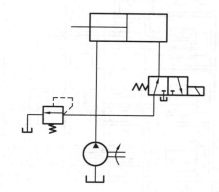

图 5.29　二位三通阀控制的差动回路

$$q = A_1 v_1 \qquad q_1 = A_2 v_1$$

$$q_1 = \frac{A_2}{A_1} q$$

因 $A_1 > A_2$,故 $q > q_1$;
当换向阀在右位工作时:

$$q = A_2 v_2 \qquad q_2 = A_1 v_2$$

$$q_2 = \frac{A_1}{A_2} q$$

因 $A_1 > A_2$,所以,$q_2 > q$;当 $A_1 = 2A_2$ 时,$q_2 = 2q$。

换向阀的流量如果选得过小,会增加其压力损失,降低系统效率。一般只有在必要时才允许阀的实际流量比额定流量大,但不能大于 20%。如果阀的流量选得过大,又会增加整个系统装置的体积,使成本增加。

同是一种换向阀,其滑阀机能是各种各样的,应根据系统的性能要求选取适当的滑阀机能。例如,当系统要求液压泵能卸荷而执行元件又必须在任意位置停止时,可选择 M 型机能的换向阀。

对一些工作性能要求较高,流量较大的系统,一般尽可能选用直流电磁阀,但它需要直流电源;其余流量较小的系统,则可选用交流电磁换向阀,使成本降低,使用方便。

2)换向阀的应用

图 5.29 所示为二位三通电磁换向阀用于控制差动液压缸的示意图。电磁换向阀处于左位时,构成差动连接回路,活塞快速左行。电磁铁通电时,换向阀在右位工作,液压缸活塞右行。

图 5.30 所示为一种用电磁换向阀和行程开关控制的多缸并联顺序动作回路。当按下启动按钮时,电磁铁 1YV 通电,压力油进入液压缸 I 的左腔,I 缸右腔的油液经阀 A 回油箱,活塞在压力油作用下按箭头 1 所示方向右行。达到要求位置时压下行程开关 6,电磁铁 1YV 断电,I 缸的活塞停止运动。行程开关 6 同时使 3YV 通电,压力油进入 II 缸的左腔,II 缸右腔的油经阀 B 回油箱,活塞在压力油作用下按箭头 2 所示方向向右运动。达到要求位置时,压下行程开关 8,使 3YV 断电,II 缸的活塞停止运动。同理,行程开关 8 使 2YV 通电,I 缸活塞按箭头 3 方向左移。而行程开关 5 使 4YV 通电,II 缸活塞按箭头 4 方向左移,到位后行程开关 7 使 4YV 断电,活塞停止运动,完成一个工作循环。如果需要重复 4 动作的后续循环,可令行程开关 7 发讯使 4YV 断电的同时使 1YV 通电即可实现。后续循环未完成以及循环过程中停止回路动作的命令,可由停止按钮实现。

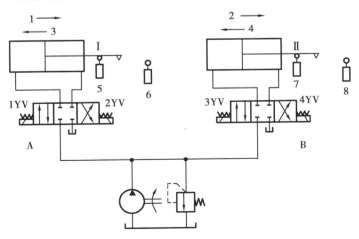

图 5.30　电磁阀控制的顺序动作回路

用电磁阀控制的并联顺序动作回路,工作行程的调整比较方便,动作顺序改变也很容易,具有调整灵活的优点,因此得到广泛应用。

5.2　压力控制阀及应用

在液压系统中,用来实现其压力的控制和调节,或以液压力作为控制信号的阀类统称为压力控制阀。它们共同的特点都是利用油液的压力与阀中的弹簧力相平衡这一原理来工作的。

5.2.1　溢流阀

液压泵的工作压力是由外负载决定的,当外负载很大,使系统的压力超过液压泵的机械强度和密封性能所决定的额定压力时,整个系统就不能正常工作,必须限制系统工作压力在所需要的压力范围内。溢流阀的基本功能为:当系统的压力超过或等于溢流阀的调定压力时,系统的油液通过阀口溢出一部分回油箱,防止系统的压力过载,起安全保护作用。溢流阀分为直动式和先导式两种形式。

(1)直动式溢流阀

图 5.31 所示为直动式溢流阀的结构图,它由阀体 1、阀芯(滑阀式)2、调压弹簧 3、调压螺帽 4、上盖 5 等组成。P 为进油口,T 是回油口。进口压力油经阀芯下端的径向孔、轴向小孔 a 进入阀芯底部端面上,形成一个向上的液压作用力。当进口压力较低时,阀芯在弹簧力的作用下被压在图示最下端位置,阀口(即进、回油口 P、T 之间在阀内的通道)被阀芯封闭,阀不溢流。当阀的进口压力升高,使阀芯下端的液压作用力足以克服弹簧对阀芯的作用力时,阀芯向上移动,压缩弹簧,此时,阀口被打开,进出油口接通而溢流。由间隙处泄漏到弹簧腔的油液可通过泄漏孔 b 经回油口排回油箱。调节螺帽以改变弹簧对阀芯的作用力,从而调整进油口的油压即溢流阀的溢流压力。此阀是靠液压力与阀芯调压弹簧力直接平衡而控制阀口启闭的,故称为直动式溢流阀。

当溢流阀稳定工作时,作用在滑阀上的力是平衡的,阀芯受力的平衡方程式为:

$$pA = F_s + G \pm F_f \tag{5.1}$$

式中　　p—— 作用在阀芯上的液压力;

　　　　F_s——弹簧作用力;

　　　　G——阀芯自重;

　　　　F_f——阀芯与阀体之间的摩擦力;

　　　　A——阀芯截面积。

一般阀芯的自重和摩擦力较小,可以忽略不计,则式(5.1)简化为:

$$p = \frac{F_s}{A} = \frac{K(x_o + \Delta x)}{A} \tag{5.2}$$

式中　　K——调压弹簧的刚度。

从上式可以看出,如液压力 p 较大时,则弹簧力也应较大,这样不仅调整不够方便,而且

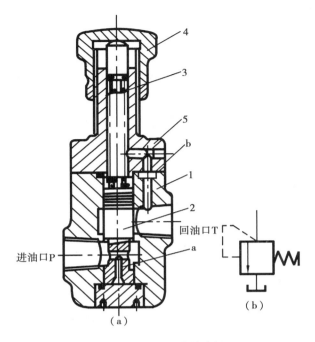

图 5.31 直动式溢流阀
1—阀体;2—阀芯;3—调压弹簧;4—调压螺帽;5—上盖

当溢流流量变化时相应油压的变化也较大。溢流压力随溢流流量的变化情况如图 5.32 所示。当溢流阀刚开始溢流时,因阀芯抬起的高度不大,弹簧的压缩量较小,所以,这时油液打开阀口的压力(称为开启压力)p_k 较小。当溢流量增加时,阀芯上移,开口增大,这时必须进一步压缩弹簧,使弹簧力增大,所以液压力 p 值上升。当全部流量溢出时,阀芯上升到最高位置,这时的压力称为调整压力 p_t(也称为全流压力)。p_t 和 p_k 的差值就是压力变化值。如果要求控制的液压力越高,则溢流阀的弹簧越硬,相应压力的变化值就越大,所以,直动式溢流阀一般用在压力较低的场合。直动式溢流阀的特点是结构简单,反应灵敏。图 5.31(b)为溢流阀的图形符号。

直动式溢流阀采取适当的措施也可用于高压大流量场合。例如,德国 Rexroth 公司开发的通径 6～20mm、压力为 40～63MPa,通径 25～30mm、压力为 31.5MPa 的直动式溢流阀,最大流量可达到 330L/min。

(2)先导式溢流阀

图 5.33 所示为先导式溢流阀,其结构分为上下两部分。上部的先导部分由锥阀芯 1、调压弹簧 2 和调压螺帽 3 等组成。下部的主阀部分由主阀芯 5 和主阀弹簧 4 等组成。这种阀的特点是利用主阀阀芯上下两端液体的压力差来使主阀阀芯移动的。其工作原理如图 5.33 所示。油腔 b 和进油口相通,油腔 d 和回油口相通。压力油从油腔 b 进入,作用在主阀芯大直径台肩下部的圆环形面积上,并通过主阀芯中的小孔 c 流到下端面油腔中,作用于主阀芯的下端;同时,又经过阻尼小孔 e 进入主阀芯的上腔 a,还经小孔 f、g 作用于先导调压阀的锥阀上。

当进油压力较低,还不能打开先导调压阀时,锥阀关闭,此时,没有油液流过阻尼小孔 e。

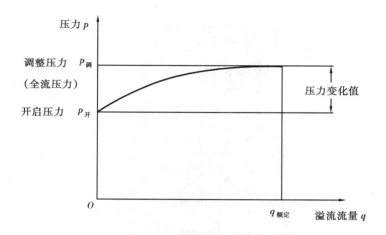

图 5.32　溢流阀流量对压力的影响

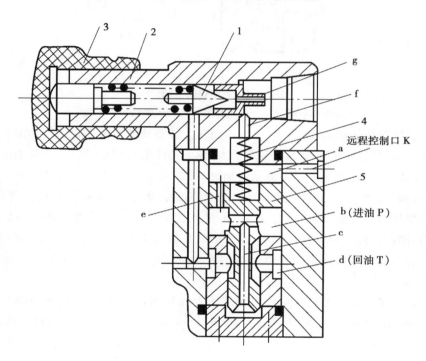

图 5.33　先导式溢流阀

由于主阀芯大直径台肩下部的圆环形面积和阀芯下部小直径端面面积之和与大直径台肩上部面积基本相等,其上下两端的液压力也相等,所以,阀芯在上端弹簧的作用下,使主阀芯处于最下端位置,将溢流口关闭。因为主阀弹簧的力量只需克服主阀芯的摩擦力,所以做得较软。

当进油压力升高到能够打开先导调压阀时,锥阀就压缩调压弹簧并将油口打开,压力油通过阻尼小孔 e 经锥阀流回油箱。由于阻尼小孔的作用产生压力降,所以主阀芯上部的液压力 p_1 小于下部的液压力 p。当主阀芯上下两端压力差所产生的作用力超过主阀弹簧的作用力时,主阀芯被抬起,油腔 b 和油腔 d 接通,油液流回油箱,实现溢流。

用调节螺帽来调节调压弹簧的压紧力,就可以调整溢流阀溢流时进油口的液压力,从而调定了液压系统的压力。K 为远程控制口,用于远程调压用。如果将 K 口用油管接到另一个远程调压阀(图 5.33 中未画出),则主阀芯上部的油压就受这个远程调压阀控制,从而就可以对这个溢流阀实行远程调压。这时,溢流阀上部的先导调压阀应不起作用,所以,它的调整压力应高于远程调压阀所可能调节的最高压力,一般情况下这个口封闭不用。

当溢流阀稳定工作时,作用在主阀芯上的力(不计阀芯自重和摩擦力)是平衡的,其力的平衡方程为:

$$pA = p_1A + F_s = p_1A + K(x_o + \Delta x)$$

或

$$p = p_1 + \frac{F_s}{A} = p_1 + \frac{K(x_o + \Delta x)}{A} \tag{5.3}$$

式中　p——进油腔液压力;

p_1——主阀芯上腔的液压力;

A——主阀芯的截面积;

K——主阀芯弹簧的刚度;

x_0——主阀弹簧的预压缩量;

Δx——主阀弹簧附加压缩量;

F_s——主阀弹簧的作用力。

从上式可以看出,对于先导式溢流阀,即使进油口的液压力较大,由于阀芯上腔有液压力存在,主阀弹簧也可以做得较软。因此,当溢流流量变化而引起阀芯位置改变时,弹簧力的变化也较小。此外,当调压弹簧调整好之后,在溢流时阀芯上腔的液压力 p_1 基本上是个定值,所以,进油口液压力 p 的数值在溢流量变化时变动较小。同时,因为调压锥阀的阀孔尺寸较小,调压弹簧的刚度也不大,所以调压比较轻便。

这种阀振动小、噪音低、压力较稳定,但先导式溢流阀在先导阀和主阀都动作后才能起控制压力的作用,因此动态响应较慢。

图 5.34 所示为先导式高压溢流阀结构图,它的工作原理和 Y₁ 型溢流阀基本相同,但高压溢流阀在强度和密封等方面比 Y₁ 型要求更高。其主阀芯采用了锥面阀座式结构,没有搭合量。当油压升高,阀芯开始抬起时马上就能打开阀口,使进油口和回油口接通,故灵敏度高,响应迅速。主阀芯还加了尾锥即防振摆,提高了阀的稳定性,不会因阀芯的高频振动产生尖叫声,但此种阀的结构和制造工艺都比较复杂,其最高调整压力可达 35MPa。

(3) 溢流阀的应用

在图 5.35 所示的定量泵节流调速液压系统中,溢流阀与泵并联,起溢流作用,其调定压力等于系统的最大工作压力。系统工作时,溢流阀常开。调节节流阀的开口度大小来控制进入液压缸的流量,多余的油液从溢流阀溢流回油箱。随着执行元件所需流量(运动速度)的不同,阀的溢流量也不同,但液压泵的工作压力则基本保持恒定。调节溢流阀的调压弹簧,即可调节系统的供油压力。

在图 5.35 中,若去掉流量阀,泵改为普通变量泵,则溢流阀起安全保护作用,用于限定系统的最高压力,其调定压力等于系统的最大工作压力的 1.05~1.1 倍。当系统正常工作时,溢流阀常闭;只有当系统出现误操作,使得压力达到调定压力时,溢流阀才开启。

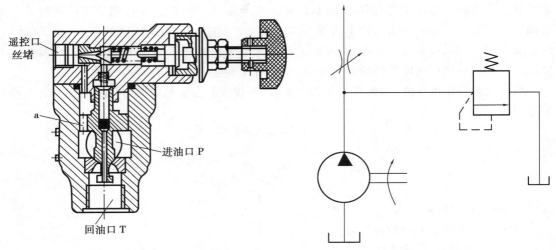

图 5.34 先导式高压溢流阀

图 5.35 定量泵系统溢流调压

图 5.36 所示为溢流阀用于远程调压的多级调压回路。图中 3 为远程调压阀,接主溢流阀 2 的远控口。当二位二通电磁换向阀 4 关闭时,液压泵的出口压力由溢流阀 2 调定为 p_1。当二位二通电磁阀通电切换后,其油路接通,这时泵的出口压力由远程调压阀调定为 p_2。在采用这种回路时,应注意使远程调压阀的调定压力小于主溢流阀本身的调定压力,否则,远程调压阀将不起作用。

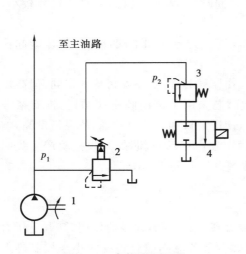

图 5.36 多级调压回路

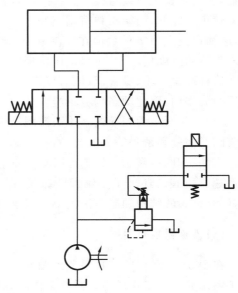

图 5.37 先导式溢流阀卸荷回路

如果将二位二通电磁阀安装在主溢流阀与远程调压阀之间,则当压力切换时,可能产生较大的压力波动与冲击。

图 5.37 所示为先导式溢流阀的卸荷回路。将二位二通电磁换向阀安装在溢流阀的远控口(两者做成一体的又称电磁溢流阀)油路上,卸荷时,电磁阀通电,将远控口与油箱接通。此时,溢流阀的进口压力只需克服主阀芯弹簧力便可溢流,液压泵的输出流量在很小的压力下通

过溢流阀流回油箱。而通过电磁阀的流量很小,只是溢流阀控制腔的流量(即通过主阀芯上阻尼小孔的流量),故只需选用小规格的电磁阀。卸荷时,溢流阀处于全开状态,当停止卸荷系统重新工作时,不会产生压力冲击现象,故适用于高压大流量系统中。

5.2.2 减压阀

减压阀一般分为两类:定值减压阀和定差减压阀。定差减压阀保持阀的出口压力和进口压力之差为一定值,这种阀通常与节流阀组合构成调速阀。定值减压阀简称为减压阀,除特别声明外,指的都是定值输出减压阀。

减压阀在液压系统中起减压作用,并当进出口液压力出现波动时,仍能保持阀的出口压力基本恒定,使液压系统中某一部分得到一个降低了的稳定压力。

(1)减压阀的结构和工作原理

图 5.38 所示为减压阀的结构原理图和图形符号。它的主要组成与先导式溢流阀相同,外形亦相似。主要由主阀芯 1、阀体 2、先导阀芯 3、主阀弹簧 4、阀盖 5、调压螺帽 6、调压弹簧 7、锥阀座 8 等组成。

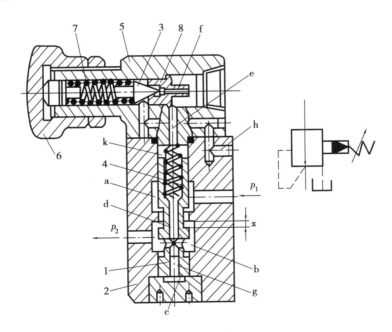

图 5.38 减压阀结构原理图

1—主阀芯;2—阀体;3—先导阀芯;4—主阀弹簧;5—阀盖;6—调压螺帽;7—调压弹簧;8—阀座

压力为 p_1(也称一次压力)的油液,经阀的进油口进入 a 腔,再经过主阀芯和阀体之间形成的开口量为 x 的减压口到达 b 腔,从出油口排出,其压力为 p_2(也称二次压力)。与出油口相通的 b 腔中的油液,一路经小孔 g 到达主阀芯的下腔 c;另一路经阻尼小孔 d、油腔 k、孔 e、f 作用在调压锥阀 3 上。

当出油腔的压力小于调压锥阀的调定压力时,调压锥阀关闭,阻尼小孔 d 中没有油液流动,主阀芯上下两端的油压相等。这时,主阀芯在主阀弹簧的作用下处于最下端位置,减压口全部打开,即开口量 $x = x_{max}$ 时,减压口无减压作用,所以,阀正常工作时,$x < x_{max}$。

当出口压力达到调定值时,锥阀开启,流过锥阀芯和阀座所形成的缝隙的液流,经过回油通道,从单独的回油口 h 回油。由于阻尼孔的降压作用,主阀芯下部液压力大于上部液压力,在压力差的作用下主阀芯上移,形成一定的减压开口量 x,减压阀进入某一稳态工作。

当进口压力由于某种原因增大了,在主阀芯还未来得及调节的瞬间,减压口下游的压力即阀的出口压力也有所增大。这时,作用于锥阀上的液压力增大,调压弹簧进一步被压缩,锥阀开口量增大,流过锥阀缝隙的流量加大,主阀芯上下两端的压力差增大,主阀弹簧进一步被压缩,主阀芯上移,减压口的开启量 x 减小,油液流经减压口的压力降增加,使出口压力降低。这样,通过减压阀口的作用以保持阀的出口压力基本恒定。

在减压阀的出口压力达到调定值时,就形成了一定的减压开口量。若忽略作用在减压阀阀芯上的其他力,只有作用于减压阀阀芯一端的调压弹簧的弹簧力和作用于阀芯另一端的由减压阀的出口压力形成的液压力构成减压阀阀芯的平衡。此时,不论是由于减压阀进油口的压力变化,还是由于通过进油口的流量变化所引起的,减压阀的开口量的变化均很小,因此,弹簧的变形量也很小,弹簧力基本是常数,故与之对应的减压阀的出口压力基本上也是常数。

在液压系统中,液压泵排出的油液通常到主油路。溢流阀和主油路并联,为的是调定主油路的压力。减压阀也和主油路并联,但其出油口和执行元件(例如液压缸)串联,这样,液压缸有一定负载,且溢流阀和减压阀都在稳态工作时,减压阀的进油口保持基本恒定的高压,减压阀的出油口保持基本恒定的低压。

即使主油路中有负载且溢流阀调定的主油路中的压力也高于减压阀的调定压力时,若减压支路中的负载压力(也就是减压阀的出口压力)很小,则减压阀芯处于最下端位置,减压开口量最大,远超过正常工作时减压口的开启值,减压口不起减压作用。

当减压支路的负载压力接近减压阀的调定值或达到减压阀的调定值(因有调压偏差)时,且主油路的负载压力高于减压阀的调定值时,减压阀的阀芯上移形成一定的减压开口量,减压阀投入某一稳态工作。

当与减压阀串联的液压缸负载增加,乃至缸工作腔中的压力超过减压阀的调定值才能带动负载时,此时,因减压阀的自动调节,减压阀的出口油液只能保持恒定的调定压力,而不能超过调定压力,所以,缸工作腔中的压力也不可能超过减压阀的调定压力,缸的活塞带不动相应的负载,只好停止运动。

减压阀与液压缸串联,尽管缸的活塞不运动,但是液压缸工作腔中的压力是不会无限增加的。减压阀的出油口虽然没有流量,当经过减压口的油液还可以经阻尼小孔 d、孔 e、孔 f、锥阀芯形成的缝隙、孔 h 构成通路,此时,减压阀出口压力仍基本保持恒定的调定值。

(2) 单向减压阀

将单向阀和减压阀组合在一起即成为单向减压阀,如图 5.39 所示。当压力油从油口 p_1 流向油口 p_2 时,单向阀关闭,减压阀正常工作。如油液反向从油口 p_2 进入,则减压阀不起作用,可通过单向阀进入油口 p_1,图中 L 是泄油口。

(3) 减压阀的应用

在液压系统中,一个油源供应多个支路工作时,由于各支路要求的压力值大小不同,这就

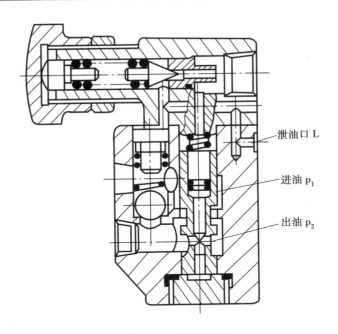

图 5.39 单向减压阀

需要减压阀去调节,利用减压阀可以组成不同压力级别的液压回路。

如图 5.40 所示,液压泵 3 同时向液压缸 1 和液压缸 2 供油,缸 1 的负载力为 F_1,缸 2 的负载力为 F_2。设 $F_1 > F_2$,若没有减压阀 4 和节流阀 5,哪个缸的负载较小,则哪个缸先动,即只有缸 2 的活塞到位后压力继续上升,缸 1 才动作。加上减压阀后就解决了这一矛盾,两个缸可分别动作而不会因负载的大小而互相干扰。

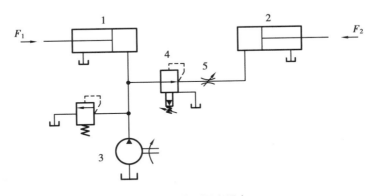

图 5.40 减压阀应用之一

若不加节流阀,尽管缸 1 有相当的负载力,溢流阀有相当的调定压力,若 F_2 为零,则减压阀的二次压力(即出口压力)为零,阀芯处于最下端,减压口不起减压作用,并且将减压口的上下游无阻力地沟通,这时,减压阀的一次压力(即进口压力)也为零,这种现象称为减压阀一次压力失压。有了节流阀,可使减压阀出口总是有相当的压力,即可避免这一现象的出现。

图 5.41 所示的液压缸是一个夹紧缸。当活塞杆通过夹紧机构夹紧工件时,活塞的运动速度为零,因减压阀的作用仍能使液压缸工作腔中的压力基本恒定,故可保持恒定的夹紧力,不致因夹紧力过大而将工件夹坏。

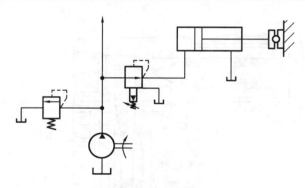

图 5.41　减压阀应用之二

　　因为减压阀出口压力稳定,所以在有些回路中,虽然不需要减压,但为了获得稳定的压力也加上减压阀。例如,用压力控制的液动换向阀、液控顺序阀,在这些阀的控制油路中,有时加上减压阀,目的不是减压而是使控制压力稳定,以免因压力波动使它们产生误动作。

5.2.3　顺序阀

　　顺序阀是用在具有两个或两个以上执行元件的液压系统中,使各执行元件按预先确定的先后动作顺序工作。顺序阀的结构也有直动式和先导式两种,一般先导式用于压力较高的液压系统中。

(1)结构特点及工作原理

　　图 5.42 所示为直动式顺序阀,该阀主要由阀体 3、上下端盖、阀芯 2、控制活塞 4 和调压弹簧 1 等组成。为了避免弹簧过于粗硬,所以不使控制油与阀芯直接接触,而是使它作用在阀芯下端处直径较小的控制活塞上,以减小油压对阀芯的作用力。

　　顺序阀的工作原理为:进口压力油通过阀体和下端盖上的小孔引到控制活塞的下端,当液压力低于阀内弹簧的调定值时,控制活塞下端液压作用力小于弹簧对阀芯的作用力,阀芯仍处于图 5.42 所示的最低位置,阀口关闭,油液不能通过顺序阀。当进口液压力达到弹簧的调定值时,控制活塞才有足够的力量克服弹簧的作用力将阀芯顶起,使阀口打开,进出油口在阀内形成通路,此时,油液才能经过顺序阀从出口流出,图 5.42(b)为其图形符号。

　　若将此阀的下盖旋转 90°安装,并将 c 口处丝堵取下,外接压力油作控制油,这便成为外控顺序阀,其图形符号如图 5.42(c)所示,这时,顺序阀上部的泄油口必须接回油箱。

　　若将顺序阀的上盖旋转 90°安装,使泄油口和出油口互通,并一起接通油箱,这便成为卸荷阀,其图形符号如图 5.42(d)所示。

　　图 5.43 所示为先导式顺序阀,主阀和先导阀均为滑阀式,其外形与溢流阀相似。

　　压力油进入顺序阀作用在主阀一端,同时,压力油一路经孔道 4 进入先导阀 7 左端,作用在滑阀 6 的左端面上,另一路经阻尼小孔 2 进入主阀芯 1 上端,并进入先导阀的中间环形部分。当进油压力低于先导阀的调定压力时,主阀关闭,顺序阀无油流出。一旦进油压力超过先导阀的调定压力时,进入先导阀左端的压力油将滑阀 6 推向右端,此时,先导阀的中间环形部分与顺序阀出口沟通,压力油经阻尼孔 2、主阀芯上腔、先导阀流向出口。由于阻尼孔的作用,

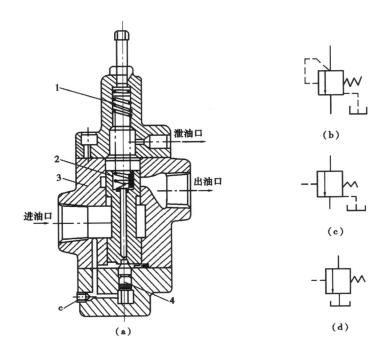

图 5.42　直动式顺序阀

主阀芯上腔压力低于进口压力,主阀芯上移,阀口打开,使顺序阀进出口接通。从以上分析可知,主阀芯的移动是主阀芯上下压差作用的结果,与先导阀的调整压力无关。因此,顺序阀的进出口压力近似相等。

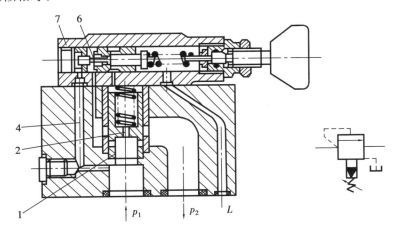

图 5.43　先导式顺序阀

1—主阀芯;2—阻尼孔;4—孔道;6—滑阀;7—先导阀

(2)单向顺序阀

　　单向顺序阀是将顺序阀与单向阀并联起来所形成的,两阀常装在一个阀体内,其结构和图形符号如图 5.44 所示。这种阀的特点是:当压力油反向流动时,可以不经过顺序阀,而从单向

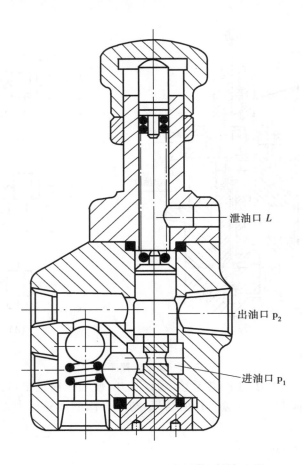

泄油口 L

出油口 P_2

进油口 P_1

图 5.44　单向顺序阀

阀自由通过,不受顺序阀的限制。

(3)顺序阀的应用

图 5.45 所示为用顺序阀实现执行元件的顺序动作。工作行程时,换向阀 1 处于图示位置,液压泵输出的压力油先进入液压缸 B 的左腔,活塞按箭头①所示的方向右移,当接触工件时,油压升高,在达到足以打开单向顺序阀 2 时,油液才能进入缸 A,使活塞沿箭头②所示的方向右移。回程时,阀 1 处在左端的工作位置,由于顺序阀 3 的作用,缸 A 的活塞先按箭头③的方向回程至终点,液压缸 B 的活塞才能按箭头④的方向开始回程。在这种回路中,顺序阀的调定压力应比先动作的执行元件的工作压力高 0.5MPa 以上,以保证动作顺序的可靠性。

图 5.46 所示为单向顺序阀当作平衡阀使用。在具有立式缸的液压回路中,液压缸的负载往往是重物。当缸下行时,不但不需要克服负载,而且重物帮助缸活塞下降,极易造成超速和冲击,此时,宜在缸的回油路上加平衡阀。换向阀处于左位时,来自液压泵的油经平衡阀的油口 A、单向阀、平衡阀的油口 B 到达缸的无杆腔,重物上行。液压缸有杆腔的油液经换向阀回油箱。换向阀处于中位时,单向顺序阀锁闭,液压缸不能回油,停止运动,重物被支持。换向阀处于右位时,来自泵的油液到达缸的有杆腔,同时,来自泵的油经过控制管道进入顺序阀的控

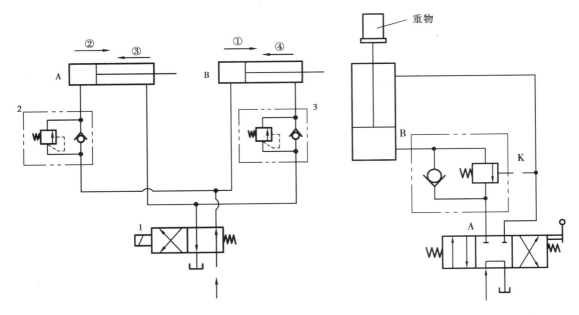

图 5.45　顺序动作回路　　　　　　　　　图 5.46　单向顺序阀作平衡阀使用

制口 K,当控制压力达到调定值时,顺序阀开启,缸无杆腔的油经顺序阀、换向阀回油箱,活塞下降。

一旦重物超速下降时,液压缸有杆腔中的压力减小,同时,控制口 K 的压力减小,顺序阀的开口减小,缸回油阻力增加,重物连同活塞的下降速度减慢,提高了运动的平稳性。

5.2.4　压力继电器

压力继电器是将液压信号转换为电信号的一种转换元件。当系统压力达到压力继电器的调定压力时,它发出电信号控制电器元件,使油路换向、卸压,实现顺序动作,或关闭电动机,起安全保护作用。

常用的压力继电器有柱塞式和薄膜式两种。

(1)结构特点及工作原理

压力继电器由两部分组成:一部分是压力——位移转换器,另一部分是电气微动开关。

图 5.47 所示为柱塞式压力继电器。液压力为 p 的控制油液进入压力继电器,当系统压力达到其调定压力时,作用于柱塞 1 上的液压力克服弹簧力,顶杆 2 上移,使微动开关 4 的触头闭合,发出相应的电信号。调整螺帽 3 来调节弹簧的预压缩量,从而可改变压力继电器的调定压力。

此种柱塞式压力继电器宜用于高压系统,但位移较大,反应较慢,不宜用在低压系统。

图 5.48(a)所示为薄膜式压力继电器的结构原理图,图(b)是它的图形符号。如图所示,控制油口 K 和液压系统相通,当系统液压力达到压力继电器的调定压力时,液压力作用于薄膜 11 使柱塞 10 上升,压缩弹簧 2,一直到弹簧座 4 的肩部碰到套 3 为止。与此同时,柱塞 10

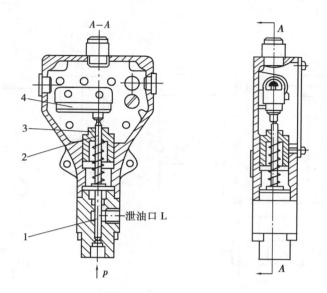

图 5.47 柱塞式压力继电器

1—柱塞;2—顶杆;3—调节螺帽;4—微动开关

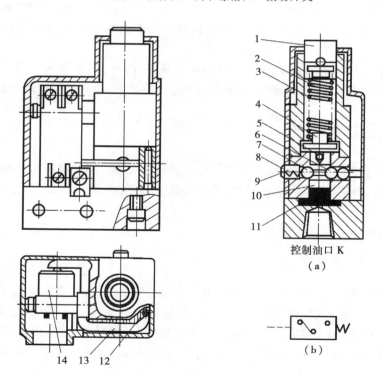

图 5.48 薄膜式压力继电器

1、8—调节螺钉;2、9—弹簧;3—套筒;4—弹簧座;5、6、7—钢球;

10—柱塞;11—膜片;12—销轴;13—杠杆;14—微动开关

一方面推动钢球 7 压缩弹簧 9,另一方面又用锥面推动钢球 6 水平移动,使杠杆 13 绕轴 12 逆时针方向转动,压下微动开关 14 的触杆从而发出电信号,发出电信号的液压力大小可用调节螺钉 1 来调节。

当控制油口的液压力降到一定数值时,弹簧 2 和 9 通过钢球 5 和 7 将柱塞 10 压下,钢球 6 便落入柱塞 10 的锥面槽内,杠杆 13 返回,微动开关 14 复位,电路断开。

钢球 7 在弹簧 9 的作用下,对柱塞 10 产生一定的摩擦力。当柱塞向上移时,摩擦力与液压作用力相反,压力油除要克服弹簧 2 的弹簧力外,还有克服摩擦力。柱塞向下移时,摩擦力与液压作用力的方向相同,弹簧力要克服液压力和摩擦力。所以,使微动开关断开时的压力比使微动开关闭合时的压力低。用螺钉 8 调节弹簧 9 的作用力,可以改变微动开关闭合和断开之间的压力差值。

(2) 压力继电器的应用

图 5.49 所示为压力继电器构成的保压回路。系统由蓄能器持续补油保压,保压的最大压力值由压力继电器调定。未达到压力继电器调定压力时,压力继电器不发信号,二位二通阀处于图示位置,溢流阀遥控口封闭,液压泵向蓄能器充油。压力足够高时,压力继电器发出信号,二位二通阀得电,遥控口接通,溢流阀开启使泵卸荷,由蓄能器保压。压力下降到一定程度时,压力继电器停止发信号,使泵重新向蓄能器充油。

本回路适用于保压时间长,功率损失小的场合。

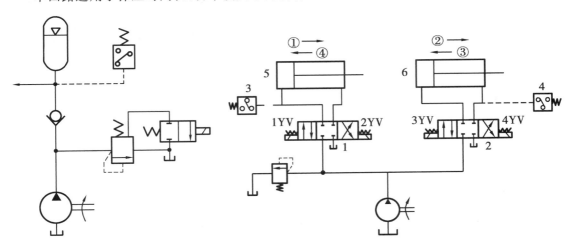

图 5.49　压力继电器的保压回路　　　　　图 5.50　压力继电器控制的顺序动作回路

图 5.50 所示为一种利用压力继电器控制电磁换向阀实现顺序动作的回路。其中压力继电器 3 和 4 分别控制换向阀的 3YV 和 2YV 通电,实现如图所示①→②→③→④的顺序动作。当 1YV 通电时,压力油进入液压缸 5 左腔,推动活塞向右运动。在碰到死挡铁后,压力升高,压力继电器 3 发出信号,使 3YV 通电,压力油进入液压缸 6 左腔,推动其活塞也向右运动。在 3YV 断电,4YV 通电(由其他方式控制)后,压力油推动缸 6 的活塞向左退回,到达终点后,压力又升高,压力继电器 4 发出信号,使 2YV 通电,1YV 断电,缸 5 的活塞也左退。为了防止压力继电器在前一行程终了前产生误动作,压力继电器的调定值应比先动作液压缸的工作压力高 0.3～0.5MPa。

采用压力继电器控制比较方便,但由于其灵敏度高,易受油路中压力冲击影响而产生误动作,故只宜用于压力冲击较小的系统,且同一系统中压力继电器数目不宜过多。如能使用延时压力继电器代替普通压力继电器,则会提高其可靠性。

5.2.5　压力阀的比较

溢流阀、减压阀和顺序阀在结构、工作原理和特点上有相似的地方,也有不同之处。

①溢流阀排出的油不做功,直接回油箱;减压阀和顺序阀(作卸荷阀、平衡阀时除外)排出的油液通向下一级执行元件,输出的油液有一定压力做功。

②溢流阀的泄漏油是通过阀体内部与回油口接通的;减压阀、顺序阀的泄油口单独引回油箱。

③溢流阀和内控顺序阀是用进口液压力和弹簧力相平衡进行控制的。溢流阀保持进口油压基本不变,顺序阀达到调定压力后开启,其进、出口油液压力可以高于其调定压力,顺序阀的阀芯不需随时浮动,只有"开"或"关"两种位置;减压阀是用出口油压进行控制,其阀芯要不断浮动,以保持出口压力基本为恒定。

④溢流阀和顺序阀的阀口在常态下是关闭的,而减压阀的阀口在常态下是开启的。但溢流阀和减压阀处于工作状态时,溢流口和减压口都是开启的。顺序阀的开启和关闭位置都是工作位置,因为顺序阀在关闭位置仍需维持一定的进口压力,以免影响其他回路的工作。因此,对顺序阀的阀芯和阀体之间的密封性有一定要求。

⑤溢流口和减压口上的压力降都比较大,希望流过顺序阀的液流在阀中形成的压力损失越小越好,一般在 0.2～0.4MPa。

⑥在溢流口和减压口上形成的压力降是需要的,它们的开口量较小。需要顺序阀有较小的压力降,故它的开口量也较大。

5.2.6　压力阀的选择和调节

选择压力阀的主要依据是它们在系统中的作用、额定压力、最大流量、压力损失数值、工作性能参数和使用寿命等。

通常所规定的压力控制阀的工作压力和流量是指使用的最高压力和最大流量。实际上,压力阀都是可以调节使用的。例如,某高压系列的溢流阀,有 6～8MPa、4～16MPa、8～20MPa、16～32MPa 四种调压范围,如果选 32MPa 的溢流阀用于调定压力为 6 MPa 的场合时,由于调压弹簧刚度很大,不仅启闭特性不好,调整也不易准确。因此,选择压力阀时,均应根据各自的工作压力在调压范围内选择。

与液压泵出口并联的溢流阀的调定压力就是液压泵的供油压力 p_b:

$$p_b \geqslant p + \sum \Delta p \tag{5.4}$$

式中　p——液压系统执行元件的最大工作压力;

　　　$\sum \Delta p$——液压系统执行元件进油路的压力损失。

即溢流阀的调定压力不得小于执行元件的工作压力和系统执行元件进油路的压力损失之和。

如果溢流阀在系统中起安全保护作用,则溢流阀的调定压力应按下式计算:

$$p_b = (1.05 \sim 1.1)(p + \sum \Delta p) \qquad (5.5)$$

溢流阀的流量按液压泵的额定流量选取。作溢流阀和卸荷阀用时,不能小于泵的额定流量;作安全阀用时,可小于泵的额定流量。

减压阀的调定压力根据其工作情况而决定。减压阀不能控制输出油液流量大小,当减压阀的流量需要控制时,应另设流量控制阀。减压阀的流量规格应由实际通过该阀的最大流量选取,在使用中不宜超过推荐的额定流量。

顺序阀的规格主要根据通过该阀的最高压力和最大流量来选取。应注意顺序阀开启后的工作压力可能比其调定压力还高,但在选择顺序阀时,其最高工作压力应比阀的额定压力低或接近,选择顺序阀的额定流量应大于或等于通过该阀的最大流量。在顺序动作中,顺序阀的调定压力应比先动执行元件的工作压力至少高 0.5MPa,以免压力波动产生误动作。

压力继电器能够发出电信号的最低工作压力和最高工作压力的差称为调压范围,压力继电器也应在其调压范围内选择。

对于一般接入控制油路上的各类阀,由于通过的实际流量很小,因此,可按该阀的最小额定流量规格选取,使液压装置结构紧凑。

5.3　流量控制阀及应用

液压系统中执行元件运动速度的大小是通过调节进入执行元件的流量的多少来实现的。流量控制阀就是在一定的压差下利用节流口通流截面的变化来调节液体通过阀的流量。

5.3.1　节流口的形式及特点

(1) 节流口的形式

任何一个流量控制阀都有一个节流部分,称为节流口。改变节流口的通流截面积大小,就可以改变液流流经节流口时所产生的阻力损失,从而控制通过节流口的流量大小,达到调节执行元件运动速度的目的。

图 5.51 所示为几种典型节流口的结构形式,它们分别通过轴向移动或旋转阀芯来调节通道截面的大小以改变流量。由于节流口的结构形式不同,在调节过程中,节流口变化规律差异较大,因而调节性能的差别也比较明显。对于图 5.51 的(a)、(b)、(c)形式的节流口,结构简单,制造比较方便,但由于通道长,容易堵塞,工作性能较差,只适用于要求不高的场合;而图5.51 中的(d)、(e)形式节流口结构较复杂,但它们接近薄壁小孔式,节流通道短,不易堵塞,工作性能较好,适用于流量调节性能要求高的场合。

(2) 节流口的流量特性公式

实际使用中的节流口介于薄壁孔和细长孔之间,故其流量特性常用下式来描述:

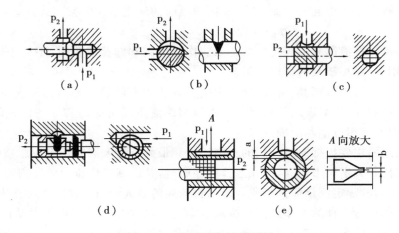

图 5.51　节流口的结构形式

$$q = CA_\mathrm{T}\Delta p^\phi \tag{5.6}$$

式中　q——通过节流口的流量；

　　　　C——由节流口形式、液体的流态、油液性质所决定的因数；

　　　　A_T——节流口通流截面积；

　　　　Δp——节流口前后的压力差；

　　　　ϕ——节流指数，由节流口形状决定。对于细长孔，$\phi=1$；对于薄壁孔口，$\phi=0.5$；其他形式的节流口，$\phi=0.5\sim1$。

　　上式表明，如果用一定的机构来调节通流截面积 A，就可以调节流量 q，这正是流量控制阀的基本工作原理。此外，要使节流口的流量保持一定，还要考虑到在各种过程中，节流口前后的压力差和油温等可能产生的变动及其补偿问题。

（3）影响节流口流量稳定的因素

　　液压系统在工作时，人们希望节流口大小调节好后流量稳定不变。但实际上流量总是有变化，特别是小流量时。根据公式（5.6）可知，影响流量稳定性的因素主要有以下几点：

　　1）压力差

　　通过节流口的流量和节流口前后的压力差是直接相关的。在同一个节流口开度下，即在 A 相同的条件下，若 Δp 变化，则 q 必然变化。因此，要使流量保持稳定，就要使 Δp 保持恒定。调速阀就是按这一原理工作的。同时，节流阀指数 ϕ 对阀的性能也有影响，ϕ 值小，则 Δp 变化后对 q 的影响就小一些。所以，薄壁孔节流（$\phi=0.5$）比细长孔节流（$\phi=1$）的稳定性受 Δp 变化的影响要小。

　　2）油温的变化

　　油液温度变化时，油的黏度也将发生变化。对于细长孔，当油温升高使液体黏度降低时，流量就会增加，所以，当节流通道长时，温度对流量的影响大；而对于薄壁孔，液体的温度对流量的影响是很小的。因此，要求流量阀在工作温度变化时流量仍保持稳定，其节流口都应尽量采用薄壁孔的形式。

　　3）节流口的堵塞

　　从理论上讲，只要把节流口关得足够小，便能得到任意小的流量。实际上，当节流口开度很小时,在保持其他因素都不变的情况下,通过节流口的流量会出现周期性的脉动,甚至造成断流,使节流阀完全失去工作压力,这种现象称为节流阀的堵塞。发生堵塞现象的主要原因:一是由于油液污染造成节流口堵塞;二是油液中的极性分子与金属表面的吸附现象,使节流缝隙的表面形成一层牢固的边界吸附层,改变了节流缝隙的几何形状和大小,造成节流口堵塞。堵塞造成节流阀断流,当堵塞物被冲掉时,节流口的开口突然增大,通过节流口的流量突然增大,因此,当节流口开度很小时,通过节流口的流量会出现周期性的脉动。在结构上,节流口表面越光滑、节流通道越短时,节流口越不易堵塞。

　　由于节流阀的堵塞现象,使每个节流阀都有一个能正常工作的最小流量限制,这个限制值称为节流阀的最小稳定流量。它是指节流阀在最小的开口量和一定的压差下能够长期保持的最小稳定流量值。目前,国产轴向三角槽式节流阀的最小稳定流量在 $30 \sim 50 \text{mL/min}$,而薄壁小孔式节流阀的最小稳定流量在 20mL/min 左右。

5.3.2　节流阀的结构和工作原理

(1)普通节流阀

　　普通节流阀是流量阀中使用最普遍的一种形式,它的结构和图形符号如图 5.52 所示。实际上,普通节流阀就是由节流口与用来调节节流口开口大小的调节元件组成,即带轴向三角槽的阀芯 1、阀体 2、调节手把 3、顶杆 4 和弹簧 5 等组成。

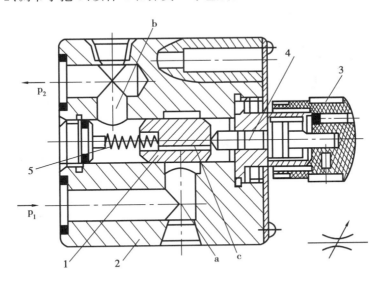

图 5.52　普通节流阀

1—阀芯;2—阀体;3—调节手轮;4—顶杆;5—弹簧

　　压力油从进油口 p_1 进入阀体,经孔道 a、节流口、孔道 b,再从出口流出,出口油液压力为 p_2。调节手轮可使阀芯轴向移动从而使节流口通道大小发生变化,以调节通过阀腔流量的大小。弹簧可使阀芯始终压向顶杆。阀芯上的通道 c 是用来沟通阀芯两端,使其两端液压力平衡,并使阀芯顶杆端不致形成封闭油腔,从而使阀芯能轻便移动。

(2)单向节流阀

图 5.53 所示为单向节流阀的结构和图形符号。油液正向流动时,从进油口 3 进入,经阀芯 2 和阀体 4 之间的节流缝隙从出油口 5 流出,此时单向阀不起作用。

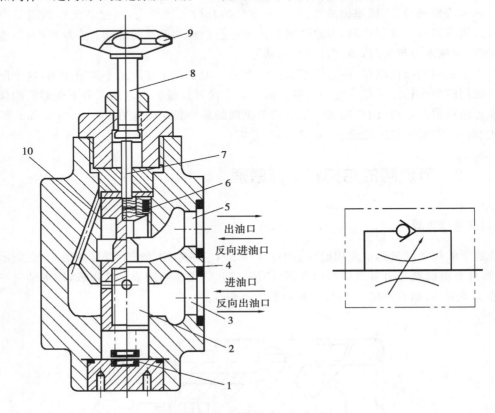

图 5.53　单向节流阀

1—弹簧;2—阀芯;4—阀体;6—活塞;7—顶杆;9—调节手柄

当反向流动时,油液从反向进油口 5 进入,靠油液的压力把阀芯压下,使油液通过,从油口 3 流出。这时,此阀只起通道作用而不起节流调速作用,节流缝隙的大小可通过手柄进行调节。通道 10 将高压油液引到活塞 6 的上端,使其与阀芯下部的油压相互平衡,便于在高压下进行调节。

5.3.3　调速阀

对于节流阀,在工作过程中,虽然阀前的液压力由溢流阀保持恒定,但随着执行元件的负载变化,节流阀出口的液压力就产生变化,节流阀前后的压力差也就发生了变化,因此,进入执行元件的流量就时大时小,造成运动速度不稳定。

为了避免负载变化对执行元件速度的影响,可采用能保持节流阀前后压力差恒定不变的流量阀,即调速阀。

图 5.54 所示为调速阀的工作原理图和图形符号。

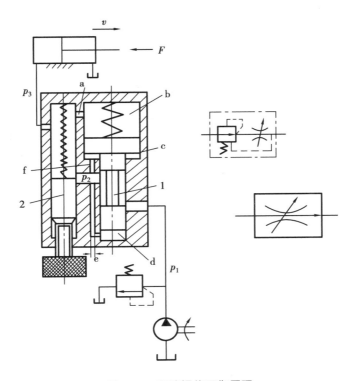

图 5.54　调速阀的工作原理

1—定差减压阀阀芯；2—节流阀

从原理图上可以看到，调速阀是由一个定差式减压阀串联一个普通节流阀组成的。液压泵供给的压力油 p_1 进入减压阀，其出口压力 p_2 作为节流阀的入口压力，节流阀出口压力 p_3，也就是调速阀的出口压力，油液从出油口流出，最后流入液压缸。

p_1 是由溢流阀调定的压力，基本上维持恒定值。p_3 是由外负载所决定的调速阀出口压力，其值为：

$$p_3 = \frac{F}{A_1} \tag{5.7}$$

调速阀两端的压力差为 $\Delta p = p_1 - p_3$，将式（5.7）代入，则得：

$$\Delta p = p_1 - p_3 = p_1 - \frac{F}{A_1} \tag{5.8}$$

式中　p_1——调速阀入口压力；

　　　　p_3——调速阀出口压力；

　　　　F——作用在活塞上的外负载；

　　　　A_1——活塞的有效工作面积。

由前述可知，当节流阀两端压差变化时，其调节的流量也相应发生变化，使速度不稳定。调速阀两端的压差发生变化时，如何保证它所调节的流量稳定呢？当压力油 p_1 进入调速阀，首先通过其中的减压阀，使压力降为 p_2，然后通过节流阀使压力变为 p_3 与外部负载相适应。节流阀两端的压差为 $\Delta p_j = p_2 - p_3$。现在的问题是如何保持节流阀的压差 Δp_j 恒定。

下面分析调速阀中减压阀的作用：

从图 5.54 可以看到,减压阀阀芯 1 的上端弹簧腔 b 经孔道 a 与节流阀 2 的出油口(p_3)相通;阀芯的肩部 c 和下端 d 经孔道 f、e 与节流阀 2 的入端(p_2)相通。当外负载 F 增加时,液压力 p_3 也增加,这时,p_3 通过孔道 a 作用在减压阀阀芯 1 的上端,使上端作用力增大,破坏阀芯原来的平衡状态,使阀芯下移。减压阀的开口加大,通过减压阀的压力降减小,使液压力 p_2 也增大,而使 $\Delta p_j = p_2 - p_3$ 基本上能保持原来的数值不变。当外部负载减小时,液压力 p_3 也减小。同理,阀芯 1 又失去平衡而上移,此时减压阀的开口减小,液流通过减压阀的压力损失增大,使液压力 p_2 也跟随降低,同样使 $\Delta p_j = p_2 - p_3$ 仍保持不变。由于减压阀可保持节流阀两端压差为常数(故称定差式减压阀),因而流过节流阀的流量也就稳定不变了。

减压阀稳定工作时其阀芯上所受力的平衡方程式为:

$$p_2 A_g = p_3 A_g + F_s + G \pm F_f \tag{5.9}$$

式中　p_2——节流阀入口压力,即减压阀的出口液压力;

　　　p_3——节流阀出口液压力;

　　　A_g——减压阀阀芯大端面积;

　　　F_s——减压阀弹簧的作用力;

　　　G——减压阀阀芯自重;

　　　F_f——阀芯移动时的摩擦力。

如果略去 G 和 F_f 的影响,可得:

$$\Delta p_j = p_2 - p_3 = \frac{F_s}{A_g} \tag{5.10}$$

考虑到弹簧是起恢复作用的,刚性较小,当阀芯移动时,由于弹簧压缩量的变化所附加的弹簧作用力的变化是很小的,即 F_s 近似为常数,因而可认为 $p_2 - p_3$ 是一个常数,即通过调速阀的流量基本不变,这就保证了执行元件运动速度的稳定性。

调速阀正常工作时,要求调速阀两端的压差至少为 0.5MPa,这从图 5.55 所示的特性曲线图上可看出。节流阀的流量随着压力差的变化而按近似平方根曲线规律变化,而调速阀在压力差大于一定数值后,流量基本是稳定的。调速阀在压差很小时,调速阀中的减压阀阀芯在弹簧力的作用下,使减压阀开口全部打开,减压阀不起作用,这时调速阀的特性就和节流阀相同。

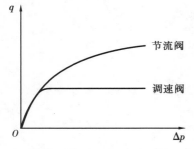

图 5.55　节流阀和调速阀的特性曲线

调速阀与普通节流阀一样,对温度和堵塞现象敏感,为了弥补温度对流量稳定性的影响,可以采用带温度补偿装置的调速阀。所不同的是节流阀内有一根温度补偿杆,它采用热膨胀系数较大的高强度聚氯乙烯塑料制成,用以附加控制节流开口的大小。温度升高后,黏度降低,通过节流口的流量将增大,而受热膨胀的温度补偿杆推动节流阀阀芯,使节流开口减小,限制流量的增大。反之,若温度降低,黏度增加,流量将减小,此时补偿杆收缩拉回节流阀芯,使节流开口增大,以维持流量在温度变化前的数值。利用这种方法,可部分地补偿温度变化的影响。如要解决根本问题,则必须控制油温的变化。

5.3.4　流量阀的选择及应用

　　流量阀的规格仍根据通过该阀的最高压力和最大流量来选取,同时,要考虑其最小稳定流量是否满足该执行元件最低运动速度的要求和调速性能的要求。在使用中,节流阀的进出油口可以反接,但调速阀当油路反向流动时将不起作用。

　　图 5.56(a)所示为调速阀并联实现两种工作速度换接回路。调速阀 3 和 4 并联,阀的出口经换向阀与液压缸连接,两个调速阀的调整流量不同,切换换向阀便可使液压缸获得不同的工作速度。这种回路的特点是:各调速阀的开口可以单独调整,互不影响;但一个调速阀工作时,另一个调速阀中没有油液流过,它的减压阀处于完全打开的状态,因此,当换向阀切换到使它工作时,液压缸会出现前冲的现象。

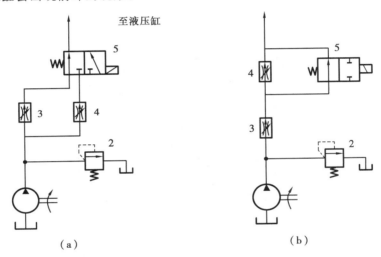

图 5.56　调速阀的速度换接回路

　　图 5.56(b)所示为调速阀串联的速度换接回路。其工作原理为:换向阀断电时,液压泵输出的油源经调速阀 3 和换向阀流到液压缸,这时缸的进油流量由调速阀 3 控制,液压缸获得第 I 工进速度;阀 5 通电时,阀 3 的出口油液需要经过调速阀 4 流到液压缸,在调速阀 4 的流量调整得比阀 3 小的情况下,液压缸便得到第 II 工进速度。

　　这种回路在工作时调速阀 3 也一直在工作,它限制着进入液压缸或调速阀 4 的流量,因此,在换接到第 II 工进时不会使液压缸产生前冲现象,平稳性较好;但在回路以第 II 工进速度工作时,油液需经两个调速阀,故能量损失较大。

5.4　电液比例控制阀及应用

5.4.1　电液比例控制阀的特点

电液比例控制阀简称比例阀。其结构特点是由比例电磁铁与液压控制阀两部分组成。相当于在普通液压控制阀上装上比例电磁铁,以代替原有的手调控制部分。电磁铁接收输入的电信号,连续的或按比例地转换成力或位移。液压控制阀受电磁铁输出的力或位移控制,连续的或按比例地控制油液的压力和流量。

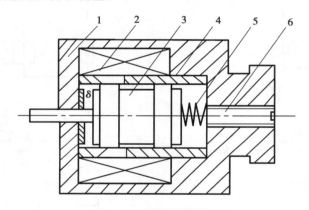

图 5.57　比例电磁铁原理

1—磁轭;2—线圈;3—衔铁;4—导磁套;5—调整弹簧;6—调整螺钉

比例阀实现连续控制的核心是采用了比例电磁铁,比例电磁铁的工作原理如图 5.57 所示。它与普通电磁铁不同之处在于磁路中始终保持一定的气隙。当线圈 2 通电后产生磁场,由于导磁套 4 上存在隔磁空隙(或隔磁环),使磁力线主要部分通过衔铁 3、气隙 δ、磁轭 1,产生电磁吸力,其吸力因磁轭与衔铁间的距离不同而变化,在气隙很小时,吸力将急剧变化,限位环可阻止衔铁进入吸力急剧变化的区域。在比例电磁铁的有效工作行程内,吸力随位置变化较小,可以认为,吸力仅与线圈中的电流大小成正比。

由于比例阀实现了能连续的、按比例的对压力、流量和方向进行控制,避免了压力和流量有级切换时的冲击。采用电信号可进行远距离控制,既可开环控制,也可闭环控制。一个比例阀可兼有几个普通液压阀的功能,可简化回路,减少阀的数量,提高其可靠性。

5.4.2　电液比例控制阀的结构和工作原理

根据被控制的参数和用途的不同,比例阀可分为比例压力阀、比例流量阀和比例方向阀。下面对这几种阀作简单介绍:

(1)电液比例压力阀

比例压力阀的关键部件是比例先导阀。比例先导阀可以和溢流阀、减压阀、顺序阀组合成先导式比例溢流阀、先导式比例减压阀和先导式比例顺序阀。主体部分和本章 5.2 节中介绍的溢流阀、减压阀、顺序阀的原理相同,结构大同小异。

比例先导阀的工作原理如图 5.58 所示。

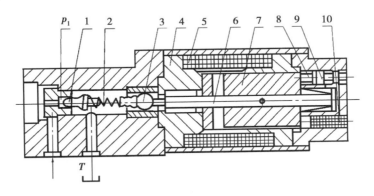

图 5.58　比例先导阀原理

1—锥阀;2—弹簧;3—带球头的导杆;4—比例电磁铁本体;5—线圈;
6—推杆;7—衔铁;8—手动调节螺钉;9—轴承;10—空气排出阀

当比例电磁铁 4 的线圈 5 通电时,则产生电磁力,电磁力的大小和线圈中的电流成正比。衔铁 7 在电磁力作用下向左移动,通过钢球 3 和传力弹簧 2,将电磁力传到锥阀芯 1 的右端,锥阀芯在弹簧力作用下紧紧地压在阀座上。液压油从压油口进入,并在锥阀芯的左端作用有液压力,二者平衡,弹簧 2 受到一定程度的压缩。所以,锥阀芯的上游压力 p_1 正比于线圈 5 中的电流,锥阀芯的下游通油箱压力为零。

在比例电磁铁有效工作行程内,电磁力的大小只决定于线圈中控制电流的大小而和衔铁(推杆 6)的位移无关。故连续调节控制电流时,先导阀的调定压力 p_1 也成正比地连续变化。

传力弹簧 2 只起传递力的作用,与普通先导阀的调压弹簧不同,它不需要预压缩量。所以,刚度可以较大,当通过阀的流量变化时,虽然锥阀的开启度发生变化,但只要比例电磁铁的控制电流不变,弹簧的压缩量也就不变。

当比例电磁铁出现故障时,用手动调压螺钉 8 可以调压。若压力摆动严重,可将放气阀 10 的钢球压下,排出空气。

(2)电液比例流量阀

图 5.59 所示为电液比例调速阀。当比例电磁铁 5 的线圈上通有控制电流时,电磁力通过推杆 4 作用于节流阀阀芯的右端,节流阀芯 3 左移压缩弹簧,弹簧反力作用于阀的左端。当电磁力和弹簧力平衡时,阀芯处于平衡位置,形成的节流口开口度为 h。

当 h 很小时,可认为节流阀的过流截面与 h 成正比,又因减压阀芯 1 的调节作用,使节流

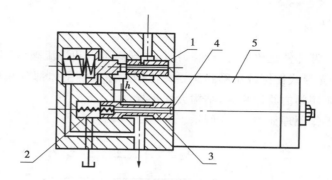

图 5.59 比例调速阀

1—减压阀芯;2—节流阀弹簧;3—节流阀芯;4—推杆;5—比例电磁铁

口上下游的压力差为常数,故可认为调速阀的出口流量与节流开口度 h 成正比,与比例电磁铁中的控制电流成正比。只要改变控制电流的大小,即可改变调速阀出口流量的大小。当控制电流不变时,阀的出口流量保持稳定。

在比例电磁铁的线圈上,除控制电流外,可加上颤振电流分量使节流阀芯 3 产生高频、小振幅的振动,清除节流口的阻塞现象。所以,比例调速阀比普通调速阀可得到更小的稳定流量。

(3)电液比例方向阀

图 5.60 所示为电液比例方向阀。它是由液动换向阀、减压阀和比例电磁铁三部分组成。一般用电液比例减压阀作为先导阀,利用比例减压阀的出口压力来控制液动换向阀的正反开口量,从而控制液压系统的流量大小和液流方向。

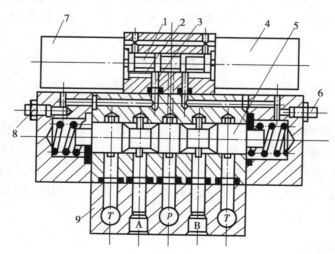

图 5.60 电液比例方向阀

1—减压阀芯;2、3—油道;4、7—比例电磁铁;5—液动阀芯;6、8—节流阀;9—连接板

当比例电磁铁 4 的线圈上通有控制电流时,电磁力通过推杆使减压阀芯 1 向左移动。这时,压力油 p 经减压阀减为 p_1,从油道 3 进入液动阀芯 5 的左端,推动阀芯 5 向右移动,使 A

腔与压力油 p 相通。在油道 3 内设有反馈孔 2,将 p_1 引至减压阀的左端,形成压力反馈。当 p_1 的作用力与电磁力相等时,减压阀处于平衡状态,液动换向阀有一个相对应的开口量。

当输入电信号给比例电磁铁 7 时,液动换向阀芯向左移动,B 腔与压力油 p 相通,油液换向。

加在比例电磁铁上的电流越大,阀芯的位移也越大,阀口开启度也就越大,流量也就越大。可见,通过比例方向阀的油液流量大小和液流方向可以由输入电信号进行连续控制,在改变液流方向的过程中,还改变了流量大小。

在液动换向阀的两端盖上分别设有节流阀 6 和 8,可以根据需要调节液动换向阀的换向时间,此阀安装在连接板 9 上。

5.4.3　电液比例阀的应用

(1)用于压力控制

设有一液压系统,工作中需要三种压力,用普通液压阀组成的回路如图 5.61(b)所示。为了得到三级压力,压力控制部分需要一个三位四通换向阀和两个远程调压阀。

对于同样功能的回路,利用比例溢流阀可以实现多级压力控制,如图 5.61(a)所示。当以不同的信号电流输入时,即可获得多级压力控制,减少了阀的数量和简化了回路结构。若输入为连续变化的信号时,则可实现连续、无级压力调节,这就可以避免压力冲击,因而对系统的性能也有改善。

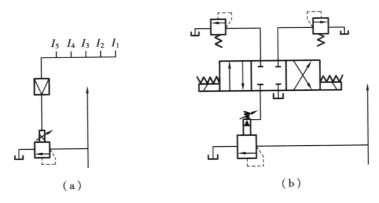

图 5.61　电液比例溢流阀的应用

(2)用于流量控制

设有一回路,液压缸的速度需要三个速度段。用普通阀组成时如图 5.62(a)所示。对于同样功能的回路,若采用比例节流阀,则可简化回路结构,减少阀的数量,且三个速度段从有级切换可变成无级切换,如图 5.62(b)所示。

上面所举的两个例子是比例阀用于开环控制的情况。比例阀还可用于闭环控制,此时,可将反馈信号加于电控制器,控制比例电磁铁,可进一步提高控制质量。

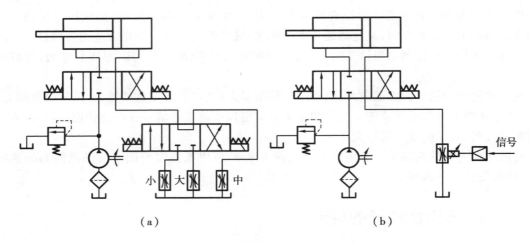

图 5.62　电液比例节流阀的应用

5.5　二通插装阀及应用

二通插装阀(又称插装式锥阀或逻辑阀)简称插装阀。它是 20 世纪 70 年代初出现在高压、大流量液压系统中的一种新型开关式阀类。由于其独特的优越性,使插装阀在塑料成型机械、压力机械及重型机械等方面得到了广泛的应用。

5.5.1　插装阀的结构和工作原理

二通插装阀是由先导阀、控制盖板和插装组件等组成,如图 5.63 所示。

先导阀 1 安装在控制盖板 2 上,对插装组件的动作进行控制。先导阀一般选用小通径的普通标准阀(如溢流阀、电磁换向阀等),常用的通径为 $\phi 6$ 和 $\phi 10$。

控制盖板的作用是在其上安装先导阀和插装组件,是沟通先导阀和插装组件的油路,即控制盖板上设置有对插装组件的启闭起控制作用的通道等。阀的功能(控制方向、压力、流量)不同,控制盖板的结构也不相同。插装组件上配置不同的先导控制盖板,就能实现各种不同的工作机能。

插装组件又称主阀组件或插装单元。它通常由阀芯、阀套、弹簧和密封件等组成,如图 5.64 所示。图中 A、B 为主油路,K 为控制油路。插装组件的主要功能是控制主油路液流的通断。阀芯的结构有滑阀和锥阀两种,多采用锥阀。

阀的功能(控制方向、压力、流量)不同,插装组件的结构也不相同,它由一个或几个插装组件的组合完成一种或一种以上的功能。

插装阀的工作原理如图 5.64 所示,压力油分别作用在锥阀的三个控制面 A_a、A_b 和 A_k 上。其中,A_a 面总是处在 A 口压力油的作用下,A_b 面总是处在 B 口压力油的作用下,如果忽略锥阀的质量和阻尼的影响,作用在阀芯上的平衡关系式为:

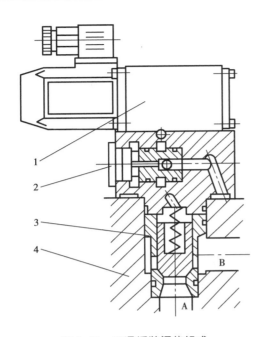

图 5.63　二通插装阀的组成

1—先导阀;2—控制盖板;3—插装组件;4—插装块体

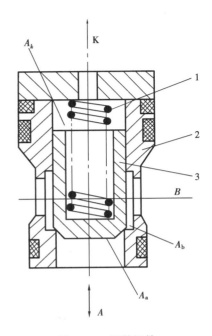

图 5.64　插装组件

1—弹簧;2—阀套;3—阀芯

$$F_s + F_w + p_k A_k - p_b A_b - p_a A_a = 0 \tag{5.11}$$

式中　F_s——作用在阀芯上的弹簧力;

$\quad\quad F_w$——阀口液流产生的稳态液动力;

$\quad\quad p_k$——控制口 K 的液压力;

$\quad\quad p_b$——工作油口 B 的液压力;

$\quad\quad p_a$——工作油口 A 的液压力;

$\quad\quad A_a$、A_b、A_k——分别为锥阀三个控制面的有效作用面积,且 $A_k = A_a + A_b$。

从式(5.11)可以看出,锥阀的启、闭与控制压力 p_k 以及工作压力 p_a 和 p_b 的大小有关,同时还与弹簧力 F_s、液动力 F_w 的大小有关。不计液动力影响,当 $F_s + p_k A_k > p_a A_a + p_b A_b$ 时,锥阀关闭,油口 A 和 B 不通,油路被切断;当 $F_s + p_k A_k < p_a A_a + p_b A_b$ 时,锥阀被打开,液流的方向视 p_a 与 p_b 的具体情况而定。当 $p_a > p_b$ 时,液体从 A 口流向 B 口;当 $p_b > p_a$ 时,液体从 B 口流向 A 口;当 p_k 等于零时(控制口通油箱),p_a、p_b 均可使锥阀打开,液流方向可以从 A 流向 B,也可以从 B 流向 A。因此,可以利用控制口的压力 p_k 的大小来控制锥阀的启闭以及开口的大小,即控制油路的"通"和"断"两种状态,故称二通插装阀。

二通插装阀可用作方向控制阀,压力控制阀和流量控制阀等。

5.5.2　插装方向控制阀

插装方向阀如图 5.65 所示。图中的 1 是先导阀,插装方向阀的先导阀一般采用二位三通电磁阀、二位四通电磁阀或三位四通电磁阀。控制盖板 2 中有节流器,3 是插装组件。

在下面介绍的各插装阀中,省略控制盖板,仅用图形符号表示。

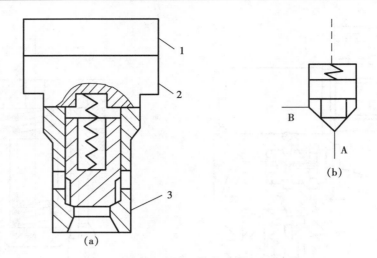

图 5.65　插装方向阀结构原理

1—先导阀；2—控制盖板；3—插装组件

(1) 插装式单向阀

图 5.66 所示为插装阀用作单向阀的例子。图 5.66(a) 中当控制油路 K 与油路 A 相连，且 $p_a > p_b$ 时，锥阀关闭，油口 A 与 B 不通；当 $p_b > p_a$ 时，锥阀开启，液体由 B 口流向 A 口。

若控制油路 K 和油路 B 相通，如图 5.66(b) 所示。当 $p_a > p_b$ 时。压力油顶开插装组件的阀芯后自 B 口流出，阀单向导通；当 $p_b > p_a$ 时，锥阀关闭，B 口和 A 口不通，液体不能反向流动。控制油路 K 和油路 B 相通时，B 腔液体不会泄漏至 A 腔，密封性能好。

插装阀下面为与之对应的普通液压元件的图形符号。

图 5.67(a) 所示为插装式液控单向阀，其控制油来自 A 口。当二位三通电磁换向阀通电时，若 $p_b > p_a$，B 口压力油可流向 A 口；若 $p_a > p_b$，锥阀关闭，A 口压力油不能流向 B 口。当电磁铁断电时，控制腔油液接通油箱，A、B 口压力油可正反向流动。

图 5.67(b) 所示的插装式液控单向阀，其控制油来自 B 口。当电磁铁断电时，若 $p_a > p_b$，则锥阀开启，A 口压力油可流向 B 口；若 $p_b > p_a$ 时，锥阀关闭，B 口的压力油不能流向 A。当电磁铁通电时，A、B 口压力油可正反向流动。

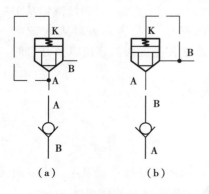

图 5.66　插装式单向阀

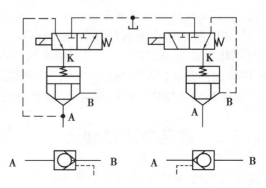

图 5.67　插装式液控单向阀

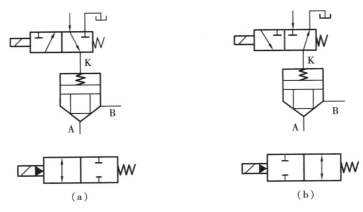

图 5.68　插装式二位二通换向阀

(2)插装式二位换向阀

用一个二位三通电磁换向阀作先导阀,控制插装组件控制油路的通断,组成插装式二位二通换向阀,如图 5.68 所示。

在图 5.68(a)中,当电磁铁未通电时,有一定压力的控制油经二位三通先导阀和插装阀的控制口 K 作用于插装阀阀芯的上端面上,阀芯不开启,油口 A 和 B 不通;电磁铁通电后,二位三通先导阀在左位工作,插装阀的控制油口经过先导阀和油箱相通,锥阀开启,油口 A 和 B 相通,这就构成了常闭式二位二通插装阀。

图 5.68(b)是常开式二位二通插装阀。

(3)插装式三位换向阀

用四个插装组件和一个三位四通电磁换向阀或两个二位三通电磁换向阀作先导阀,即可组成插装式三位四通换向阀。如图 5.69 所示为用一个 Y 型机能的三位四通电磁阀作先导阀。先导阀在常态下其阀芯处于中间位置,这时压力油 p 经先导阀分别加到插装组件 1、2、3、4 的锥阀芯上端面上。在压力油作用下,四个锥阀芯均不开启,P、A、B、T 四个油口均不通。

当先导阀左边电磁铁通电时,压力油 p 经先导阀左腔作用在插装组件 1、3 的控制腔,使它们的阀芯关闭。此时,插装组件 2、4 的弹簧腔和油箱相通,它们的阀芯可以开启。这时,压力油经插装组件 2 自油口 A 流出到达执行元件工作腔,从执行元件回来的液体流经油口 B 及插装组件 4 回油箱。

同理,当先导阀右边电磁铁通电时,压力油经先导阀右位作用在锥阀芯 2、4 弹簧腔,使它们的阀芯关闭,而锥阀芯 1、3 的弹簧腔和油箱相通,它们的阀芯可以开启。这时,主油路的压力油经锥阀芯 3 从 B 口流出到执行元件工作腔,执行元件的回油经油口 A 和锥阀芯 1 回油箱实现了油路的换向。

上述插装式三位四通换向阀相当于普通 O 型机能的三位四通电液换向阀。

若改变先导阀的中位机能,也可使插装式换向阀的中位机能发生变化。先导阀的个数变化则可使插装式换向阀的工作位置数改变,若采用两个二位四通阀作先导阀,插装式换向阀就可能获得四个工作位置。

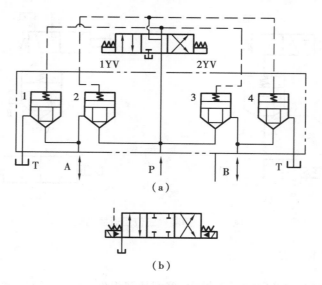

图 5.69　插装式三位四通换向阀

5.5.3　插装式压力控制阀

插装式压力控制阀由插装组件和先导阀(压力阀)组成,其结构原理如图 5.70 所示。1 为先导阀,其结构和普通压力阀所用的先导阀相同,也就是常用的远程调压阀,图形符号也相同。2 是控制盖板,通常与先导阀做成一体。3 是插装组件,插装式压力阀的插装组件和方向阀的插装组件大同小异,只是阀芯上多了一个阻尼孔。

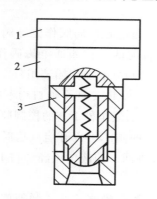

图 5.70　插装式压力阀结构原理
1—先导阀;2—控制盖板;3—插装组件

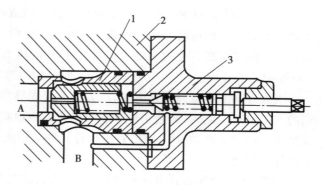

图 5.71　插装式溢流阀
1—插装组件;2—块体;3—控制盖板

(1)插装式溢流阀

图 5.71 所示为插装式溢流阀的结构图。它是用关闭型的插装组件,插装入插装块体的插装孔中,用一个装有调压锥阀芯、阀座、调压弹簧及调节螺杆组成的控制盖板作为先导控制阀,即组成先导式溢流阀,图 5.72 所示为其图形符号。

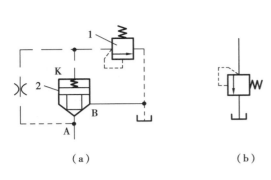

（a）　　　　　　　　　（b）

图 5.72　插装式溢流阀图形符号
1—先导阀；2—压力阀插装组件

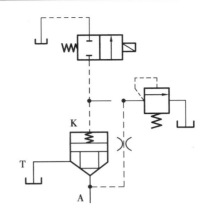

图 5.73　插装式电磁溢流阀

压力油从 A 口进入阀内，并通过锥阀阀芯中间的阻尼孔进入 K 腔，作用在调压锥阀芯上与弹簧力相平衡。当进油口 A 的液压力 p_a 小于先导阀的调定压力时，先导阀芯在弹簧力作用下关闭阀口，这时插装组件阻尼孔上下游的液压力相等，插装组件的阀口关闭，进油口 A 和出油口 B 不通。

当 p_a 达到先导阀的调定压力时，先导阀开启，从 A 口经先导阀到油箱的控制油路形成通路。由于阻尼孔的作用，使阻尼孔上游的压力高于阻尼孔下游（控制腔 K）的压力而形成压力差，在压力差的作用下使锥阀芯打开，油口 A 和 B 相通，压力油经阀开口流回油箱。当阀芯进入稳定工作时，阀芯保持一定开口，使 A 口的压力 p_a 基本上保持常数。

用锥阀组成的先导式溢流阀与普通液压元件的先导式溢流阀相比其结构基本相同，其工作原理是完全一样的。但它不是一个独立的元件，而是由分离元件的组合。因此，在组成系统中，可以有很大的灵活性。

图 5.73 所示为插装式电磁溢流阀。它是在插装式溢流阀的控制口 K 并联一个二位二通电磁阀而组成。当电磁换向阀关闭时，其工作原理与插装式溢流阀相同。在电磁铁通电时，控制油口 K 直接与油箱接通，锥阀开启时液压泵卸荷。

(2)插装式减压阀

插装式减压阀由一个开启型的插装组件插装入插装块体的插装孔内，用带有先导阀的控制盖板即组成减压阀，图 5.74 所示为插装式减压阀的图形符号。它由一个小流量减压阀作先导阀，控制一个带阻尼孔的锥阀。当 B 腔压力小于先导阀的调定压力时，由于 A 腔压力大于 B 腔压力，锥阀阀芯上升，A、B 腔相通；当 B 腔压力达到先导阀的调定值时，先导阀关小，锥阀上腔压力升高，锥阀芯下降使开度减小，起减压作用，并使 B 腔压力稳定在调定值，保持定值输出。

(3)插装式顺序阀

图 5.75 所示为插装式顺序阀的图形符号。图中的 1 为先导阀，2 为插装组件。当 A 口压力 p_a 小于先导阀的调定压力时，插装压力阀的插装组件的阀芯不开启，油口 A 和 B 不通；当 p_a 达到先导阀的调定值时，锥阀芯上升，油口 A 和 B 接通，从油口 B 排出的液体不回油箱，通向下一级执行元件或其他回路。

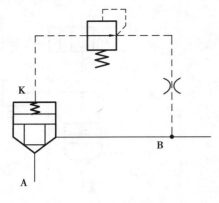

图 5.74　插装式减压阀

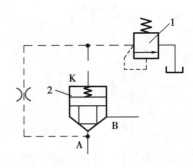

图 5.75　插装式顺序阀

5.5.4　插装式流量控制阀

(1)插装式节流阀

插装式节流阀由控制盖板和插装组件组成,如图 5.76 所示。把关闭型锥阀插装入插装块体的插装孔中,用一个带调节螺杆的控制盖板即组成节流阀。

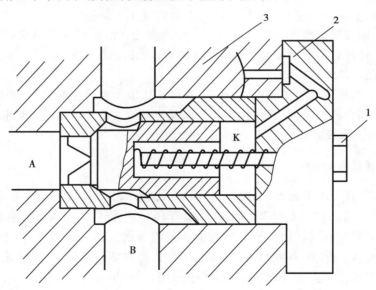

图 5.76　插装式节流阀
1—调节螺杆;2—控制盖板;3—块体

图 5.76 中 K 为将弹簧腔和阀体外控制油路沟通的液流通道,调节螺杆即可改变控制杆的位移,从而调节阀芯的开口量。流量阀中的弹簧和压力阀中的弹簧作用不同,它只在阀芯开启过程中起缓冲作用,而不参加阀芯力的平衡,阀芯所受到的全部外力在阀芯到位后全部由控制杆承受。插装组件的锥阀芯带有锥台形的锥尾,其上还开有三角槽。

对于插装式节流阀,除通过调节阀芯的开启量可得到不同的节流量外,还可以控制 K 腔通入压力油,或卸荷来控制阀芯的开启和关闭,达到二位二通换向阀的功能,成为方向与节流复合功能的控制元件。

(2) 插装式调速阀

插装式节流阀可以作为独立元件使用,也可以和其他插装组件联合使用。例如,它与具有圆柱形双套筒的减压阀结合可以形成插装式调速阀,图 5.77 所示为插装式调速阀的工作原理。图中 1 为减压阀,2 为节流插装组件,二者装在一个阀体内。

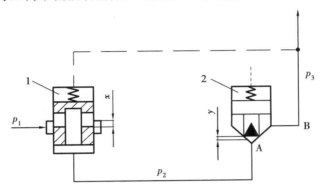

图 5.77　插装式调速阀

正常工作时减压阀有一定开口量 x,节流插装组件有一定开口 y。压力为 p_1 的液体经减压口 x 后压力降为 p_2,经节流阀的开口 y 后压力降为 p_3 输往系统。若系统压力 p_3 增加,减压阀芯的力平衡被破坏,经过几次振荡后重新稳定,减压口 x 略有增加,p_1 是恒压,x 增加则减压程度减弱,p_2 压力增加,保持节流口 y 上的压差(p_2-p_3)基本上为恒值,使流过节流口 y 的流量基本稳定。

5.5.5　二通插装阀的应用

在插装阀回路中,主回路由插装阀组成,先导控制回路由小通径普通液压阀组成。一般插装阀回路均有功能相同的普通液压阀回路与之相对应。

例如要求设计的插装阀回路进油、回油均能节流调速,且要求回油路上有背压,设计出的插装阀回路如图 5.78 所示。

在图 5.78 中,进油路 p 的压力为恒压,先导三位四通电磁换向阀的机能为 Y 型,即 p 和 A′、B′ 均为通路,回油箱的油口 T′ 不通。

当阀 5 处于中位时,压力油加于插装组件 1、2、3、4 的控制口上,它们的阀芯均不能开启,油口 P、A、B、T 不通,液压缸的进出油口被封闭。

当先导阀处于左位时,压力油的一路使插装组件 1、3 关闭,另一路使节流插装组件 2 开启,油液经阀 2 的节流口进入液压缸左腔,液压缸右腔的油液经压力插装组件 4 后回油箱。因插装组件 4 的开启受先导背压阀 6 的控制,故使回油箱的主油路上产生一定背压。这样,由插装阀组成了带背压的进口节流调速回路。

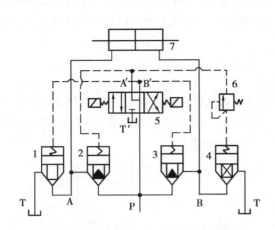

图 5.78　插装阀组成的节流调速回路

1—方向插装组件；2、3—节流插装组件；

4—压力插装组件；5—先导换向阀；

6—先导顺序阀；7—液压缸

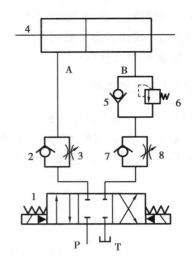

图 5.79　普通液压阀组成的节流调速回路

1—换向阀；2、5、7—单向阀；

3、8—节流阀；4—液压缸；6—背压阀

当先导阀处于右位时，插装组件 2、4 关闭，压力油经节流插装组件 3 进入液压缸右腔。液压缸左腔的油液经插装组件 1 回油箱。这样，液压缸的活塞左行时也形成进油节流调速回路，但此时回油路上无背压。

现用普通液压阀组成一个与图 5.78 功能相同的回路，此回路的原理如图 5.79 所示。当压力油进入三位四通电液换向阀 1，换向阀处于中位时，油口 P、A、B、T 均被封闭，液压缸被锁紧。

当换向阀在左位工作时，因单向阀 2 被封闭，油液经节流阀 3 进入液压缸，推动缸的活塞右移。从液压缸排出的油液，因单向阀 5 关闭，有一定压力的油液使背压阀 6 开启，因单向阀 7 的液阻比节流阀 8 的小，所以油液经阀 7、阀 1 回油箱。

当换向阀处于右位时，压力油经阀 8、阀 5 进入液压缸右腔。从缸左腔排出的油液经阀 2、阀 1 回油箱。液压缸的活塞左行时，仍然是进口节流调速。

可见，图 5.78 与图 5.79 等效。

一般用普通液压阀组成的回路中，回油路上既然有节流阀就完全可起到背压阀的作用，不必另加背压阀。

二通插装阀的允许流量是根据阀口阻力小流量大的特点给出的，因此，在选用时应使用到允许流量的最大值或稍超出时，才能发挥其阻力小、流量大的特点。

5.5.6　插装阀的特点

插装阀具有以下一些特点：

1）能实现一阀多能的控制

一个插装组件配上相应的先导控制机构，可以同时实现换向、调速或调压等多种功能，使一阀多用。尤其在复杂的液压系统中，插装阀这一优点更突出，完成同样的功能比用普通阀所用的阀数量要少。例如,油路正反向的功能不同时,若用普通阀构成回路就要加上单向阀,如图 5.79 所示,用插装阀时就可省去这些单向阀,如图 5.78 所示。

　2)液体流动阻力小、通流能力大

　插装阀在额定流量时的阀口压降 Δp 只有 $(0.8\sim2)\times10^5$ Pa。在同样的通径下(例如,80mm),普通液压阀的额定流量为 1 200L/min,而插装阀的额定流量可达 2 500L/min,所以,插装阀更适合于大流量的液压系统。

　3)结构简单、便于制造和集成化

　插装阀的结构要素相同或近似,加工工艺简单,非常便于集成化,可使多个插装阀共处于一个插装块体中。

　4)动态性能好、换向速度快

　由于插装阀从其结构上不存在一般滑阀结构那样阀芯运动一段行程后阀口才能打开的搭合密封段,因此,锥阀的响应动作迅速且灵敏。

　5)密封性能好、内泄漏很小

　插装阀采用锥面线接触密封,密封性好,因此,新的锥阀内泄漏为零。其泄漏一般发生在先导控制阀上,而先导阀是小通径的,故泄漏较小。

　6)工作可靠、对工作介质适应性强

　先导阀可使主插装阀实现柔性切换,减小了冲击。插装阀抗污染能力强,阀芯不易堵塞,对高水基液工作介质有良好的适应性。

5.6　叠加式液压阀

　　叠加式液压阀简称叠加阀,它是近 10 年发展起来的集成式液压元件。采用这种阀组成液压系统时,不需要另外的连接块,它以自身的阀体作为连接体直接叠合组成所需要的液压传动系统。

　　叠加阀的工作原理与一般液压阀基本相同,但在具体结构和连接尺寸上则不相同。它自成系列,每个叠加阀既有一般液压元件的控制功能,又起到通道体的作用。每一种通径系列的叠加阀其主油路通道和螺栓连接孔的位置都与所选用的相应通径的换向阀相同,因此,同一通径的叠加阀都能按要求叠加起来组成各种不同控制功能的系统。

　　我国叠加阀现有 $\phi6mm$、$\phi10mm$、$\phi16mm$、$\phi20mm$ 和 $\phi32mm$ 五个通径系列,额定工作压力为 20MPa,额定流量为 10~200L/min 。

　　叠加阀的分类与一般液压阀相同,它同样分为压力控制阀、流量控制阀和方向控制阀三大类。其中,方向控制阀仅有单向阀类,主换向阀不属于叠加阀。下面对几个常用的叠加阀做一简单介绍。

5.6.1　叠加式溢流阀

　　先导型叠加式溢流阀由主阀和先导阀两部分组成,如图 5.80 所示。主阀芯 6 为单向阀二级同心结构，先导阀为锥阀式结构。图 5.80(a)所示为 $Y_1-F-10D-P/T$ 型溢流阀的结构原理图。其中，"Y"表示溢流阀，"F"表示压力等级（$p=20MPa$）、"10"表示为 $\phi10mm$ 通径系列，"D"表示叠加阀、"P/T"表示该元件进油口为 P、出油口为 T，图 5.80(b)为其图形符号。

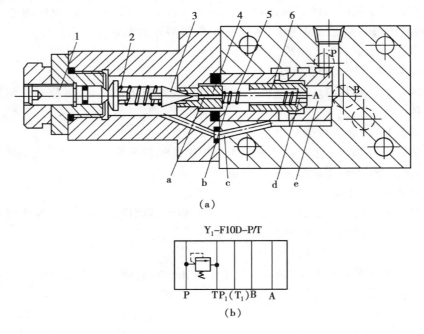

（a）

$Y_1-F10D-P/T$

P　　TP₁(T₁)B　A

（b）

图 5.80　叠加式溢流阀

1—推杆；2、5—弹簧；3—锥阀；4—阀座；6—主阀芯

叠加式溢流阀的工作原理与一般的先导式溢流阀相同，它是利用主阀芯两端的压力差来移动主阀芯，以改变阀口的开度。油腔 e 和进油口 P 相通，c 和回油口 T 相通，压力油作用于主阀芯 6 的右端，同时经阻尼小孔 d 流入阀芯左端，并经小孔 a 作用于锥阀 3 上。当系统压力低于溢流阀的调定压力时，锥阀 3 关闭，阻尼孔 d 没有液流流过，主阀芯两端液压力相等，阀芯 6 在弹簧 5 作用下处于关闭位置；当系统压力升高并达到溢流阀的调定值时，锥阀 3 在液压力作用下压缩先导阀弹簧 2 并使阀口打开，于是，b 腔的油液经锥阀阀口和孔 c 流入 T 口。当油液通过主阀芯上的阻尼孔 d 时，便产生压差，使主阀芯两端产生压力差，在这个压力差的作用下，主阀芯克服弹簧力和摩擦力向左移动，使阀口打开，溢流阀便实现在一定压力下溢流。调节弹簧 2 的预压缩量便可改变该叠加式溢流阀的调整压力。

5.6.2　叠加式流量阀

图 5.81(a)所示为 QA-F6/10D-BU 型单向调速阀的结构原理图。"QA"表示流量阀，"F"表示压力等级（20MPa）、"6/10"表示该阀阀芯通径为 $\phi6mm$，而其接口尺寸属于 $\phi10mm$ 系列的叠加式液压阀，"BU"表示该阀适用于出口节流（回油路）调速的液压缸 B 腔油路上，其工作原理与一般调速阀基本相同。当压力为 p 的油液经 B 口进入阀体后，经小孔 f 流至单向阀 1 左侧的弹簧腔，液压力使锥阀式单向阀关闭，压力油经另一孔道进入减压阀 5（分离式阀芯），油液经控制口后，压力降为 p_1，压力 p_1 的油液经阀芯中心孔 a 流入阀芯左侧弹簧腔，同时作用

于大阀芯左侧的环行面积上。当油液经节流阀 3 的阀口流入 e 腔并经出油口 B′引出的同时，油液又经油槽 d 进入油腔 c，再经孔道 b 进入减压阀大阀芯右侧的弹簧腔，这时，通过节流阀的油液压力为 p_2，减压阀阀芯上受到 p_1、p_2 的压力和弹簧力的作用而处于平衡，从而保证了节流阀两端压力差（$p_1 - p_2$）为常数，也就保证了通过节流阀的流量基本不变，图 5.81(b) 为其图形符号。

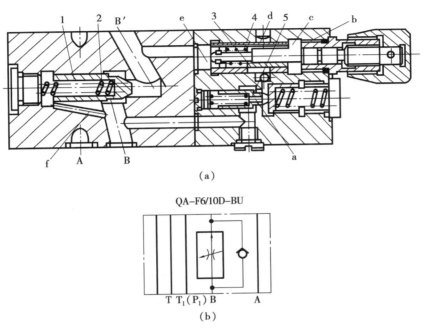

(a)

QA-F6/10D-BU

T T₁(P₁) B　　　A

(b)

图 5.81　叠加式调速阀

1—单向阀；2、4—弹簧；3—节流阀；5—减压阀

5.6.3　叠加阀的特点

用叠加式液压阀组成的液压系统具有以下特点：

①用叠加阀组成的液压系统结构紧凑，体积小，重量轻。

②叠加阀液压系统安装简便，装配周期短。

③液压系统如有变化、改变工况需要增减元件时，组装方便、迅速。

④元件之间实现无管连接，消除了因油管、管接头等引起的泄漏、振动和噪声。

⑤整个系统配置灵活，维护保养容易。

⑥标准化、通用化和集成化程度较高。

5.7　阀的集成

一个液压系统是由多个控制阀和其他元件组成的。各个控制阀之间如果用管子进行连接，则使得设备占用的空间大，而且安装、维修都不方便，复杂的液压系统尤其是这样。采用板式阀安装在连接板（控制板）上，可以实现无管连接，但连接板需要专门设计，制造也不方便。为了进一步简化阀类元件的连接工作，国内外对于阀的集成都进行了许多研究工作，并且已经出现了多种集成方法。

所谓阀的集成，就是在构造上使多个不同作用的控制阀可以简便、紧凑地集中在一起，不必采用管路连接。有时，在一个共同的阀体上，把几个作用不同而从基本回路组成上看又有关联的控制阀集中在一起，这样可以使设备占地少，安装、维修容易，减少管接头处产生的泄漏，同时，回路需要变更时可以很容易地改变。阀的集成还可以利用基本零件（如锥阀）的不同组合，得到多种不同的控制阀。这使得阀类的制作、安装和回路的组合变得更加方便。

5.7.1　集成块式

这种方式使用一般的板式阀，将板式阀安装在方形的集成块上，在集成块内部构成阀与阀连接的通路，因此，集成块就是一种代替管路把元件连接起来的六面连接体，如图 5.82 所示。

每一个集成块一般可安装三个阀，装在前面、左面和右面三个侧面上，而与执行元件相连通的油口则一般开在块的后面。集成块内的油液通路孔有两种：一种是公用主通道，它们是垂直的贯通集成块的上下面的，有压力油路 P、回油路 T 及泄油通路 L 等；另一种是连通装在同一集成块上各阀的油路，以及使各阀与有关的主通道相连通的油路，这些通路一般是水平钻制的，具体的通道情况要根据需要而定。现在集成块已设计成标准系列，同一系

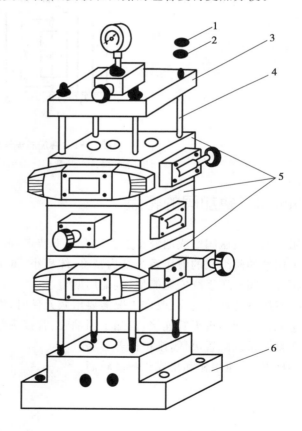

图 5.82　集成块式

1—螺母；2—垫圈；3—顶板；4—连接螺栓；5—集成块；6—底板

列同规格的标准集成块，其上下贯通的主通道孔的位置是一致的。集成块与装在其周围的阀

类元件构成一个集成块组,可完成一定典型回路的功能。因此,可根据需要,将若干个集成块组用螺栓连接在一起,就构成了一个集成块式的液压传动系统。图 5.82 中 6 为底板,上面有进油口、回油口、泄漏油口等;3 为顶板,其上可以安装压力表开关,以便测量系统的压力。

　　这种集成方式结构紧凑,便于安装和维修,有标准化、系列化产品,可以选用组合,所以应用广泛;但因阀与阀的连接要通过集成块,集成块的设计工作量大、加工工艺复杂,不能随意修改系统。

5.7.2　叠加阀式

　　这种集成方式是由叠加阀相互直接连接而成,不经过任何中间连接体,如图 5.83 所示。

　　用叠加方式组成的系统,每一叠阀是由主换向阀、底块和叠加阀组成。在叠加阀和底块之间一般还设有压力表开关(也是按叠加需要专门设计的)。主换向阀采用普通的板式阀,组装叠加在每一叠阀的顶部。底块放在每一叠阀的最下面,它开有通往液压泵、油箱、执行元件和压力表的油口。在主换向阀与底块之间安装叠加阀。叠加阀的主要特点是:阀体上具有组成液压系统所需的共用通路,其连接尺寸与所相配套的主换向阀一致,因此,阀体同时起到通道体的作用。

　　由叠加组成的每一叠阀可以分别控制一个执行元件,若干叠阀通过各自的底块连接起来可组成一集中的液压系统。

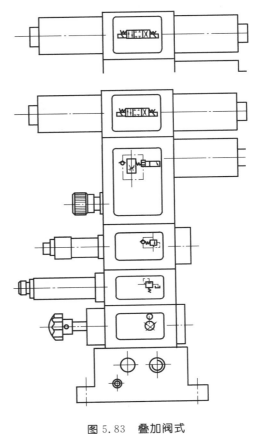

图 5.83　叠加阀式

　　叠加阀集成方式的优点是:结构紧凑、灵活,便于组成从简单到复杂的各种系统,系统的泄漏和压力损失也较小,但组成系统时需要使用专门的叠加阀。

5.7.3　锥阀式集成

　　锥阀集成液压系统是由油路块体、插装组件、先导阀与控制盖板组成的先导控制部分组合而成的。

　　锥阀集成油路块是用一个或数个插装式锥阀,插装入一个油路块体中,并在锥阀上施加不同的控制盖板而达到各种不同的液压控制回路的油路块体,它可分为通用和专用的两种类型。通用型锥阀集成油路块是按照常用的二通、三通、四通换向阀及调压(溢流阀)、减压等工作机能而设计的集成油路块体。将某一个特定的液压系统全部(或部分)用二通插装阀组成,并将其全部设计插装在一个或数个块体中,即称为专用锥阀集成油路块。由数个各种形式的集成油路块叠加在一起,每一个集成油路块之间用螺钉连接起来,则可组成一个锥阀集成液压系统,如图 5.84 所示。

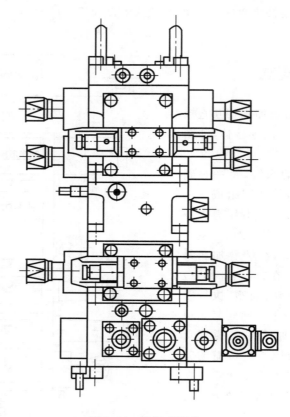

图 5.84 锥阀式集成

在图 5.84 中,锥阀是主阀,它控制大流量的主油路,而压力阀、换向阀等则作为先导阀使用。主阀与先导阀的不同组合即可构成具有不同功能的控制阀。

插装组件嵌入到一个一般是方形的阀块之内,阀块上还开有组成液压系统所需的公用通路,它既是锥阀的阀体,又是系统的通路体,与锥阀组合使用的各先导阀也装在阀块的侧面,一个阀块一般嵌入 2~4 个锥阀元件。

从外表看来,这种组合方式有点像集成块式,但实际上起主要控制作用的锥阀是嵌入在阀体之内的。

把叠加安装在一起的数块集成油路块称为锥阀集成块组。每一锥阀集成块组的安装叠加总块数一般不大于 7 块,大通径的锥阀集成块的叠加高度则应小于 1.5m 左右,一个系统使用的锥阀集成块过多,则应考虑分为数组叠加安装。

小　结

　　单向阀分成两类：普通单向阀和液控单向阀。普通单向阀(简称单向阀)只允许液流向一个方向通过，液控单向阀既具有普通单向阀的功能，并且只要在控制口通以一定压力的控制油液，液流反向也能通过。

　　换向阀既可用来使执行元件换向，也可用来切换油路。在换向阀的各种结构形式中，滑阀式用得较多；而在各种操纵形式的换向阀中，电磁阀和电液换向阀用得较多。换向阀的"位"、"通"和滑阀"机能"是十分重要的概念，它们对各种形式的换向阀均有相同的意义。一般说来，换向阀哪边有动力就在哪个位置工作。例如，对于电磁阀当左边得电时，换向阀在左位工作；当右边得电时，换向阀在右位工作。在常态下，对于三位阀，则在中位工作，对于二位阀，则在靠弹簧一端工作。

　　溢流阀是利用作用于阀芯的进油口压力与弹簧力相平衡来工作的。当进口压力低于弹簧力时，阀口关闭；当进口压力超过弹簧力时，阀口打开。弹簧力可以调整，故液压力也可以调整。当有一定流量通过溢流阀时，阀门必须有一个开口，此开口形成一个液阻，油液通过阀口时，产生压降，这就形成了进油口压力(即溢流压力)。在实际工作时，溢流阀开口大小是根据通过的流量自动调整的。例如，溢流量增加时，将使阀的进口压力增加，主阀芯上的弹簧压缩量加大，阀开口量加大，液阻减小；反之，将使进口压力有所降低，最后在新的位置上取得平衡，并保持进口压力基本不变。溢流量改变引起的压力变化的大小，主要取决于主阀芯上弹簧的刚度。弹簧刚度越小，压力变化也越小。因此，先导式溢流阀较直动式溢流阀稳压性能好。先导式溢流阀有一个遥控口，通过它可以实现远程调压和多级压力控制，或使液压泵卸荷。

　　减压阀(定值)是利用液流通过阀口缝隙所形成的液阻使出口压力低于进口压力，并使出口压力基本保持不变，其结构和工作原理与溢流阀大体相似。

　　顺序阀在油路中相当于一个以油液压力作为信号来控制油路通断的液压开关，它与溢流阀的工作原理基本相同。

　　压力继电器是将压力信号转换为电信号的转换装置。当作用于压力继电器上的控制油压升高(或降低)到调定压力时，压力继电器便发出电信号。压力继电器应装在压力有明显变化的地方，并防止由于液压冲击而引起压力继电器的误动作。

　　油液在流动时，通过的流量与其液阻(表现为压力损失)有关，因此，可用改变液阻(一般为改变通流面积)的办法来调节流量，这种方法称为节流调速。节流阀就是一个可变液阻，是节流调速中最主要最基本的元件。

　　通常希望在节流阀通流面积调定后，流量变化要小。但是，从节流口流量特性方程可知，节流阀两端压差的变化以及油温的变化都会影响流量的稳定，而且，节流阀在小开口情况下工作时，还会产生堵塞现象，影响低速稳定性。为使这些影响减小，节流口多为薄壁小孔形式。

　　电液比例阀简称比例阀。将手动调节压力、流量等参数的压力阀、流量阀改为电动调节，并使被调整参数和给定的电量(通常是电流)成比例，就成为比例压力阀或比例流量阀。比例阀主要用于实现液压系统中压力、流量等参数的遥控和自动控制。

思考题与习题

5.1　说明普通单向阀和液控单向阀的原理和区别。它们有哪些用途？

5.2　单向阀当作背压阀时，需采取什么措施？

5.3　何谓换向阀的"位"、"通"和"滑阀机能"？试分析 O、M、P、H、Y 型机能的特点？

5.4　电液换向阀的先导阀中位机能可否为 O 型？为什么？

5.5　换向阀阀芯的外圆柱面上常开有若干个环形槽，它们起什么作用？

5.6　普通直动式溢流阀为何不适用于作高压大流量的溢流阀？

5.7　若油液的杂质将先导式溢流阀主阀芯上的阻尼小孔堵死，系统会出现什么情况？如果分析认为是由于孔的直径太小而造成的，将小孔扩成一个大孔，结果会怎样？

5.8　若将先导式溢流阀的远程控制口当成外泄漏口而接至油箱，会出现什么现象？

5.9　如题图 5.1 所示，当节流阀完全关闭时，液压泵的出口压力各为多少？

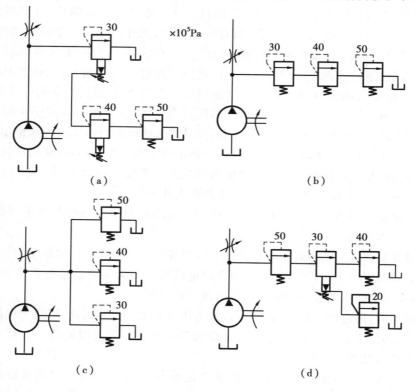

题图 5.1

5.10　为什么减压阀的调压弹簧腔要接油箱？如果把这个油口堵死将会怎样？若将减压阀的进出口反接，又会出现什么情况？

5.11　顺序阀有几种控制方式和泄油方式？

5.12　如题图 5.2 所示,(a)、(b)将两个减压阀串联,问出口压力为多少? 图(c)是两个内控顺序阀串联,问 A、B 间的压力差 p_{AB} 是多少?

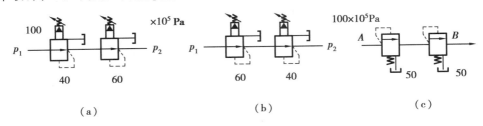

　　　　　(a)　　　　　　　　　　　　(b)　　　　　　　　　　　(c)

题图 5.2

5.13　现有两个阀,由于铭牌不清,在不拆开阀的情况下,根据它们的特点如何判断哪个阀是先导式溢流阀,哪个阀是先导式减压阀?

5.14　如题图 5.3 所示,使液压缸 1 往复运动所需的负载压力为 2MPa,使缸 2 往复运动所需的负载压力为 1MPa。若不考虑管路的压力损失,要求用单向顺序阀实现两缸的运动顺序如图中箭头所示。请画出油路图,并确定顺序阀的调定压力是多少?

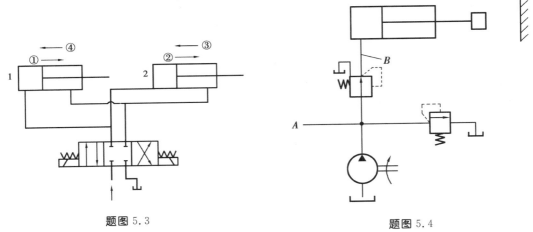

　　题图 5.3　　　　　　　　　　　　　　　　　　　题图 5.4

5.15　在如题图 5.4 所示的减压回路中,溢流阀调整压力为 10MPa,减压阀调整压力为 3MPa。试分析:液压缸活塞运动期间和活塞碰到"死挡铁"后,管路 A 和管路 B 中的压力值。

5.16　有一节流阀阀口为薄壁小孔,当进出口压力差为 0.5MPa 时,通过的流量为 20L/min,负载变化引起进出口压差变为 1.5MPa 时,流量变化了多少(流量系数 $c_q = 0.62$)?

5.17　影响节流阀流量稳定的因素是什么? 为何通常将节流口做成薄壁小孔?

5.18　有一液压回路用下面的文字描述,试根据文字说明画出该回路的符号原理图。

定量泵的流量为 q_s,出口压力为 p_s。泵排出的流量一路经溢流阀 3 回油箱,另一路油液经节流阀 4 进入液压缸 1 无杆腔。缸 1 是单活塞杆液压缸,无杆腔的压力为 p_1,面积为 A_1;有杆腔的压力为 $P_2 = 0$,面积为 A_2;缸 1 的负载为 F_1,运动速度为 v_1。从泵排出的第三路油液经减压阀 5 进入缸 2 的无杆腔。缸 2 是单活塞杆,无杆腔中的压力为 p_3,活塞面积为 A_3;有杆腔中的压力为 p_4,有效面积为 A_4;缸 2 的负载力为 F_2,运动速度为 v_2。从缸 2 排出的油液经过一个单向阀式的背压阀 6 回油箱。

5.19　有一回路如题 5.18 所述。$F_1 = \infty$,$F_2 = 0$,阀 6 的压差为零;阀 3 的调定压力为6.3

MPa,阀 5 的调定压力为 2.5MPa;求 p_1 和 p_3。

5.20　有一回路如题 5.18 所述,$A_1 = A_3 = 100\mathrm{cm}^2$,$A_2 = A_4 = 50\mathrm{cm}^2$,$F_1 = 50\mathrm{kN}$,$F_2 = 28\mathrm{kN}$,$v_1 = 5\mathrm{cm/s}$,$v_2 = 4\mathrm{cm/s}$,$p_4 = 0.5\mathrm{MPa}$,流过阀 4 的流量方程 $q = 3 \times 10^{-2} \Delta p^{0.5} \mathrm{L/min}$,$\Delta p$ 的单位是 pa,$q_s = 60\mathrm{L/min}$,求 $\Delta p = (p_s - p_1)$ 和 p_3。

5.21　单向阀、低压溢流阀和节流阀均可作背压阀用,试比较各自的特点。

5.22　试述比例阀的工作原理,比例阀有哪些用途?

5.23　试设计一个控制液压缸工作的插装阀回路,缸的要求是:快进、工进、快退。

第6章 液压辅助元件

液压辅助元件是指:在液压系统中既不参与能量转换,也不参与压力、方向、速度控制的,但又不可缺少的元件(或装置)。液压辅助元件主要包括:油箱、滤油器、蓄能器、密封装置、管路、管接头和压力表等。

6.1 油 箱

6.1.1 油箱的功用及结构

油箱的主要功用是储存油液,同时还起着散热,分离油液中空气,沉淀在油液中的杂质等作用。

液压系统中采用的油箱有总体式和分离式两种。总体式是利用机器设备的机体内腔作油箱。其优点是:结构紧凑,漏油易于回收;缺点是:维修不方便,散热条件差,油的温升和液压源的振动对机器工作精度有影响。分离式是单独设置一个油箱,与主机分开。其优点是:维修调试方便,减少了油液发热和液压源振动对机器工作精度的影响;缺点是:占地面积较大。分离式油箱在组合机床、自动线和精密机械设备上应用广泛。

分离式油箱的结构如图6.1所示。

油箱通常用钢板焊接而成。液压泵(控制元件)及电机一般安装在上盖5上。液压泵将油箱中的油液通过过滤器2、进油管1吸入泵,然后供给系统,液压系统的回油通过回油管4回到油箱。隔板7、9的作用是增大油从回油区到吸油区之间的距离,使油在这一过程中充分地沉淀和冷却,同时也减少回油口处油的扰动对吸油口的影响。空气过滤器的作用是既保证油箱与大气相通,又阻止杂质进入油箱。油面指示器6的作用是观察油面高度。油箱内可根据液压系统工作时油液的温升情况设置冷却器或加热器(图中未设置)。

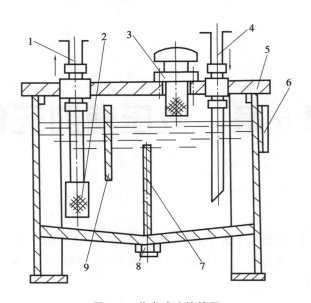

图 6.1　分离式油箱简图

1—吸油管；2—过滤器；3—空气过滤器；4—回油管；5—上盖；
6—油面指示器；7—隔板；8—放油阀；9—隔板

6.1.2　油箱设计

(1)油箱容量的确定

油箱容量应能保证液压系统工作时其最低液面高于滤油器上端 200mm 以上，以防止泵吸入空气；液压系统停止工作时，其最高液面不超过油箱高度的 80%；而当液压系统中的油液全部返回油箱时，油液不能溢出油箱外。

油箱的有效容积(液面高度占油箱高度的 80% 时油箱的容积)确定：

$$V = \beta q_b \qquad\qquad (6.1)$$

式中　q_b——泵的流量；

　　　β——与系统压力有关的经验系数，对于低压系统，β 取 2～4；对于中压系统，β 取 5～7；对于高压系统，β 取 8～12。

(2)结构设计

1)油箱长、宽、高设计

油箱的长、宽、高尺寸是根据油箱的有效容积来确定的，设计时应结合系统的发热、散热及热平衡原则来计算。油箱的长、宽、高比例约在 1∶1∶1 到 1∶2∶3 之间。

2)油箱隔板布置

油箱内常设隔板，将回油区与吸油区隔开，防止回油被直接吸入，有利于散热、杂质沉淀和气泡的逸出。隔板的高度为油面高度的 2/3～3/4。

3）油箱顶盖应设置通气孔，以保证油箱与大气相通。通气孔处应设置空气过滤器，避免杂质进入油液。油箱底面应适当倾斜，并在其最低位置处设置放油阀（或放油塞）。油箱箱壁外侧的易见部位应设置表示液面高度的液面指示器。

4）泵的吸油管所装滤油器的下端距油箱底面距离不小于 20mm，回油管的管口应插入最低液面以下，离油箱底面距离应大于管径的 2～3 倍。吸油管和回油管的管口处宜切成 45°斜口，以增大液流面积。

5）油箱内壁应进行加工处理

新油箱须经喷丸、酸洗和表面清洗，内壁可涂一层耐油的塑料薄膜或清漆。

6.2　过　滤　器

6.2.1　过滤器的功用及结构

(1)过滤器的功用及要求

过滤器的功用是滤除油液中的杂质。实践证明，液压系统近 80% 的故障与油液的污染有关。因此，保持油液清洁是保证液压系统可靠工作的关键，而对油液进行过滤，则是保持油液清洁的主要手段。

对过滤器应有如下基本要求：

①有足够的过滤精度。过滤精度是指过滤器滤去杂质的粒度大小，以其外观直径 d 的公称尺寸（μm）表示。粒度越小，精度越高。精度分为四个等级：粗（$d \geqslant 100\mu m$）、普通（$10 \leqslant d < 100\mu m$）、精（$5 \leqslant d < 10\mu m$）和特精（$1 \leqslant d < 5\mu m$）。

②有足够的机械强度，在一定的压差作用下不会破坏。

③有足够的过滤能力。过滤能力是指一定压力下允许通过过滤器的最大流量，一般以过滤器的有效过滤面积来表示。

④滤芯抗腐蚀性能好，并能在规定温度下持久地工作。

⑤滤芯要便于清洗、更换、拆装和维护。

(2)过滤器类型及结构

过滤器按过滤精度可划分为粗过滤器和精过滤器两大类；按滤芯结构可划分为网式、线隙式、磁性、烧结式和纸质等过滤器；按过滤方式可划分为表面型、深度型和中间型过滤器。

下面介绍几种常用的过滤器：

1）网式过滤器

图 6.2 所示为网式过滤器。它由上盖 1、下盖 4、铜丝网 3 和塑料圆筒 2 等组成。铜丝网包在圆筒上（一层或两层），过滤精度由网孔大小和层数决定，有 $80\mu m$、$100\mu m$ 和 $180\mu m$ 三种规格。网式过滤器的结构简单，清洗方便，通油能力强，压力损失小，但过滤精度低。常用于泵

的吸油管路,对油进行粗过滤。

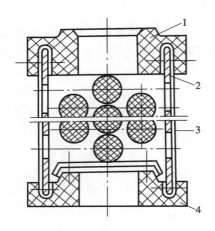

图 6.2　网式过滤器

1—上盖;2—圆筒;3—铜丝网;4—下盖

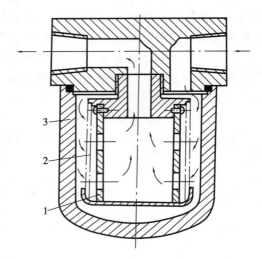

图 6.3　线隙式过滤器

1—芯架;2—滤芯;3—壳体

2)线隙式过滤器

图 6.3 所示为线隙式过滤器。它由芯架 1、滤芯 2 和壳体 3 等组成。它的滤芯由用铜线或铝线密绕在筒形芯架 1 的外部而成。工作时,流入壳体内的油液经线间缝隙流入滤芯内,再从上部孔道流出。安装在压力管路上的过滤器,其过滤精度为 $30\sim100\mu m$,用以保护系统中较精密或易堵塞的液压元件,其通油压力可达 $6.3\sim32MPa$;用于吸油管路上的线隙式过滤器没有外壳,过滤精度为 $50\sim100\mu m$,压力损失为 $0.03\sim0.06MPa$,其作用是保护液压泵。

线隙式过滤器的过滤效果好,结构简单,通油能力强,但滤芯材料强度纸,不易清洗。

3)烧结式过滤器

图 6.4 所示为烧结式过滤器。它由端盖 1、壳体 2 和滤芯 3 组成。其滤芯用球状青铜颗粒粉末压制并烧结而成,并利用颗粒间的微孔滤去油液中杂质,其过滤精度为 $10\sim100\mu m$,压力损失为 $0.03\sim0.2MPa$。主要用于工程机械等设备的液压系统中。

烧结式过滤器的强度好、性能稳定、抗冲击性能好、耐高温、过滤精度高、制造比较简单,但清洗困难,若有脱粒时,会影响过滤精度,甚至损伤液压元件。

4)纸芯式过滤器

图 6.5 所示为纸芯式过滤器。它由堵塞状态发讯装置 1、滤芯外层 2、滤芯中层 3、滤芯里层 4、支承弹簧 5 以及壳体等组成。纸芯过滤器的结构与线隙式过滤器类同,只是滤芯材质和组成结构不同。它的滤芯有三层:外层为粗眼钢板网,中层为折叠成 W 形的滤纸,内层由金属丝网与滤纸折叠而成。这种结构提高了滤芯强度,增大了滤芯的过滤面积,其过滤精度为 $5\sim30\mu m$。主要用于精密机床、数控机床、伺服机构、静压支承等要求过滤精度高的液压系统,并常与其他类型的滤油器配合使用。

纸芯式过滤器结构紧凑,通油能力强,过滤精度高,滤芯价格低,但无法清洗,需要经常更换滤芯。

纸芯式过滤器常装有堵塞状态发讯装置(图 6.5 中件 1)。图 6.6 所示为堵塞状态讯号发

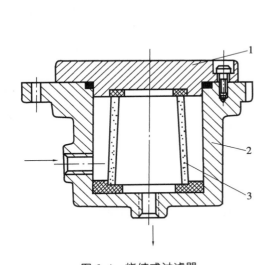

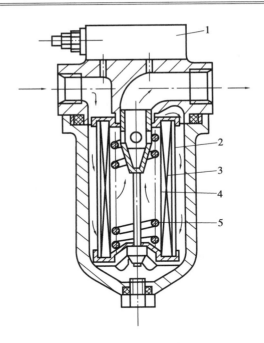

图 6.4 烧结式过滤器

1—端盖;2—壳体;3—滤芯

图 6.5 纸芯式过滤器

1—堵塞状态发讯装置;2—滤芯外层;

3—滤芯中层;4—滤芯里层;5—支承弹簧

讯装置原理图,当滤芯堵塞时,其进出口压差(p_1-p_2)升高。升高到规定值时,活塞 1 和永久磁铁 2 即向右移动,此时,感簧管 4 内的触点受到磁力的作用后吸合,接通了电路,指示灯 3 发出报警信号。

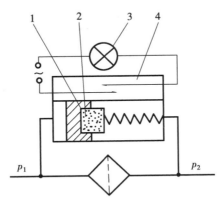

图 6.6 堵塞状态讯号发讯装置原理

1—活塞;2—永久磁铁;3—指示灯;4—感簧管

6.2.2 过滤器的选用及安装

选用过滤器时,应根据所设计的液压系统的技术要求,按过滤精度、通油能力、工作压力、油的黏度和工作温度等来选择其类型及型号。过滤器在液压系统中的安装位置常有以下几种：

(1)安装在泵的吸油口

泵的吸油路上一般都装有过滤器，目的是滤去较大的杂质微粒，保护液压泵，不影响泵的吸油性能，防止气穴现象。安装在吸油路上的过滤器的过滤能力应大于泵流量的两倍以上，压力损失不得超过 0.02MPa。

(2)安装在泵的出口油路上

安装在泵出口油路上的过滤器是用来滤除可能侵入阀类等元件的污染物。一般采用 $10\sim15\mu m$ 过滤精度的过滤器，并应能承受油路上的工作压力和冲击压力，压力降应小于 0.35MPa。为防止泵过载和滤芯损坏，应并联安全阀和设置堵塞状态发讯装置。

(3)安装在系统的回油路上

这种连接方式只能间接地过滤。由于回油路压力低，可采用强度低的过滤器，其压力降对系统影响也不大。安装时，一般与过滤器并联一个单向阀，起旁通作用，当过滤器堵塞达到一定压力损失时，单向阀打开通油。

(4)单独过滤系统

大型液压系统可专门设置一由液压泵和过滤器组成的独立的过滤回路，用来清除系统中的杂质，还可与加热器、冷却器、排气器等配合使用。

6.3 蓄 能 器

6.3.1 蓄能器的功用

蓄能器是液压系统中的储能元件，它储存多余的压力油液，并在需要时释放出来供给系统补充系统流量和压力。

蓄能器的主要功用简述如下：

(1)作辅助动力源

当液压系统工作循环中所需流量变化较大时，可采用一个蓄能器与一个较小流量（等于整个工作循环的平均流量）的泵。在短时间需要大流量时，由蓄能器与泵同时供油；在所需流量较小时，泵多余的流量被蓄能器吸收。这样既节省能源，又降低油的温升。另外，在一些特殊情况下，为防止停电或液压泵的原驱动装置发生故障而造成设备事故，蓄能器可作应急能源短期使用。

（2）保压和补充泄漏

当液压系统需要长时间内保压或避免压力干扰（如夹紧油路）时，可采用蓄能器补充泄漏，使系统压力保持在一定范围内。

（3）缓冲和吸收压力脉动

当阀门突然关闭或换向阀换向时，系统中产生的压力冲击可由安装在产生冲击处的蓄能器来吸收，以降低冲击压力峰值。将蓄能器安装在泵的出口处，可降低泵的压力脉动。

6.3.2　蓄能器的类型及结构

蓄能器分为重力式、弹簧式和充气式三种类型。常用的是充气式，它又分为活塞式、气囊式和隔膜式三种。这里主要介绍活塞式和气囊式蓄能器。

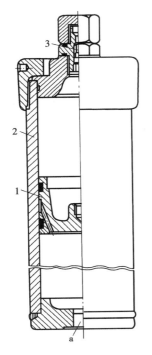

图 6.7　活塞式蓄能器
1—活塞；2—缸筒；3—气门

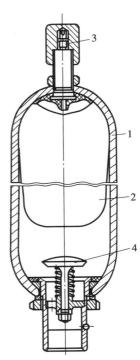

图 6.8　气囊式蓄能器
1—壳体；2—气囊；3—充气阀；4—限位阀

（1）活塞式蓄能器

图 6.7 所示为活塞式蓄能器。它主要由活塞 1、缸筒 2 和气门 3 等组成。活塞 1 把缸筒中的液压油和气体隔开，压缩气体（氮气或净化空气）由气门 3 进入活塞 1 上部，液压油从 a 口进入活塞 1 的下部，液压油压力增加，活塞 1 上移，压缩气体，这一过程为储存能量过程；液压油压力降低，气体膨胀，活塞 1 下移，这一过程为输出能量过程。活塞式蓄能器结构简单，安装、

维修方便,但由于密封问题不能完全解决,使气体容易漏入液压系统中。另外,由于密封件的摩擦力和活塞惯性,使活塞动作不够灵敏。活塞式蓄能器最高工作压力为 17MPa,总容量为 1～39L,温度适用范围为－4～＋80℃。

(2)气囊式蓄能器

图 6.8 所示为气囊式蓄能器。它主要由壳体 1、皮囊 2、充气阀 3、限位阀 4 等组成。在工作时,从充气阀 3 向皮囊 2 内充进一定压力的气体,然后关闭充气阀,使气体封闭在皮囊 2 内,液压油从壳体底部限位阀 4 处引入皮囊 2 外腔,使皮囊受压缩而储存液压能。气囊式蓄能器惯性小、反应灵敏、结构紧凑、重量轻、充气方便,一次充气后能长时间地保存气体,在液压系统中应用广泛。气囊式蓄能器工作压力为 3.5～35MPa,容量范围为 0.6～200L,温度适用范围为－10～＋65℃。

6.3.3　蓄能器的安装

蓄能器在液压系统中的安装位置随其功用而定,但在安装时应注意以下几个问题:
①气囊式蓄能器应油口向下垂直安装。
②用于吸收液压冲击和压力脉动的蓄能器应尽可能安装在振源附近。
③安装在管路上的蓄能器须用支承板或支承架固定。
④蓄能器与液压泵之间应安装单向阀,防止液压泵停止工作时蓄能器贮存的压力油倒流而使泵反转。
⑤蓄能器与管路之间应安装截止阀,供充气和检修之用。

6.4　管路及管接头

6.4.1　油管

油管应根据液压系统的流量和压力来确定,选择的主要参数是油管的内径和壁厚。
油管的内径按油管通过的最大流量和允许流速确定如下:

$$d=\sqrt{\frac{4q}{\pi v}} \tag{6.2}$$

式中　d——油管内径;

q——通过油管的最大流量;

v——油管的允许流速(对于吸油管,v 取 0.5～1.5m/s;对于压油管,v 取 2.5～5m/s;
　　　对于回油管,v 取 1.5～2.5m/s)。

油管的壁厚可按下式计算:

$$\delta=\frac{pd}{2[\sigma]} \tag{6.3}$$

式中　δ——油管壁厚；

　　　p——油管内的最高液压力；

　　　d——油管内径；

　　　$[\sigma]$——油管材料许用应力(对于紫铜管取$[\sigma]=30\text{MPa}$,对于钢管取$[\sigma]=60\text{MPa}$)。

　　油管尺寸计算后,应根据标准进行圆整选取,具体选用可参阅有关液压元件手册。

　　液压系统中使用的油管种类有钢管、紫铜管、橡胶软管、尼龙管和塑料管等。钢管分为焊接钢管和无缝钢管。当压力小于 2.5MPa 时,可用焊接钢管;当压力大于 2.5MPa 时,常用冷拔无缝钢管。紫铜管容易弯曲成形,但价格高,适用于压力在 10MPa 范围内的中小型液压系统。橡胶软管常用于有相对运动部件的连接油管,它分为高压和低压两种:高压管由耐油橡胶夹钢丝编织层制成,层数越多,承受的压力越高,其最高承受压力可达 42MPa;低压管由耐油橡胶夹帆布制成,承受压力一般在 1.5MPa 以下。橡胶软管安装方便,不怕振动,并能吸收部分液压冲击。尼龙管是一种新型油管,其承受压力因材质而异,其范围在 2.5～8.0MPa。耐油塑料管价格低,承受压力小于 0.5MPa,只用做回油管和泄油管。

6.4.2　管接头

　　管接头是油管与油管、油管与液压元件间的可拆卸连接件。管接头的性能好坏直接影响液压系统的泄漏和压力损失。表 6.1 为常用管接头的类型及特点。

表 6.1　常用管接头的类型和特点

类　型	结　构　图	特　点
扩口式管接头		靠扩口部分的锥面实现连接和密封。结构较简单,适用于中低压系统的铜管、薄壁钢管连接;也可用来连接尼龙管和塑料管
焊接式管接头		接管与钢管采用焊接连接。结构简单,制造方便,耐高压和抗振动性好,密封性能好。广泛用于高压系统($p<32\text{MPa}$)
卡套式管接头		利用卡套的变形卡住管子并实现密封。不用密封件,工作可靠,拆卸方便,抗震性好,使用压力可达 32MPa,但工艺较复杂
扣压式软管接头		由外套和芯子组成,安装时软管被挤在外套和接头芯子之间,因而被牢固地连接在一起。工作压力在 10MPa 以下,需专用扣压设备

　　注:各种管接头已标准化,选用时可查阅有关液压设计手册。

6.5　密封装置

　　密封装置的功用是防止液压元件和液压系统中液压油泄漏。密封装置如果密封不良,产生内泄漏会降低系统压力,减少供油流量,影响系统工作性能;产生外泄漏除上述影响外,还会造成环境污染和油液损失。密封过度,虽可防止泄漏,但会因密封部位摩擦力过大而加剧密封装置磨损,降低系统机械效率,影响系统性能。因此,合理选用和设计密封装置,在液压系统的设计中很重要。

　　下面介绍常见的密封方法及密封元件:

6.5.1　间隙密封

　　间隙密封是通过相对运动零件的配合面之间的极微小的间隙(0.01～0.05mm)来实现的密封。图6.9 所示为间隙密封示意图。为增大泄漏油的阻力,改善密封性能,常在圆柱面上加工几条环形小槽(宽 0.3～0.5mm,深 0.5～1mm,间距为 2～5mm),油在槽中形成涡流,减缓漏油的速度,同时还起到了使两配合件同轴和降低摩擦阻力,避免因偏心而增加漏油量的作用,这些槽也称为压力平衡槽。

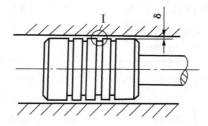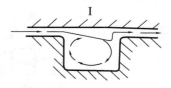

图 6.9　间隙密封

　　间隙密封结构简单,摩擦阻力小,能耐高温,是一种结构简单、紧凑的密封方式。在液压泵、液压马达和各种液压阀中普遍地应用。间隙密封的主要不足是密封效果差,密封性能随工作压力升高而变差,配合面磨损后间隙无法补偿,对配合面的加工精度要求较高。

6.5.2　密封圈密封

　　密封圈一般用耐油橡胶制成,其横截面主要有 O 形、Y 形、V 形等结构。密封圈尺寸及其安装沟槽尺寸均已标准化,使用时可根据需要由液压设计手册查取。

　　O 形密封圈结构简单,密封性能好,动摩擦阻力小,制造容易,成本低,使用非常方便,工作温度范围为−40～+120℃,动密封和静密封均广泛地采用。在静密封时,工作压力可达 70MPa(大于 32MPa 时要加挡圈);在动密封时,工作压力可达 32MPa(高于 10MPa 时要加挡圈)。

　　Y 形密封圈的工作压力不大于 20MPa,使用温度范围为−30～+80℃,一般用于轴、孔做相对移动、且速度较高的场合。Y 形密封圈装配时其唇边应对着压力高的油腔。

　　V 形密封圈工作压力可达 50MPa,工作温度范围为−40～+80℃;当密封压力高于10MPa 时,可增加密封环的数量。安装时应将密封环开口面向压力高的油腔。V 形密封圈主要用于压力较高,移动速度较低的场合。

　　密封圈的结构、安装要求及密封性能在 4.2.2 节中已介绍。

6.6　压力表及压力表开关

6.6.1　压力表

压力表是用来观察、测量系统各工作点的工作压力的。图 6.10 所示为弹簧管式压力表。它由金属弯管 1、指针 2、刻度盘 3、杠杆 4、扇形齿轮 5 和小齿轮 6 等组成。压力油进入压力表后使弯管 1 变形,其曲率半径增大,通过杠杆 4 使扇形齿轮 5 摆动,经小齿轮 6 带动指针 2 偏转,从刻度盘 3 上即可读出压力值。

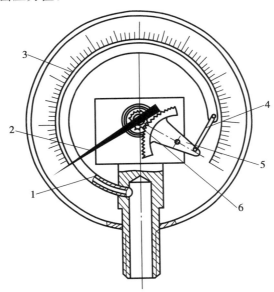

图 6.10　弹簧管式压力表
1—弹簧弯管;2—指针;3—刻度盘;4—杠杆;5—扇形齿轮;6—小齿轮

压力表有多种精度等级。普通精度的有 1、1.5、2.5…级;精密级的有 0.1、0.16、0.25…级等。

压力表测量压力时,被测压力不应超过压力表量程的 3/4,否则将影响压力表的使用寿命。压力表一般需直立安装,压力油接入压力表时,应通过阻尼小孔,以防被测压力突然升高而将表冲坏。

6.6.2　压力表开关

压力表开关用于接通或断开压力表与测量点的通路。压力表开关按能测量的压力点数目可分为一点、三点、六点等几种。图 6.11 为六点压力表开关结构图,图示位置为非测量位置,此时压力表油路经沟槽 a、小孔 b 与油箱相通。测压时,将手柄向右推进去并转到需测压点位置,使沟槽 a 将压力表油路与测压点油路连通,与此同时,压力表油路与通往油箱的油路被断开,这时便测出该测压点的压力。如将手柄转至另一个测压点,便可测出另一点的压力。不需测压时,应将手柄拉出,使压力表油路与系统油路断开(与油箱接通),以保护压力表并延长压力表的使用寿命。

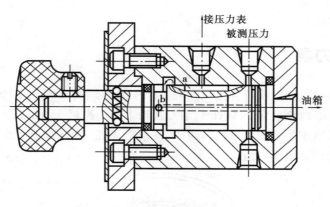

图 6.11　压力表开关

第 7 章　液压基本回路及分析

7.1　概　述

　　液压基本回路是指由液压元件组成并能完成特定功能的典型油路。使用液压传动的机器设备,无论它的液压系统多么复杂,总是由一些基本回路组成的。这些基本回路具有各种功能,如调整系统的工作压力,调节执行机构的运动速度,改变运动方向,使液压泵卸荷等。熟悉和掌握液压基本回路的组成、工作原理、性能特点及其应用,对于分析和设计液压系统是十分重要的。

　　液压基本回路种类很多,常见的有速度控制回路、压力控制回路、方向控制回路、同步回路及液压马达控制回路等。方向控制回路在第 5 章已做介绍,本章主要介绍其他几类。

7.2　速度控制回路

　　液压系统中用以控制调节执行元件运动速度的回路,称为速度控制回路。速度控制回路是液压系统的核心部分,其工作性能的好坏对整个系统性能起着决定性的作用。这类回路主要包括调速回路及快速运动回路。

　　调速回路的作用是调节执行元件的工作速度。对于液压缸,只能靠改变输入流量来调速;对于液压马达,靠改变输入流量或马达排量均可达到调速目的。改变流量的方法可使用流量阀或变量泵,改变排量可使用变量马达。因此,常用的调速回路有节流调速、容积调速和容积节流调速三种。

7.2.1　节流调速回路

节流调速回路是采用定量泵和节流阀(调速阀)来调节进入液压缸或液压马达的流量,从而调节其速度的回路。按流量阀在油路中安装位置的不同可分为进油路节流调速回路、回油路节流调速回路、旁油路节流调速回路三种。

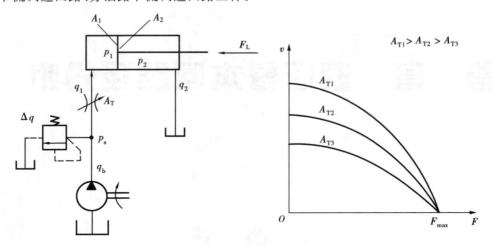

图 7.1　进油路节流调速回路　　　　　图 7.2　进油路节流调速回路速度负载特性曲线

(1)进油路节流调速回路

如图 7.1 所示,节流阀串联在液压泵和液压缸之间,用它来控制进入液压缸的流量,达到调节液压缸运动速度的目的,定量泵多余的油液通过溢流阀回油箱。泵的出口压力 p_b 即为溢流阀的调整压力 p_s,并基本保持定值。

1)速度负载特性

液压缸稳定工作时,其受力平衡方程式为:

$$p_1 A_1 = F_L + p_2 A_2$$

由于 $p_2 \approx 0$,则

$$p_1 = \frac{F_L}{A_1}$$

节流阀前后压差:

$$\Delta p = p_s - p_1 = p_s - \frac{F_L}{A_1}$$

进入液压缸的流量等于通过节流阀的流量,即

$$q_1 = CA_T \Delta p^\Phi = CA_T \left(p_s - \frac{F_L}{A_1}\right)^\Phi$$

液压缸的运动速度为:

$$v = \frac{q_1}{A_1} = \frac{CA_T}{A_1^{\Phi+1}}(p_s A_1 - F_L)^\Phi \tag{7.1}$$

以上各式中　　p_1、p_2——液压缸进、回油腔压力;此处回油管直接通油箱,$p_2 \approx 0$;

　　　　　　　q_1、q_2——液压缸进、回油量;

　　　　　　　A_T——节流阀节流口通流面积;

　　　　　　　C——节流常数,对于薄壁小孔,$C = c_q\left(\dfrac{2}{\rho}\right)$,$\Phi = 0.5$;

　　　　　　　F_L——负载力。

式(7.1)为本回路的速度负载特性方程。由特性方程可画出回路负载特性曲线,如图 7.2

所示。由方程式和曲线可知:当其他条件不变时,活塞的运动速度 v 与节流阀通流面积 A_T 成正比,故调节节流阀通流面积可调节执行元件的运动速度,并可实现无级调速,这种回路的调速范围较大。当通流面积调定后,速度随负载的增大而减小。其变化规律可从曲线中看出,曲线越陡,说明负载变化对速度的影响越大,即速度刚度低。当通流面积不变时,轻载区比重载区的速度刚度高;在相同负载下工作时,通流面积小的比通流面积大的速度刚度高。

2)最大承载能力

在式(7.1)中,令速度为零,可得到液压缸最大推力 $F_{Lmax} = p_s A_1$,液压缸的面积 A_1 不变,在泵的供油压力已经调定的情况下,液压缸的最大推力不随节流阀通流面积的改变而改变,故属于恒推力或恒转矩调速。

3)功率与效率

液压泵的输入功率:　　　　　　　　$P_b = p_s q_b = $ 常数

液压缸的输出功率:　　　　　$P_1 = F_L v = F_L q_1 / A_1 = p_1 q_1$

回路的功率损失:　　　$\Delta P = P_b - P_1 = p_s q_b - p_1 q_1 = p_s (q_1 + \Delta q) - q_1 (p_s - \Delta p) =$
$$p_s \Delta q + \Delta p q_1$$

式中,前部分为溢流损失,后部分为节流损失。

回路的效率为:　　　　　　　　$\eta = P_1 / P_b = p_1 q_1 / p_b q_b$

由于存在两部分功率损失,所以回路效率较低。由上分析可知,进油路节流调速回路适用于负载变化不大、对速度稳定性要求不高的小功率液压系统。

(2)回油路节流调速回路

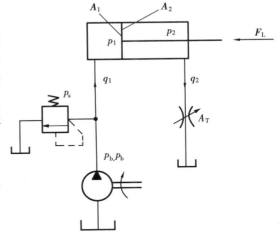

如图 7.3 所示,节流阀串联在液压缸的回油路上,用它来控制液压缸的排油量,也就控制了液压缸的进油量,达到调节液压缸运动速度的目的,定量泵多余的油液通过溢流阀回油箱。泵的出口压力即为溢流阀的调整压力,并基本保持定值。

下面分析其速度负载特性:

液压缸稳定工作时,其受力平衡方程式为:
$$p_1 A_1 = F_L + p_2 A_2$$

由于 $p_1 = p_s$,则
$$p_2 = (p_s A_1 - F_L) / A_2$$

节流阀前后压差:

图 7.3　回油路节流调速回路

$$\Delta p = p_2 = (p_s A_1 - F_L) / A_2$$

液压缸的排油量等于通过节流阀的流量,即
$$q_2 = C A_T \Delta p^\Phi = C A_T p_s^\Phi$$

液压缸的运动速度为:
$$v = \frac{q_2}{A_2} = \frac{C A_T}{A_2^{\Phi+1}} (p_s A_1 - F_L)^\Phi \tag{7.2}$$

比较式(7.1)和式(7.2)可知,其速度负载特性与进油路节流调速回路基本相同。其速度最大承载能力、功率特性与进油路节流调速回路也基本相同,不再——分析。若 $A_1=A_2$,则其速度负载特性、最大承载能力、功率特性与进油路节流调速回路完全相同。在回油路节流调速回路中,由于执行元件的回油腔有背压,故可以承受一定的负值载荷(与运动方向相同的载荷)。

(3)旁油路节流调速回路

如图 7.4 所示,将节流阀装在与液压缸并联的支路上,节流阀调节了液压泵溢回油箱的流量,从而控制了进入液压缸的流量,达到调节液压缸运动速度的目的,此处溢流阀用做安全阀。泵的出口压力随负载的变化而变化。

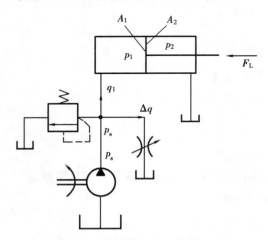

图 7.4　旁油路节流调速回路　　　　　图 7.5　旁油路节流调速回路速度负载特性曲线

1)速度负载特性

液压缸稳定工作时,其受力平衡方程式为:

$$p_1 A_1 = F_L + p_2 A_2$$

由于 $p_2 \approx 0$,则

$$p_1 = F_L / A_1$$

节流阀前后压差:

$$\Delta p = p_1 = F_L / A_1$$

进入液压缸的流量等于泵的流量减去节流阀的流量,即

$$q_1 = q_b - CA_T \Delta p^{\Phi} = q_b - CA_T (F_L / A_1)^{\Phi}$$

液压缸的运动速度为:

$$v = \frac{q_1}{A_1} = \frac{q_b - CA_T (F_L / A_1)^{\Phi}}{A_1} \tag{7.3}$$

若节流阀的节流口是薄壁小孔,$\Phi = 1/2$,上式变为:

$$v = \frac{q_1}{A_1} = \frac{q_b - CA_T (F_L / A_1)^{\frac{1}{2}}}{A_1} \tag{7.4}$$

式(7.3)和式(7.4)为旁油路节流调速回路的速度—负载特性方程。由特性方程可画出回路负载特性曲线,如图 7.5。由曲线可见,当负载变化时,速度变化较上两种回路更为严重,即特性很软,速度稳定性很差。但在重载高速时的速度刚度相对较高,这与上两种回路恰好相反。

2）最大承载能力

从图 7.5 可知,旁油路节流调速回路能够承受的最大负载随节流阀通流面积的增加而减小。当 $F_{Lmax}=(q_b/CA_T)^2 A_1$ 时(节流阀为薄壁孔),液压缸的速度为零。这时泵的全部流量经节流阀回油箱,F_{Lmax} 即为最大承载能力。继续增大节流阀面积已不起调节速度的作用,只使系统压力降低,其承载能力也随之下降。

3）功率与效率

液压泵的输入功率:$P_b = p_1 q_b$

液压缸的输出功率:$P_1 = F_L v = F_L q_1/A_1 = p_1 q_1$

回路的功率损失:　　　　　$\Delta P = P_b - P_1 = p_1 q_b - p_1 q_1 = p_1(q_b - q_1) = p_1 \Delta q$

即只有节流损失。

回路的效率为:　　　　　$\eta = P_1/P_b = p_1 q_1 / p_1 q_b = q_1/q_b$

由于只有流量损失而无压力损失,所以回路效率较高。

旁油路节流调速回路的速度负载特性较软,低速承载能力差,故应用比前两种回路少。由于其效率相对较高,系统的功率可以比前两种稍大。

(4)节流调速回路的比较

三种节流调速回路的性能比较如表 7.1:

表 7.1　三种节流调速回路的性能比较

比较内容	调速方法		
	进油路节流调速	回油路节流调速	旁油路节流调速
主要参数	p_1、Δp、q_1 等均随 F_L 的变化而变化。$p_2=0$,$p_b=p_s$=常数	p_2、Δp、q_1 等均随 F_L 的变化而变化。$p_1=p_b=p_s$=常数	p_1、Δp、q_1、P_b 等均随 F_L 的变化而变化。$p_2=0$
速度—负载特性	较软		更软,较少应用
运动平稳性及承受负值负载的能力	平稳性较差,不能承受负值负载	平稳性较好,能承受负值负载	平稳性较差,不能承受负值负载
最大承载能力	p_s 调定后,$F_{Lmax}=p_s A_1$=常数,不随节流阀通流面积变化		F_{Lmax} 随节流阀通流面积的增大而减小,低速时承载能力差
调速范围	较大,可达 100 以上		调速范围较小
系统输入功率	系统输入功率与负载和速度无关。低速时,功率损失较大,效率低		系统输入功率与负载成正比。低速高载时,功率损失较大,效率较低
发热及泄漏的影响	油液通过节流阀发热后进入液压缸,影响液压缸泄漏,从而影响活塞运动速度。泵的泄漏对性能无影响	油液通过节流阀发热后回油箱冷却,对液压缸泄漏影响小。泵的泄漏对性能无影响	油液通过节流阀发热后回油箱冷却,对液压缸泄漏无影响。泵的泄漏影响液压缸的运动速度
停车后启动冲击	停车后启动冲击小		停车后启动有冲击
应　用	适用于轻载、负载变化小以及速度稳定性要求不高的小功率系统	适用于功率不大,但负载变化大、速度稳定性要求较高的系统	适用于负载变化小,对速度稳定性要求不高,高速、功率相对较大的系统

7.2.2　容积调速回路

容积调速回路是通过改变变量泵和变量马达的排量来调节执行元件运动速度的回路。在容积调速回路中,液压泵输出的压力油直接进入液压缸或液压马达,系统无溢流损失和节流损失,且供油压力随负载的变化而变化。因此,容积调速回路效率高、发热小,适用于工程、矿山、农业机械及大型机床等大功率液压系统。

根据油液的循环方式,容积调速回路可以连接成开式回路(如图 7.6(a))和闭式回路(如图 7.6(b))两种。在开式回路中,泵从油箱中吸油后输入执行元件,执行元件的回油直接回油箱,因此,油液能得到充分冷却,但油箱尺寸较大,空气和脏物易进入回路,影响正常工作。在闭式回路中,执行元件的回油直接与泵的吸油腔相连,结构紧凑,只需很小的补油箱,空气和脏物不易进入回路,但油的冷却条件差,需设辅助泵补油、冷却和换油。

容积调速回路按液压泵和液压马达组合的不同可分为变量泵—定量执行元件回路、定量泵—变量执行元件回路、变量泵—变量执行元件回路三种。

(1)变量泵—定量执行元件容积调速回路

调速回路的组成如图 7.6(a)、(b)所示。调节泵的流量即可调节执行元件的运动速度。图 7.6(b)所示闭式回路工作时,主溢流阀 3 关闭当做安全阀用。4 为补油辅助泵。阀 5 是低压溢流阀,其压力调得很低,调节补油泵压力,并将多余的油液溢回油箱。

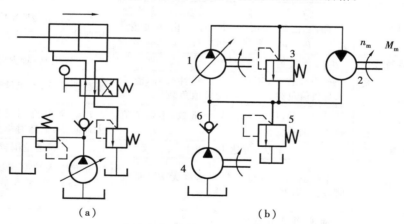

（a）　　　　　　　　　　　（b）

图 7.6　变量泵和定量执行元件组成的调速回路

活塞的运动速度:　　　　　　　　　　$v = q_b / A_1$

液压马达的转速:　　　　　　　　　　$n_m = q_b / V_m$

式中　q_b——变量泵的输出流量;

　　　V_m——定量马达的排量。

从上式可知,A_1、V_m 为定值,只要调节 q_b,就可调节进入液压缸或液压马达的流量,从而控制运动速度。由于变量泵可在很小的流量下运转,故可获得较低的工作速度,因此,调速范围较大。

若不计系统损失,液压马达的输出转矩 $T_m = p_b V_m / 2\pi$(液压缸输出推力 $F = p_b A_1$),其中 V_m 为定值,p_b 由安全阀调定。因此,在该调速回路中,液压马达(液压缸)能输出的转矩(推力)不变,故这种调速方法称为恒转矩(推力)调速。液压马达(液压缸)的输出功率等于变量泵的输入功率,因此,回路的输出功率是随液压马达的转速呈线性变化。变量泵—定量液压马达回路的调速特性曲线如图 7.7 所示。

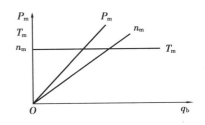

图 7.7   变量泵—定量马达回路
输出特性曲线

(2)定量泵—变量执行元件容积调速回路

该调速回路的组成如图 7.8 所示。根据液压马达的
转速 $n_m = q_b / V_m$,因为 q_b 为定值,所以,改变变量马达 2 的排量 V_m,就可以改变马达的运动速度,实现无级调速。但变量马达的排量不能调得太小,若排量过小,使输出转矩太小而不能带动负载,并且排量很小时转速很高,这时液压马达换向容易发生事故,故该回路调速范围较小。以上缺点限制了这种调速回路的使用。

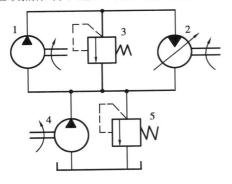

图 7.8   定量泵—变量液压
马达调速回路

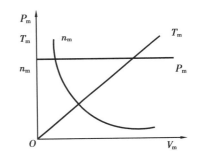

图 7.9   定量泵和变量液压马达回路
输出特性曲线

若不计系统损失,液压马达的输出转矩 $T_m = p_b V_m / 2\pi$,其中,p_b 由安全阀调定为定值。因而在该调速回路中,液压马达能输出的转矩随马达排量的变化而变化。液压马达输出功率 $P_m = p_b q_b$,所以,回路的输出功率是不变的,故这种调速方法称为恒功率调速。该回路的调速特性曲线如图 7.9 所示。

(3)变量泵—变量执行元件容积调速回路

调速回路的组成如图 7.10 所示。图中双向变量泵 1 既可改变流量大小,又可改变供油方向,用以实现液压马达的调速和换向。2 为双向变量马达,4 是补油泵,单向阀 6 和 8 用以实现双向补油,单向阀 7 和 9 使安全阀 3 能在两个方向上起安全保护作用。这种回路实际上是上述两种回路的组合。由于液压泵和马达的排量都可改变,扩大了调速范围,也扩大了对马达转矩和功率输出特性的选择,即工作部件对转矩和功率上的要求可通过对二者排量的适当调节来达到。例如,一般机械设备启动时,需较大转矩;高速时,要求有恒功率输出,以不同的转矩

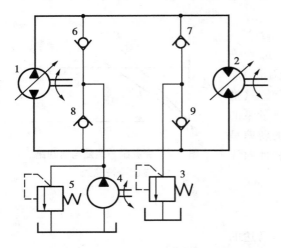

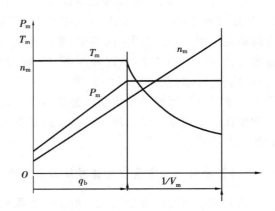

图 7.10　变量泵—变量马达调速回路　　　　图 7.11　变量泵—变量马达调速回路特性曲线

和转速组合进行工作。这时可分两步调节转速:第一步,把马达排量固定在最大值上(相当于定量马达),从小到大调节泵的排量,使马达转速升高,此时属恒转矩调速;第二步,把泵的排量固定在调好的最大值上(相当于定量泵),从大到小调节马达的排量,使马达转速进一步升高,达到所需要求,此时属恒功率调速。其特性曲线如图 7.11 所示。

7.2.3　容积节流调速

　　容积节流调速回路是利用变量泵供油,用调速阀或节流阀改变进入液压缸的流量,以实现工作速度的调节,同时液压泵的供油量与液压缸所需的流量相适应,无溢流损失(但有一定的节流损失),所以,这种回路具有效率较高、低速稳定性好的特点。

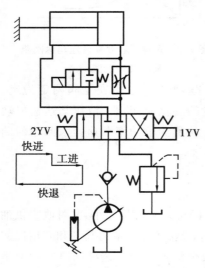

图 7.12　限压式变量泵和调速阀组成
的容积节流调速回路

　　下面介绍由限压式变量泵和调速阀组成的容积节流调速回路。

　　如图 7.12 所示,工进时电磁铁 1YV 通电,液压泵输出的油通过单向阀、三位四通换向阀、调速阀进入液压缸,调节调速阀的节流口,使其通过的流量 q 和液压缸所需的流量相等。这时,如果变量泵的输出流量 q_b 大于该流量,则泵的出口压力就会升高。由限压式变量泵的输出特性可知:当压力超过限定压力 p_x 后,液压泵的流量会随压力的增加而自动变小,直至 $q_b = q$ 为止,即液压泵的输出流量与系统所需流量相适应,因此,工作部件的运动速度可由调速阀调节。

　　这种回路的特点是:由于没有多余的油液溢回油箱,所以它的效率比节流调速回路高,发热少。同时,由于采用了调速阀,其速度稳定性比容积调速回路好。

7.2.4　快速运动回路

在工作部件的工作循环中,往往只有部分工作时间要求有较高的速度。例如,机床的快进→工进→快退的自动工作循环。在快进和快退时,负载轻,要求压力低,流量大;工作进给时,负载大,速度低,要求压力高,流量小。在这种情况下,若用一个定量泵向系统供油,则慢速运动时将使液压泵输出的大部分流量从溢流阀回油箱,造成较大功率损失,并使油温升高。为了克服低速运动时出现的问题,又满足快速运动的要求,可在系统中设置快速运动回路。

实现执行元件快速运动的方法主要有三种:①增加输入执行元件中的流量;②减小执行元件在快速运动时的有效工作面积;③将以上两种方法联合使用。

常见的快速运动回路有以下几种:

(1)差动连接快速运动回路

图 7.13 所示为利用液压缸差动连接获得快速运动的回路。当电磁铁通电时,油路属于普通连接;当处于图示位置时,液压缸形成差动连接。液压缸差动连接时,相当于减少了液压缸的有效作用面积(有效作用面积仅为活塞杆的面积);当相同流量的液压油进入液压缸时,其速度将提高。同时活塞上的有效推力相应减小。此回路简单经济,可满足很多机器设备工作要求,差动连接状态常用于空载时。

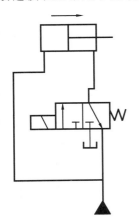

图 7.13　差动连接快速运动回路

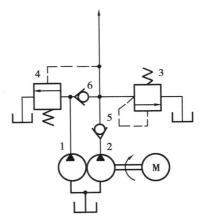

图 7.14　双泵供油快速运动回路

(2)双泵供油快速运动回路

图 7.14 所示为采用双泵供油以实现快速运动的回路。图中 2 为高压小流量液压泵,其流量为最大工作进给速度时所需流量,工作压力由溢流阀 3 调定。泵 1 为低压大流量泵,其流量与泵 2 的流量之和为液压缸空载快速运动所需流量,工作压力由卸荷阀 4 调定,其开启压力应比阀 3 调定压力低,而比快速运动时所需压力高 0.6~0.8MPa。

液压缸空载快速运动时,负载较小,系统压力低于卸荷阀 4 的开启压力,阀 4 关闭。泵 1 输出的油液通过单向阀 6 与泵 2 一起向系统供油,实现快速运动。工作进给时,负载增大,系统压力升高,卸荷阀 4 打开,单向阀 6 自动关闭,低压大流量泵 1 卸荷,仅由高压小流量泵供

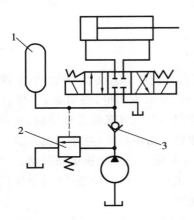

图 7.15　蓄能器供油快速运动回路

油,实现工作进给。

双泵供油快速运动回路效率高,功率利用合理,快慢换接平稳,常用于组合机床液压系统。

(3)蓄能器供油快速运动回路

图 7.15 所示为采用蓄能器供油以实现快速运动的回路。当停止工作时,换向阀处于中位,液压泵经单向阀 3 向蓄能器 1 充油,当蓄能器油压达到预定值时,卸荷阀 2 被打开,液压泵卸荷。当系统重新工作时,蓄能器和液压泵同时向液压缸供油,实现快速运动。

这种回路可以用较小流量的液压泵来获得快速运动,主要用于短期需要大流量的场合。

7.3　压力控制回路

在液压系统中,利用压力控制元件对系统的整体或某一部分压力进行控制的回路称为压力控制回路。压力控制回路主要包括:限压、调压、减压、卸荷、增压、保压、平衡等多种回路。其中,限压、调压、减压、卸荷等回路已在第 5 章中做过介绍。下面仅就多级调压、保压、平衡回路做介绍。

7.3.1　多级调压回路

当执行元件往复行程所需工作压力相差较大时,若采用一级调压,则空行程压力损失较大,此时,可采用二级调压或多级调压回路。

多级调压的例子很多,如第 5 章的图 5.36 所示就是利用溢流阀的遥控口来实现多级调压的。

在图 7.16 中,活塞下降为工作行程,此时高压溢流阀 4 限制系统最大压力;活塞上升为非工作行程,用低压溢流阀 3 限制其最大压力。该回路常用于压力机的液压系统。

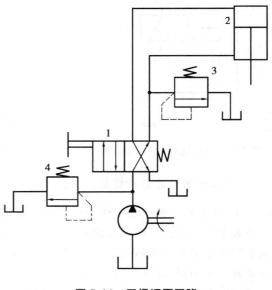

图 7.16　二级调压回路

7.3.2　保压回路

液压系统在某一阶段要求执行元件不运动,但需较长时间保持一定压力(如机械手夹紧液压缸)时就应采用保压回路。

图 7.17 所示为采用蓄能器的保压回路。当工件需夹紧时,二通阀 4 通电;当主换向阀 6 在左位工作时,液压油进入液压缸使工件夹紧,进油路压力升高,压力继电器 7 发讯,使二通阀断电,泵卸荷。液压缸则由蓄能器保压。当蓄能器压力低于规定值时,压力继电器复位,使二通阀通电,液压泵重新向系统供油,实现自动补油保压。这种回路的保压时间取决于蓄能器的容量。调节压力继电器的通、断返回区间,即可调节液压缸压力的最大值和最小值。

在保压回路中,一般都要设蓄能器和单向阀。单向阀用来防止蓄能器内的油向泵倒灌,蓄能器则用来较长时间维持系统的压力。

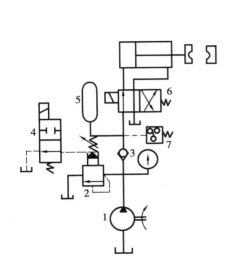

图 7.17　蓄能器的保压回路

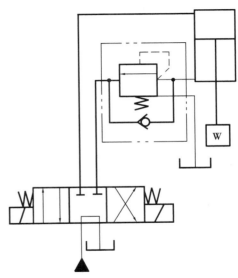

图 7.18　用单向顺序阀构成的平衡回路

7.3.3　平衡回路

在有上下运动的液压系统中,为防止工作部件因自重而下滑,或在下行运动中,由于自重而造成超速的不稳定运动,在工作部件下行时执行元件的回油路中,应设置起平衡作用的液压元件,以构成平衡回路。

图 7.18 所示为用单向顺序阀构成的平衡回路。在垂直放置的液压缸的下腔串接一单向顺序阀,单向顺序阀的调定压力应能平衡因工作部件自重在液压缸下腔所形成的压力,即 $p_T \geqslant W/A$。当换向阀在左位工作时,活塞下行,由于单向顺序阀产生的背压能平衡运动部件自重,所以不会产生超速下滑现象,但活塞下行时有一定的功率损失。为减少功率损失,可采用外控式单向顺序阀的平衡回路,如第 5 章中图 5.46 所示的回路。

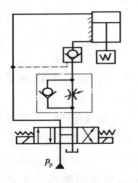

图 7.19　液控单向阀的平衡回路

对于要求停止位置准确或停留时间较长的液压系统，可采用液控单向阀平衡回路，如图 7.19 所示。当换向阀处于中位时，液控单向阀关闭，液压缸停止运动并被锁紧。当换向阀在左位工作时，压力油进入液压缸上腔，同时打开液控单向阀，活塞下行。当活塞在重物作用下企图超速下行时，液压缸上腔压力下降使液控单向阀关闭，从而避免超速下行，但短时超速运动可能出现，这种超速运动会引起液压缸上腔压力变化，使液控单向阀时开时闭，造成运动不平稳。图 7.19 中的单向节流阀可以控制流量起调速作用，同时还可以改善运动平稳性。

7.4　其他控制回路

7.4.1　同步回路

使两个或两个以上液压缸在运动中保持相同位移或相同运动速度的回路称同步回路。

如图 7.20 所示，用两个单向调速阀分别串接在两个液压缸的进油路（或回油路）上，仔细调整调速阀的开口大小，以调节两缸的运动速度，即可实现同步。这是一种简单的同步回路，但因为两个调速阀的性能不可能完全一致，同时还受载荷变化及泄漏的影响，同步精度不高。

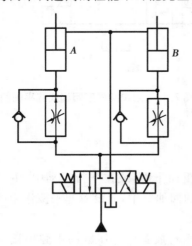

图 7.20　调速阀的同步回路

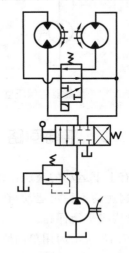

图 7.21　液压马达串、并联回路

7.4.2　液压马达控制回路

液压马达和液压缸都是执行元件，其控制回路大部分是相同的，但由于马达做旋转运动，因此有一些特有的回路。

(1) 串、并联回路

在一些行走机械中,可直接用液压马达来驱动。这时,可利用液压马达串、并联的不同特性适应行走机械的不同工况。如图 7.21 所示,当电磁铁断电时,两液压马达为并联工作状态,此时转速低、转矩大;当电磁铁通电时,两液压马达为串联工作状态,此时转速高、转矩小。

(2) 制动回路

由于液压马达是作回转运动的,当停止运动时,由于旋转惯性的作用,马达还要继续旋转;为了使液压马达能迅速停转,常需采用制动回路,常用的制动方法有机械制动和液压制动。

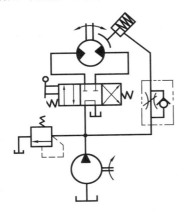

图 7.22　马达机械制动回路

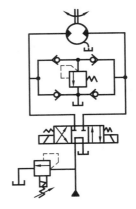

图 7.23　马达液压制动回路

图 7.22 所示为机械制动回路。当换向阀在左(或右)位工作时,压力油在进入液压马达的同时经节流阀进入制动液压缸,活塞在压力油的作用下使制动闸松开,液压马达正常运转;当换向阀中位工作时,液压泵卸荷,同时制动液压缸接通油箱,制动活塞在弹簧力的作用下使制动闸上紧,液压马达制动。回路中单向节流阀的作用是控制制动闸的松开时间,做到合闸快,松闸慢。这种制动回路常用于起重、运输和工程机械的液压系统。

图 7.23 所示为液压制动回路。当换向阀切换到中位时,液压马达在惯性的作用下继续旋转,此时马达呈现泵的工况,在马达的进口侧形成负压,经单向阀补油,在液压马达出口侧形成高压,溢流阀适当地设定压力,对液压马达的惯性转动形成阻力矩而使马达制动。这种回路保证了制动时补油的可靠性,以防止液压马达吸空,同时,避免了制动时的压力冲击,缓冲效果好。回路中设置了 4 个单向阀以实现液压马达的双向制动。

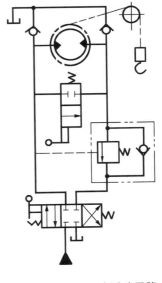

图 7.24　液压马达浮动回路

(3)浮动回路

图 7.24 所示为用于液压吊车的液压马达浮动回路。液压马达正常工作时,二位换向阀处于上位。当液压马达需要浮动抛钩时,可将二位换向阀接通,使液压马达进出口接通,吊钩在自重的作用下快速下降,单向阀用于补偿泄漏。若吊钩自重太轻而液压马达内阻相对较大时,则有可能达不到快速下降的目的。

小　结

一个设备的液压系统是比较复杂的,但都可分解为由若干个功能不同的基本回路组成,而基本回路又是由几种必要的液压元件组成,并能完成一定功能的简单液压系统。因此,本章内容是前面的综合应用,学习和了解基本回路的组成及特点,可以使学习由浅入深。掌握了各种液压基本回路,才能对以后工作中遇到的各种复杂液压系统进行科学的分析,掌握各元件的功能,正确地使用和调整液压系统,或对系统进行适当改进。

在液压基本回路中,速度控制回路比较重要,系统性能的好坏很大程度上是由速度控制回路决定的。速度控制回路是用以控制执行元件的运动速度。由于执行元件有两类,当执行元件为液压缸时,由 $v = q/A$ 可知,A 是不变的,当流量变化时,液压缸的运动速度即变;而当执行元件为液压马达时,根据 $n_m = q_b/V_m$,可通过进入马达的流量变化改变转速,又可改变马达本身的排量来改变转速。改变进入执行元件流量一般有两种方法:一种是用定量泵配合流量阀,另一种是用变量泵。因此,调速方法有三类:节流调速、容积调速和容积节流调速。

节流调速回路按节流阀安装位置不同可分为:进油路节流调速、回油路节流调速和旁油路节流调速三种。节流调速由于存在节流损失和溢流损失,功率损失较多,效率较低,主要用于对速度稳定性要求不高的小功率液压系统。

容积调速回路也有三种组合:即变量泵—定量执行元件回路、定量泵—变量执行元件回路和变量泵—变量执行元件回路。三种回路的共同特点是:①调速时既无节流损失也无溢流损失,效率较高;②其速度将随负载增加而有所下降,但与节流调速不同,它是由于泵和马达的容积效率随负载压力的增加而降低所引起的。三种回路在性能上不同点是:①用变量泵调速时,马达能输出的最大转矩保持恒定,称为恒转矩调速;而用改变马达排量调速时,却保持其最大输出功率不变,称为恒功率调速;②用变量泵调速时,其调速范围可达 20~40;而用改变马达排量调速时,其调速范围不超过 4;采用变量泵和变量马达调速时,其调速范围可达 100。三种容积调速回路的共同缺点是低速稳定性差。主要用于大功率系统。

容积节流调速可改善低速稳定性,但由于存在节流损失,也增加了压力损失,使回路效率略有降低。

思考题与习题

7.1　试比较节流调速、容积调速、容积节流调回路的特点,并说明其各应用在什么场合?

7.2　使用蓄能器的快速运动回路是怎样工作的? 用这种回路时应注意哪些问题?

7.3　在图 7.3 中,当负载 F_L 很小时,有杆腔的油压 p_2 有可能超过泵的压力 p_b 吗? 若 $A_1=50\text{cm}, A_2=25\text{cm}, p_b=3\text{MPa}$。试求:当负载 $F_L=0$ 时,有杆腔油压 p_2 可能比泵的压力 p_b 高多少?

7.4　在题图 7.1 所示的回路中,已知液压缸直径 $D=100\text{mm}$,活塞杆直径 $d=70\text{mm}$,负载 $F_L=25\,000\text{N}$。试问:

①为了使节流阀前后压差为 0.3MPa,溢流阀的调定压力应为多少?

②上述调定压力不变,当负载 F_L 降为 15 000N 时,节流阀前后压差为多少?

③若节流阀开口面积为 0.05cm,允许活塞最大前冲速度为 5m/s,活塞能承受的最大负载为多少?

④当节流阀的最小稳定流量为 50cm³/min 时,回路的最低稳定速度是多少? 若将节流阀接在进油路上,其活塞最小稳定速度是多少?

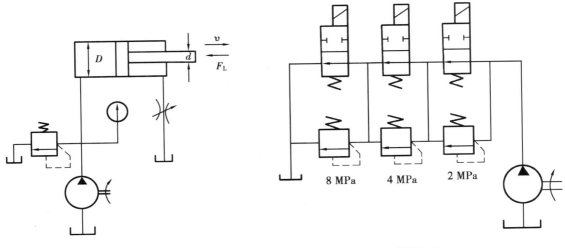

题图 7.1　　　　　　　　　　　　　　　　　题图 7.2

7.5　有一液压缸快速运动时需油 40L/min,工作进给(采用进油路节流调速)时,最大需油量为 9L/min,负载压力为 3MPa,节流阀压降为 0.3MPa。当采用图 7.14 所示双泵供油系统时,工进速度最大情况下的回路效率是多少? 若采用单个定量泵供油时,同一情况下的效率又是多少?

7.6　题图 7.2 所示为多级调压回路,其中各溢流阀的调整压力分别为: $p_1=8\text{MPa}$, $p_2=4\text{MPa}, p_3=2\text{MPa}$。试确定液压泵的供油压力有几级? 数值各多大?

7.7　读懂如题图 7.3 所示的液压回路图,编写电磁铁动作顺序表,并说明液控单向阀的作用。

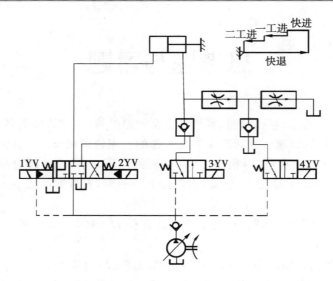

题图 7.3

7.8　题图 7.4 所示为组合机床的液压系统图。该系统中具有夹紧和进给两个液压缸,要求完成的动作循环如图示,读懂该系统,说出序号 1~21 元件名称,并作出电磁铁和压力继电器的动作顺序表;分析该系统中包含哪几种液压基本回路;指出序号为 7、10、14 等元件在系统中所起的作用。

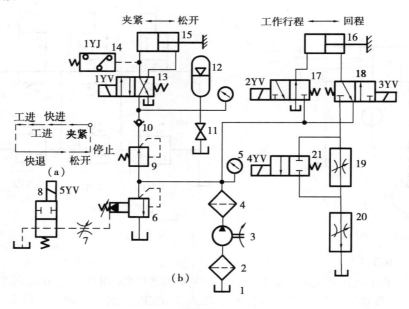

题图 7.4

第8章 液压系统实例分析

8.1 液压系统图的阅读方法

机械设备液压系统是根据该设备的工作要求，采用各个功能不同的基本回路组成的。液压系统图用来表示液压系统内所有液压元件及其连接、控制情况和执行元件实现各种运动的工作原理。通过对典型液压系统图的阅读和分析，进一步加深对各种基本回路和液压元件的综合应用的理解，为液压系统的调整、维护和使用打下基础。

阅读、分析液压系统图，可分为以下几个步骤：

①了解液压设备的任务以及完成该任务应具备的动作要求和特性，即弄清任务和要求；

②在液压系统图中找出实现上述动作要求所需的执行元件，并搞清其类型、工作原理及性能；

③找出系统的动力元件，并弄清其类型、工作原理、性能以及吸、排油情况；

④理清各执行元件与动力元件的油路联系，并找出该油路上相关的控制元件，弄清其类型、工作原理及性能，从而将一个复杂的系统分解成了一个个单独系统；

⑤分析各单独系统的工作原理，即分析各单独系统由哪些基本回路所组成，每个元件在回路中的功用及其相互间的关系，实现各执行元件的各种动作的操作方法，弄清油液流动路线，写出进、回油路线，从而弄清了各单独系统的基本工作原理；

⑥分析各单独系统之间的关系，如动作顺序、互锁、同步、防干扰等，搞清这些关系是如何实现的。

在读懂系统图后，归纳出系统的特点，加深对系统的理解。

阅读液压系统图应注意以下两点：

①液压系统图中的符号只表示液压元件的职能和各元件的连通方式，而不表示元件的具体结构和参数；

②各元件在系统图中的位置及相对位置关系，并不代表它们在实际设备中的位置及相对位置关系。

8.2　组合机床动力滑台液压系统

8.2.1　概述

组合机床是一种高效率的专用机床,液压动力滑台是组合机床上用来实现进给运动的一种通用部件,其运动是靠液压缸驱动的。根据加工需要,滑台上安装动力箱和多轴主轴箱,用以完成钻、扩、铰、铣、镗、刮端面、倒角、攻螺纹等加工工序,并可实现多种工作循环。

图 8.1 所示动力滑台液压系统能实现的典型工作循环为:快进→一工进→二工进→死挡铁停留→快退→原位停止。

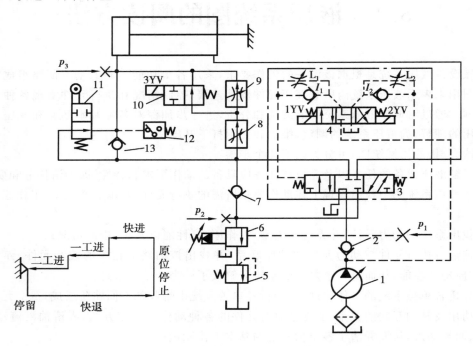

图 8.1　动力滑台液压系统

1—泵;2—单向阀;3、4—电磁换向阀;5—背压阀;6—液控顺序阀;

7、13—单向阀;8、9—调速阀;10—电磁换向阀;11—行程阀;12—压力继电器

该液压系统采用限压式变量叶片泵供油,电液换向阀换向,行程阀实现快慢速度转换,串联调速阀实现两种工作进给速度的转换,其最高工作压力不大于 6.3MPa。液压滑台上的工作循环,是由固定在移动工作台侧面上的挡铁直接压行程阀换位或压行程开关控制电磁换向阀的通、断电顺序实现的。在阅读和分析液压系统图时,可参阅电磁铁和行程阀动作顺序表8.1。

表 8.1　电磁铁和行程阀动作顺序表

动作顺序	电磁铁			行程阀 11
	1YV	2YV	3YV	
快进	+	−	−	−
一工进	+	−	−	+
二工进	+	−	+	+
死挡铁停留	+	−	+	+
快退	−	+	−	+/−
原位停止	−	−	−	−

注:"+"表示电磁铁通电或行程阀压下;"−"表示电磁铁断电或行程阀复位。

8.2.2　动力滑台液压系统工作原理

(1)快进

按下启动按钮,电磁换向阀 4 的电磁铁 1YV 通电,使其左位接入系统,液控换向阀 3 在控制油液作用下,使其左位接入系统工作。这时系统中油的通路为:

1)控制油路

①进油路:变量泵 1→电磁换向阀 4(左位)→单向阀 I_1→液控换向阀 3(左端);

②回油路:液控换向阀 3(右端)→节流阀 L_2→电磁换向阀 4(左位)→油箱。

于是,液控换向阀 3 阀芯右移,阀左位接入系统工作。

2)主油路

①进油路:变量泵 1→单向阀 2→液控换向阀 3(左位)→行程阀 11→液压缸左腔;

②回油路:液压缸右腔→液控换向阀 3(左位)→单向阀 7→行程阀 11→液压缸左腔。

快进时,液压缸左右两腔都通压力油,形成差动连接回路。此时,由于负载较小,液压系统的工作压力较低,于是,液控顺序阀 6 处于关闭状态,又因变量泵 1 在低压下输出流量为最大,所以滑台快速前进。

(2)第一次工作进给

当滑台快速前进到预定位置时,滑台上的挡块压下行阀 11 而切断快进油路,此时,其控制油路未变,但主油路中的压力油只能通过调速阀 8 和二位二通电磁阀 10(右位)进入液压缸左腔。由于工作进给时系统压力升高,液控顺序阀 6 开启,单向阀 7 关闭,液压缸右腔的油液经阀 6 和背压阀 5 流回油箱,同时,泵的流量也自动减小,与调速阀 8 控制的流量相适应而实现第一次工作进给。其主油路为:

①进油路:变量泵 1→单向阀 2→液控换向阀 3(左位)→调速阀 8→电磁换向阀 10(右位)→液压缸左腔;

②回油路:液压缸右腔→液控换向阀(左位)→液控顺序阀 6→背压阀 5→油箱。

(3)第二次工作进给

第二次工作进给与第一次工作进给时的控制油路和主油路相同。不同之处是,当第一次工作进给终了时,挡块压下行程开关,使电磁铁 3YV 通电,电磁换向阀 10 左位工作,油路关闭,压力油通过调速阀 8 和 9 进入液压缸左腔。这时,由于调速阀 9 的开口(调节)比调速阀 8 小,因此,滑台实现由调速阀 9 调速的第二次工作进给。其主油路为:

①进油路:变量泵 1→单向阀 2→液控换向阀 3(左位)→调速阀 8→调速阀→9 液压缸左腔;

②回油路:与第一次工作进给相同。

(4)死挡铁停留

当滑台第二次工作进给终了碰到死挡铁时,滑台停止前进。这时,液压缸左腔油压力进一步升高,使压力继电器 12 动作,发出电信号给时间继电器,其停留时间由时间继电器控制。设置死挡铁,可以提高滑台停留时的位置精度。

(5)快速退回

滑台停留时间结束时,时间继电器发出信号,使电磁铁 2YV 通电,1YV、3YV 断电。这时,电磁换向阀 4 右位接入系统,液控换向阀 3 也换为右位工作,主油路换向。因滑台返回时负载小,系统压力较低,变量泵的流量又自动恢复到最大值,故滑台快速退回。其油路为:

1)控制油路

①进油路:变量泵 1→电磁换向阀 4(右位)→单向阀 12→液控换向阀 3 右端;

②回油路:液控换向阀 3 左端→节流阀 L_1→电磁换向阀 4(右位)→油箱。

于是液控换向阀 3 的阀芯左移,使其阀 3 右位接入系统工作。

2)主油路

①进油路:变量泵 1→单向阀 2→液控换向阀 3(右位)→液压缸右腔;

②回油路:液压缸左腔→单向阀 13→液控换向阀 3(右位)→油箱。

于是,液压滑台快速后退,当滑台退至第一次工作进给起点位置时,行程阀 11 复位。由于,液压缸无杆腔有效工作面积为有杆腔有效工作面积的 2 倍,故快退速度与快进速度基本相等。

(6)原位停止

当动力滑台快速退回到其原始位置时,挡块压下原位行程开关,使电磁铁 2YV 断电,至此,全部电磁铁均断电,电磁换向阀 4 和液控换向阀 3 都处于中间位置,液压缸失去动力来源,滑台停止运动。这时,变量泵输出油液经单向阀 2 和液控换向阀 3 流回油箱,液压泵卸荷。单向阀 2 的作用是,在泵卸荷时,使控制油路中仍保持一定的控制压力,以保证电磁铁换向阀 4 通电时液控换向阀 3 能启动换向。

8.2.3　动力滑台液压系统的特点

由以上分析可知,该液压系统主要采用了下列基本回路:

①限压式变量泵和调速阀组成的容积节流调速回路;

②差动连接的快速运动回路;

③电液换向阀的换向回路(三位换向阀的卸荷回路);

④行程阀和电磁换向阀的速度转换回路;

⑤串联调速阀的二次进给回路。

这些基本回路就决定了系统的主要性能,其具体特点如下:

①采用限压式变量泵和调速阀组成的容积节流调速回路,并在回油路上设置了背压阀,可使滑台获得稳定的低速运动和较好的速度——负载特性。

②采用限压式变量泵和调速阀组成的容积节流调速回路,当快进转工进和死挡铁停留时,没有溢流造成的功率损失,系统的效率较高。又因为使用了差动连接快速回路,使能量的利用比较经济合理。

③采用行程阀、液控顺序阀进行速度转换时,速度转换平稳,转换位置精度高。

④在工作进给结束时,采用死挡铁停留,工作台停留位置精度高。

⑤由于采用了调速阀串联的二次进给进油路节流调速方式,可使启动和进给速度转换时的前冲量较小,并有利于利用压力继电器发出信号进行自动控制。

8.2.4　动力滑台液压系统的调整

(1)滑台运动速度的调整

①根据限压式变量泵 1 的说明书或有关资料以及系统工况要求、机床工艺要求等,确定变量泵 1 的压力及流量。

②适当拧紧液控顺序阀 6 的调节手柄(保证液压缸形成差动连接),将泵 1 的压力调节螺钉拧紧 2～3 转(保证泵 1 的限定压力高于快进时所需最大压力),再按下启动按钮,使滑台快速前进,同时,用钢直尺和秒表测快进速度,并调节泵 1 的流量调节螺钉,直至测得快进速度符合要求再锁紧。

③将压力计开关接通 p_1 测压点,让滑台处于死挡铁停留状态,调节泵 1 的压力调节螺钉直到压力计读数为所要求的读数为止。

④将调速阀 8 全开,背压阀 5 的调节手柄拧至最松,使滑台从原位开始运动,先观察快进时 p_1 测压点最大压力,并判断是否低于泵 1 的限定压力(若高于其限定压力,应重新调整)。当挡块压下行程阀 11 后,逐渐关小调速阀 8,同时观察液控顺序阀 6 打开时 p_1 测压点的压力,若液控顺序阀 6 打开时的压力比快进时最大压力高 0.5～0.8MPa 即可。若差值不符合要求,则应根据其差值微调液控顺序阀 6 直至符合要求,再锁紧液控顺序阀 6 的调节手柄。

⑤先将调速阀 8 关闭,使滑台处于第一次工作进给状态(无切削工进),再慢慢开大调速阀 8,同时用秒表和钢直尺(工作速度很低时用百分表)测速度,当速度符合第一次工作进给速度要求后,锁紧调速阀 8 的调节手柄;然后使滑台处于第二次工作进给状态(无切削工进),用同样的方法调整第二次工作进给速度。

⑥使压力计开关接通 p_2 测压点,让滑台处于工作进给状态,调节背压阀 5 的调节手柄,使压力计读数为 0.3～0.5MPa,再锁紧背压阀 5 的调节手柄。

⑦测几次有工件试切时的实际工作循环各阶段的速度,若发现快进和快退速度高了,可微调泵 1 的流量调节螺钉直至符合要求再锁紧;若发现工作进给速度低了且不稳定,应微量拧紧

泵 1 的压力调节螺钉直至符合要求后再锁紧。

(2)滑台工作循环的调整

①根据工艺要求调整死挡铁位置。

②让压力计开关接通 p_3 测压点，将压力继电器 12 的调节螺钉拧紧 1～2 转，经压力计观察有工件切削工进时的最大压力和碰到死挡铁后压力继电器 12 的动作压力，若动作压力比工进时的最大压力高 0.3～0.5MPa，同时比泵 1 的极限压力低 0.3～0.5MPa，即调整完毕；若差值不符合要求，应再微调压力继电器 12 的调节螺钉或泵 1 的压力调节螺钉直至符合要求为止。

③根据运动行程要求调整挡块位置，根据工作循环调整控制方案。

8.3　万能外圆磨床液压系统

8.3.1　概述

万能外圆磨床是一种可以磨削外圆，加上附件又可磨削内圆的精密加工设备。这种磨床的主要运动有砂轮旋转、工件旋转、工作台带动工件往复运动和砂轮的周期切入运动，此外，砂轮架还可快速进退，尾架顶尖可以伸缩。这些运动中，除了砂轮和工件的旋转由电动机驱动外，其余运动均由液压传动来实现。在所有的运动中，工作台往复运动要求最高，它不仅要保证机床有尽可能高的生产率，还应保证换向过程平稳，换向精度高。

一般工作台的往复运动应满足以下要求：

(1)较宽的调速范围

能在 0.05～4m/min 范围内无级调速，高精度的外圆磨床在修整砂轮时要达到 10～30mm/min 的最低稳定速度。

(2)自动换向

在以上速度范围内应能进行频繁换向，并且过程平稳，制动和反向启动迅速。

(3)换向精度高

同一速度下，换向点变动量（同速换向精度）应小于 0.02mm；不同速度下，换向点的变动量（异速换向精度）应小于 0.2mm。

(4)端点停留

外圆磨削时，砂轮一般不超越工件。为避免工件两端由于磨削时间短而出现尺寸偏大的情况，要求工作台在换向点能短暂停留，停留时间应在 0～5s 范围内可调。

(5) 工作台抖动

切入磨削或砂轮磨削宽度与工件长度相近时,为提高生产率和减少加工面粗糙度,工作台需作短行程(1~3mm)且频率为 100~150 次/min 的往复运动(称为抖动)。

从以上分析可知,在外圆磨床的液压系统中,除第一项属于调速要求外,其余四项均与工作台换向有关,故换向问题是外圆磨床液压系统中的核心问题。

由于外圆磨床工作台的换向性能要求较高,一般的手动换向(不能实现自动往复运动)、机动换向(低速时会出现死点)和电磁换向阀换向(换向时间短、冲击大)均难以满足其换向性能要求。因此,它常采用行程控制式换向回路来满足其换向要求。

8.3.2　M1432B 万能外圆磨床液压系统工作原理

图 8.2 所示为 M1432B 型万能外圆磨床的液压系统图。该系统能实现工作台往复运动;工作台手动与液动的互锁;砂轮架快进与工作头架的转动,冷却液的供给联动;砂轮架快进与尾架顶尖退回运动的互锁;内圆磨头的工作与砂轮架快退运动的互锁;机床的润滑等。其工作情况如下:

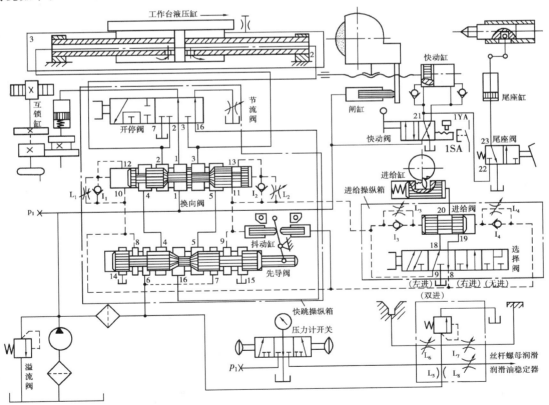

图 8.2　M1432B 型万能外圆磨床液压系统图

(1)工作台往复运动

在图 8.2 所示的状态下,当开停阀处于右位("开"的位置),节流阀也被打开时,由于先导阀的阀芯和换向阀阀芯均处于右端位置,压力油进入液压缸右腔,缸左腔回油。因此,工作台向右运动,主油路的油液流动情况为:

①进油路:液压泵→换向阀(右位)→工作台液压缸右腔;

②回油路:工作台液压缸左腔→换向阀(右位)→先导阀(右位)→开停阀(右位)→节流阀→油箱。

当工作台向右移动到预定位置时,工作台上的左挡块通过杠杆拨动先导阀的阀芯左移,并使它最终处于左端位置上,换向阀的阀芯在先导阀的控制下也移至最左端。于是,左油路的油液流动变为:

①进油路:液压泵→换向阀(左位)→工作台液压缸左腔;

②回油路:工作台液压缸右腔→换向阀(左位)→先导阀(左位)→开停阀(右位)→节流阀→油箱。

这时,工作台向左运动,并在其右挡块碰上杠杆后发生与上述情况相反的变换,使工作台又改变方向向右运动,如此不停地反复进行下去,直到开停阀拨向左位时才使运动停下来。调节节流阀可实现工作台往复运动的无级调速。

(2)工作台换向过程

工作台的换向过程分为制动、端点停留和反向启动三个阶段。制动阶段又分为预制动和终制动。而换向阀阀芯的运动也分为第一次快跳、慢速移动和第二次快跳三个阶段,以满足换向精度高及换向平稳的要求。

1)制动阶段

当工作台右移接近换向位置时,其左挡块通过拨杆拨动先导阀的阀芯左移,这时,先导阀中部的右制动锥将主回油路油口 5、16 逐渐关小,工作台逐渐减速,实现预制动。当先导阀的阀芯移至右环形槽将油口 7 与 9 连通(9 与 15 断开),左环形槽将油口 8 与 14 连通(6 与 8 断开)时控制油路被切换,先导阀的控制油路为:

①进油路:液压泵→精滤油器→先导阀 7、9→左抖动缸;

②回油路:右抖动缸→先导阀 8、14→油箱。

主换向阀的控制油路为:

①进油路:液压泵→精滤油器→先导阀 7、9→单向阀 I_2→主换向阀右端;

②回油路:主换向阀左端→先导阀 8、14→油箱。

在控制油路作用下,先导阀和换向阀的阀芯几乎同时向左快跳。先导阀的阀芯至最左端位置,为换向阀的阀芯快跳创造有利条件,换向阀的阀芯也因此而加速快跳(第一次快跳)至油口 10 被堵住(见图 8.3(a)),即阀芯中间窄凸肩进入阀体中间环形槽,液压缸左右腔互通压力油,工作台因此迅速停止运动,实现终制动。可见,预制动和终制动几乎同时完成,因此,当工作台液压缸回油通道由先导阀阀芯制动锥关闭时,工作台制动也就立即完毕,于是,先导阀阀芯的快跳位置决定了在两端的停留位置,相应的工作台的换向精度也较高。

2)端点停留阶段

换向阀阀芯第一次快跳结束后,即从油口 10 被阀芯遮盖时起至油口 10、12,即将连通(阀芯由图 8.3(a)的位置移至图 8.3(b)的位置)为止。由于其阀体左端直通先导阀的通道被阀芯切断,换向阀控制油路变为:

①进油路:与第一次快跳相同;

②回油路:换向阀左端→节流阀 L₁→先导阀 8、14→油箱。

在控制油液作用下,换向阀的阀芯按节流阀 L_1(也称为停留阀)调定的速度慢速左移。这时,因阀芯中间中部台肩比阀体中间环形槽窄,液压缸左右两腔在阀芯慢速左移期间仍继续通压力油,使工作台停止状态持续一段时间,这就是工作台反向启动前的端点停留。调节节流阀 L_1(或 L_2)便调整了端点停留时间。

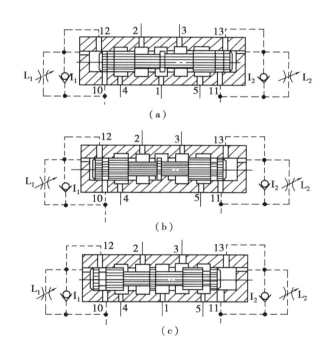

图 8.3 换向过程中换向阀油路变换

3)反向启动阶段

当换向阀的阀芯由图 8.3(b)的位置继续左移至其左环形槽将油口 12 和 10 连通时,换向阀控制油路变为:

进油路:与第一次快跳相同;

回油路:换向阀左端 →油口 12→阀芯左环形槽→油口 10→先导阀(18、14)→油 1 箱。

在控制油液作用下,换向阀的阀芯快跳(第二次快跳)至最左端位置,如图 8.3c 所示,主油路被迅速切换,工作台迅速反向启动,至此完成了工作台换向的全过程。

工作台向左运动到预定位置换向时,先导阀和主换向阀的阀芯自右向左移动的换向过程与前述相同。

换向阀阀芯第二次快跳的目的是缩短工作台反向启动时间,保证启动速度,以便提高磨削质量。因工作台反向启动前液压缸左右两腔均通压力油,故工作台快速启动的平稳性好。

(3)砂轮架的快速进、退运动

砂轮架的快速进、退运动通过快动阀操纵,由快动缸来实现。在图 8.1 所示状态下,快动阀右位接入系统,压力油进入快动缸的右腔,其左腔回油,砂轮架快速前进到其最前端位置,此位置靠砂轮架与定位螺钉接触来保证。当快动阀换为左位接入系统时,快动缸左腔进油,右腔回油,砂轮架快退至最后端位置。为了防止砂轮架快进、快退引起冲击和提高快进后的重复位置精度,在快动缸两端设有缓冲装置,同时,在砂轮架前设置有闸缸,并一直作用于砂轮架上,以消除丝杠和螺母间的间隙。

当快动阀处于右位("快进"位)时,其阀芯端部压下行程开关,使工件头架电动机及冷却泵电动机同时启动,工件旋转,冷却液供给;当快动阀处于左位("快退"位)时,行程开关松开,冷却液不再供给。

在进行内圆磨削时,应将内圆磨头座翻下,使砂轮架处于快进后的位置上。为了保证工作安全,防止砂轮尚未退出工件内孔既快速后退而造成事故,在磨床上设置了安全装置,当内圆磨头座翻下时,压下微动开关,使电磁铁 1JV 通电吸合,将快动阀的阀芯锁紧在快进后的位置上。这样,砂轮架就不能实现快退运动,确保了机床的使用安全。

(4)砂轮架的周期进给运动

砂轮架的周期进给是在工作台往复运动行程终了,工作台反向启动之前进行的。周期进给有双向进给、左端进给、右端进给和无进给四种方式,由进给操纵箱进行控制。其工作情况如下:

图 8.2 所示为选择阀在"双向进给"的位置时(即在工件两端砂轮架均进行进给),当工作台向右移近换向点(砂轮架位于工件左端)时,其左挡块拨动杠杆使先导阀芯左移,当先导阀右端的油口 7、9 及左端油口 8、14 分别连通时,通过先导阀的控制压力油一路流入主换向阀右端的油腔,另一路油液经节流阀 L_3 进入进给阀左腔,进给阀右腔则经单向阀 I_4、油口 8,先导阀和油口 14 回油箱,使阀芯右移,同时控制油液又经油口 9,选择阀,油口 18,进给阀和油口 20进入进给缸,推动柱塞左移,柱塞上的棘爪拨动棘轮,并通过齿轮传动副使进给丝杠传动,其砂轮架下面的螺母带动砂轮架前进,完成一次左进给。当进给阀阀芯右移将油孔 18 堵住、油孔19 打开时,则油口 18、20 切断,油口 19、20 接通,这时砂轮架进给缸右腔的油液经油口 20、进给阀、油口 19、选择阀、油口 8、先导阀和油口 14 回油箱。于是,进给缸柱塞在弹簧力的作用下右移复位,为下一次进给作好准备。同理,当工作台向左移近换向点(砂轮位于工件右端)时,砂轮架则在工件的右端进给一次,其工作原理与上述相同。

砂轮架每次进给量的大小可由棘爪棘轮机构来调整,进给运动所需时间的长短可通过节流阀 L_3、L_4 调整。

当选择阀在"无进给"位置时,由于油口 8、9 均堵塞,压力油不能经进给阀到进给缸,故左、右换向时均不能自动进给。当选择阀在"左端进给"的位置时,每当砂轮架在工件的左端位置(油口 7、9 通压力油,油口 8、14 通油箱)时,压力油进入进给缸,实现一次左进给;当砂轮架在工件右端位置时,选择阀的油口 8 堵塞,故不能右进给。同理,选择阀在"右端进给"的位置时,只能右进给而不能左进给。

(5) 工作台液动与手动的互锁

为了保证操作安全,在工作台运动时,手摇机构应脱开,以免手轮伤人。只有在工作台停止运动及开停阀处于"停"的位置时,才能转动手轮来使工作台移动。当开停阀处于图 8.2 所示位置时,互锁缸通入压力油,推动活塞使两齿轮脱开齿合,工作台运动不会带动手轮转动。当开停阀左位接入系统时,工作台液压缸左右两腔连通,工作台停止液压驱动,同时互锁缸接通油箱,活塞在弹簧作用下向上移动而使两齿轮啮合,工作台即可通过摇动手轮来移动,以调整工件的加工位置,这便实现了工作台液动与手动的互锁。

(6) 尾座顶尖的退回运动

当快动阀为左位、砂轮架在"快进"位置时,由于通尾座阀的油路经 22、21、快动阀与油箱相通,因此,操作者即使误踏尾座阀踏板,使尾座阀换为右位,尾座阀也不会进入压力油而使尾座阀顶尖后退,即不会使工件松开。只有砂轮架处于"快退"位置、快动阀换为左位、脚踏踏板使尾座阀换为右位时,压力油才能进入尾座缸,并通过杠杆使尾座顶尖后退,卸下工件,从而能保证操作安全。

(7) 机床的润滑

液压泵输出的压力油经精滤油器后分成两路:一路进入先导阀作为控制油液,另一路则进入润滑稳定器作为润滑油,润滑油用固定节流阀 L_5 降压,润滑油路中压力由压力阀调节(一般为 0.1～0.15MPa)。压力油经节流阀 L_6、L_7、L_8 分别流入 V 形导轨、平面导轨、丝杆螺母传动副等处进行润滑,各润滑点所需流量分别由各自的节流阀调节。

8.3.3　M1432B 型万能外圆磨床液压系统的特点

①采用了活塞杆固定的双活塞杆液压缸,减少了机床的占地面积,同时也保证了左右两个方向运动速度的一致。

②工作台往复运动(含抖动)及砂轮架的周期进给运动均采用了专用液压操纵箱控制,结构紧凑,安装使用方便。抖动缸的采用不仅提高了换向精度,而且能使工作台做短距离的高频抖动,有利于保证切入式磨削和阶梯轴(孔)磨削的加工质量。

③采用了由机动先导阀和液动换向阀组成的行程制动式机——液换向回路,使工作台换向平稳,换向精度高。

④采用结构简单的节流阀回油路节流调速回路,功率损失小,这对调速范围不大、负载较小、且基本恒定的磨床是适宜的。此外,由于节流阀置于回油路上,液压缸回油中有背压,可以防止空气渗入液压系统,有助于工作平稳和加速工作台的制动。

⑤该系统由机—电—液联合控制,实现了多种运动间的联动、互锁等联系,使操作方便安全,也提高了机床的自动化程度。

8.3.4　M1432B 型万能外圆磨床液压系统的调整

(1) 压力的调整

①将溢流阀的调压手柄拧至最松,节流阀关闭,使压力表开关和开停阀左位接入系统。

②启动液压泵,然后慢慢拧紧溢流阀的调压手柄,同时观察压力表读数,当读数为 0.9～1.01MPa 时,锁紧调压手柄。

③将压力表开关右位接入系统,调节润滑系统压力阀的调压螺钉,同时,观察压力表读数,当读数为 0.1～0.15MPa 时,锁紧调压螺钉。

④使开停阀右位接入系统,慢慢开大节流阀,使工作台往复运动并观察 p_1 测压点和润滑油压力是否在规定范围内,同时,应注意润滑油油量是否正常。如发现导轨润滑油过多(会使工作台产生浮动而影响运动精度)或过少(会使工作台产生低速爬行现象),一般油量过多,则首先检查润滑油压力是否过高,必要时可降低压力再调节节流阀 L_6 和 L_7,油量过少,则应考虑润滑油压力是否过低,可先升高压力再调节流量。

(2) 抖动缸调整

①将砂轮架底座前端的定位螺钉旋出,使砂轮架快速前进至最前端,千分表磁性表座固定在工作台上,表头触及砂轮架得出某一读数。

②将定位螺钉旋入而迫使横进丝杆后退 0.05～0.10mm(此值由千分表反映)。

③将砂轮架快速进、退 10 次,并观察千分表读数变化值,若变化值在 0.003mm 以内,且无冲击现象,则调整完毕。

8.4　步进加热炉液压控制系统

8.4.1　步进加热炉及工况简介

轧钢厂在热轧钢材时,需要对钢坯进行加热,为了更好地保证钢材表面质量,使钢坯受热均匀,采用了步进加热方式。钢坯在加热过程中,其前移为矩形运动:即活动梁上升,将钢坯从固定梁上托起;活动梁前移,使钢坯往前步进一次;活动梁下降,将钢坯放在固定梁上;活动梁后退到原始位置,完成一个工作循环。

步进加热克服了直推式加热时钢坯下表面与支撑梁(固定梁)移动摩擦所产生的表面磨损,同时,克服了直推式的钢坯间相互靠拢的情况,可以使钢坯散开通过炉底,有利于钢坯加热。由于步进加热独特的优越性,使其在现代冶金工厂得到了广泛应用。

步进梁采用液压传动,使传动结构简单,省去了一套凸轮、齿轮机构,占地面积小,且传动平稳,容易实现自动控制,因此,步进加热炉传动装置一般都采用液压驱动。

8.4.2　液压系统及工作原理

(1) 主要性能参数

升降缸速度：　　　$v_s = 4.5\text{m/min}$　　　　　　$v_j = 7.5\text{m/min}$

平移缸速度：　　　$v_j = v_t = 3.5\text{m/min}$

系统工作压力：　　$p = 5.5\text{MPa}$

液压泵流量：　　　$q = 171\text{L/min}$

工作周期：　　　　$t = 28\text{s}$

其流量循环图 $(q—t)$ 如图 8.4 所示。

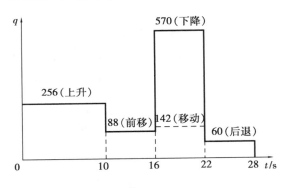

图 8.4　流量循环图

(2) 液压控制系统及工作原理

图 8.5 所示为步进加热炉液压站，由两台恒压变量柱塞泵供油，既可同时工作，也可轮换工作。考虑到步进炉是间隙工作制，电磁溢流阀采用常开式，当液压缸工作时，电磁溢流阀通电，系统建立起压力。

图 8.6 所示为升降缸液压控制回路。

当需要钢坯上升时，7YV(10YV)通电，插装阀块 7(5)关闭，而 8(6)开通，压力油经单向阀 26(25)和插装块 7(5)到达减压阀 9(3)，此时，单向节流阀块 11(1)不开通，油液经减压阀 9(3)减压后通过单向节流阀 10(4)到达升降缸的有杆腔，无杆腔的油液经阀块 8(6)流回油箱。在压力油作用下活塞退回，步进梁上升将钢坯托起。

当需要钢坯下降时，8YV(9YV)通电，插装阀块 8(6)关闭，而 7(5)开通。这时，压力油经单向阀 26(25)和插装块 7(5)到升降缸的无杆腔。有杆腔的油液经减压阀 12(2)和单向节流阀 11(1)的调节后，流经阀 9(3)、7(5)与液压泵压力油汇合进入液压缸无杆腔，实现差动连接使升降缸活塞退回，步进梁下降，将钢坯放在固定梁上。此差动连接主要是满足步进梁下降时液压缸所需要的大流量。在此过程中，单向阀 25 与 26 防止了当单支液压缸作用时油液的互串，同时，也防止了当平移缸负载较小时油液到流到平移缸系统。

图 8.7 所示为平移缸液压控制回路。

当钢坯前移时，3YV(6YV)和 1YV(2YV)通电，插装阀块 21、24 和 19(14、15、17)打开，而

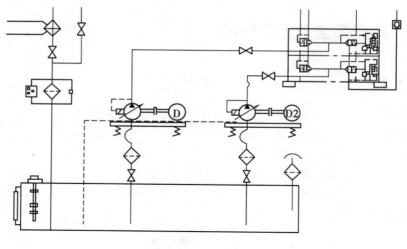

图 8.5 液压站

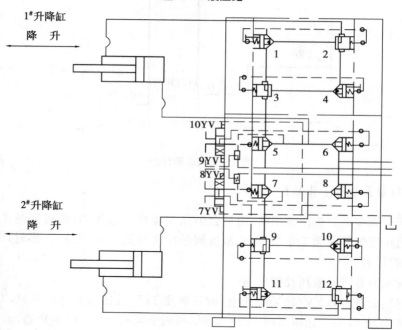

图 8.6 升降缸控制回路

22、23(13、16)关闭,压力油经减压阀 20(18)减压后,经调速阀 19(17)与 21(15)的油液汇合进入液压缸无杆腔,有杆腔的油液经背压阀 24(14)后回油箱,平移缸使步进梁前移实现钢坯步进。当前移一段距离后(由现场定),1YV(2YV)断电,压力油只通过调速阀 21(15)进入液压缸无杆腔,使液压缸的前移速度由快变慢从而实现缓冲,其缓冲速度可由节流阀调节。

当步进梁后退时,4YV(5YV)通电,插装阀块 22 和 23(13、16)打开,而 21 和 24(14、15)关闭,压力油经减压阀 20(18)减压后,再经阀 19 和 21(17 和 15)后到达调速阀块 23(13),再经调速阀作用后,进入平移液压缸有杆腔,无杆腔回油经背压阀块 22(16)回油箱,步进梁后退到原始位置。

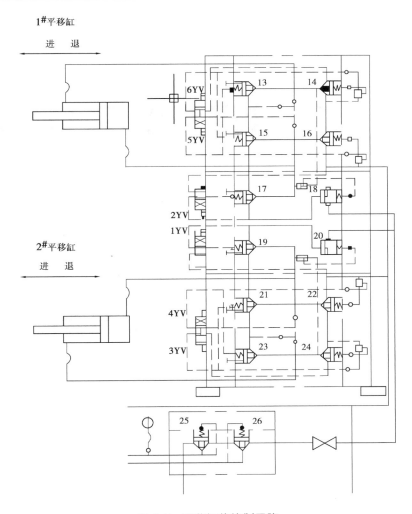

图 8.7　平移缸的控制回路

(3) 系统特点

①对液压系统中的压力补偿,通常采用电液比例控制或伺服阀来实现。本系统采用了普通插装阀组成压力补偿回路,有效防止了步进梁前移时产生的惯性冲击,起到了缓冲作用。

②在快速运动的液压机械或系统需要大流量时,为节省能源,通常采用多泵供油或将蓄能器作为辅助动力源供油。当步进梁下降过程中,从流量循环图中可看出,液压缸所需流量峰值达到 570L/min。为解决大流量的供油问题,本系统设计了用插装阀组成的差动回路,成功地满足了步进梁下降所需的大流量。既未增加电气控制元件,差动回路组成也没有增加新的阀件,省去了一套蓄能器供油回路,简化了系统,节省了费用。

③因为加热炉为双排步进炉,工艺要求有时需要单独运行,所以不能采用机械同步,采用了带节流调速的插装阀,以控制两个升降缸和两个步进缸(平移缸)的同步。这种方式虽然不能消除同步产生的积累误差,但对于中、小型加热炉,仍能保证正常工作。

④本系统采用插装阀件,实现相同功能的元件少、结构紧凑、可靠性高、投资少。

第 9 章　液压系统设计计算

本章的任务是在掌握前述各章知识的基础上讨论液压系统设计计算的内容、步骤和方法。通过学习,能根据工作要求拟定液压系统图,能进行必要的计算,会合理选择液压元件。

9.1　液压系统设计步骤

液压传动系统的设计一般按以下步骤进行:

①明确设计依据,进行工况分析;

②初步拟定液压系统原理图;

③初步确定液压系统参数;

④液压元件的计算和选择;

⑤液压系统性能的验算;

⑥绘制液压系统工作图,编写技术文件。

根据具体条件不同,上述步骤有的可以省略,有的可以合并。对于某些较复杂系统的设计问题,各设计步骤是相互联系、相互影响的,往往要交叉进行,并经多次反复才能完成设计工作。

9.1.1　明确设计依据,进行工况分析

(1)明确设计依据

液压系统是主机的配套部分,设计液压系统时,首先要明确主机对液压系统提出的要求,具体包括:

1)主机的动作要求

这里指主机的哪些动作需要由液压传动来完成,这些动作有无联系(如同步、互锁等),是手动循环还是自动循环,在安全可靠方面有无特殊要求等。主机可能对液压系统提出多种要求,设计者应在了解主机用途、工艺过程和总体布局的基础上,对这些要求进行分析,看其是否

合理,以便协调解决。

2)主机的性能要求

这里指主机内采用液压传动的各执行元件在力和运动方面的要求。各执行元件在各工作阶段所需力和速度的大小、调速范围、速度平稳性、完成一个循环所需的时间等方面应有明确的数据。此外,对一些高精度、高生产率和高自动化的主机,不仅要求液压系统的静态指标良好,而且常对其动态指标提出要求。

3)液压系统的工作环境

这里指液压系统工作环境的温度、湿度、污染和振动冲击情况以及有无腐蚀性和易燃性物质存在等。这涉及液压元件和工作介质的选用以及所需采取何种防护措施等,应有明确的说明。

4)其他要求

这里主要指液压系统在自重、外形尺寸、经济性等方面的要求。

(2)工况分析

工况分析就是分析主机内采用液压传动的执行元件在工作过程中的速度和负荷的变化规律。对于动作较复杂的系统,需绘制速度循环图和负载循环图;对较简单的系统,可以不绘图,但需找出其最大负载、最大速度和最小速度点。实际上,工况分析就是进一步明确主机在性能方面的要求。

1)速度分析

根据工艺要求,求出各执行元件在一个完整的工作循环内各阶段的速度,必要时用图表示出来。一般用速度—位移($v-s$)或速度—时间($v-t$)曲线表示,称速度循环图。一般,若主机对执行元件的一个完整工作循环有时间要求,则用速度—时间曲线($v-t$)表示较好,否则,用速度—位移曲线($v-s$)表示。例如,图 9.1 表示组合机床动力滑台(单执行元件驱动)的速度—位移曲线,左侧为其工作循环图。该图为稳态下的速度—位移曲线,没考虑瞬态脉动,同时把反行程的速度曲线绘在了横坐标轴的下方。图中,变速段均作为匀变速看待,这样处理有利于简化计算。作速度—位移曲线时,要利用运动学的有关知识,准确求出各阶段的位移量,以确定横坐标。

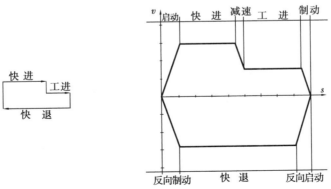

图 9.1　组合机床动力滑台速度—位移曲线

2) 负载分析

根据工艺要求,求出各执行元件在整个工作循环内各阶段所需克服的外负载,必要时用图表示出来。一般用负载—时间($F-t$)或负载—位移($F-s$)曲线表示,称负载循环图。若主机对执行元件的一个完整工作循环有时间要求,则用负载—时间曲线($F-t$)表示较好,否则,用负载—位移曲线($F-s$)表示。

① 液压缸的负载分析　液压缸所需克服的外负载 F 包括三种类型,即

$$F = F_w + F_f + F_a \tag{9.1}$$

式中　F_w——工作负载(有效负载)。不同机械的工作负载其形式各不相同。对于金属切削机床,沿活塞运动方向的切削力为工作负载;对于起升机构,重物的重力为工作负载。工作负载可以是恒定的,也可以是变化的;可以与运动方向相反(取正值),也可与运动方向相同(取负值)。

F_f——摩擦阻力负载。指执行元件在驱动工作机运动时所需克服的导轨或支承面上的摩擦阻力。

一般计算式为:

$$F_f = \sum_{i=1}^{n} N_i f_i \tag{9.2}$$

式中　N_i——作用在第 i 个导轨面或支承面上的法向力;

f_i——第 i 个摩擦副的摩擦因数。其与润滑条件、摩擦副的配对材料以及运动状态有关,详情参阅有关资料。为了便于计算,启动阶段用静摩擦因数计算,正常运动中用动摩擦因数计算。一般地,静摩擦因数 f_s 取 $0.2 \sim 0.3$,动摩擦因数 f_d 取 $0.05 \sim 0.1$。正常润滑条件下的摩擦因数列于表 9.1,供参考。

F_a——惯性负载,指运动部件在启动(变速)过程中的惯性力。

一般计算式为:

$$F_a = ma = \frac{G}{g} \cdot \frac{\Delta v}{\Delta t} \tag{9.3}$$

式中　m——运动部件的质量;

a——运动部件的加速度;

G——运动部件的重力;

g——重力加速度;

Δv——运动部件的速度变化量;

Δt——完成变速过程所需的时间。

此外,液压缸运动时还需克服缸内密封装置的摩擦阻力,其大小与密封形式、液压缸的工作压力和制造质量有关。为了使问题简化,可不做专门计算,将其包括在液压缸的机械效率 η_{gj} 内,一般地,η_{gj} 取 $0.90 \sim 0.97$。

计算出工作循环中各阶段的外负载后,便可做出负载循环图。上述组合机床动力滑台的负载循环图(负载—位移曲线)如图 9.2 所示。与速度—位移曲线一样,把反行程的负载曲线绘在横坐标轴的下方。

② 液压马达的负载分析　液压马达所需克服的外负载力矩 T_m 也有三种类型,即:

$$T_m = T_w + T_f + T_a \tag{9.4}$$

式中　T_w——工作负载折合到液压马达输出轴上的力矩的总和;

　　　　T_f——摩擦阻力负载折合到液压马达输出轴上的力矩的总和;

　　　　T_a——执行机构、传动装置在启动(变速)时的惯性力(力矩)折合到液压马达输出轴上的力矩的总和。

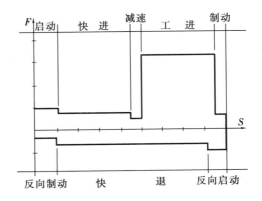

图 9.2　组合机床动力滑台负载一位移曲线

与液压缸一样,液压马达的内摩擦力矩仍包含在其机械效率 η_{mJ} 内,不进行专门计算。一般地,对于齿轮式和柱塞式液压马达,η_{mJ} 取 0.9～0.95;对于叶片式液压马达,η_{mJ} 取 0.8～0.9。

根据式(9.4)可以确定液压马达在工作循环中各阶段所需克服的外负载力矩,并可画出其负载循环图。

表 9.1　导轨摩擦因数

导轨种类	导轨材料	工作状态	摩擦因数
滑动导轨	铸铁对铸铁	启动	0.16～0.2
		低速运行($v<10\text{m/min}$)	0.1～0.12
		高速运行($v>10\text{m/min}$)	0.05～0.08
	自润滑尼龙	低速中载(也可润滑)	0.12
	金属塑料复合材料		0.042～0.15
滚动导轨	铸铁导轨＋滚柱(珠)		0.005～0.02
	淬火钢导轨＋滚柱(珠)		0.003～0.006
静压导轨	铸铁		0.005
气浮导轨	铸铁、钢或大理石		0.001

9.1.2　初步拟定液压系统原理图

拟定液压系统原理图是整个设计工作的关键步骤,它对系统性能以及设计方案的合理性、经济性等都具有决定性的影响。这一步骤涉及的知识面广,需综合运用所学的知识。其一般方法是:根据主机动作和性能要求,先分别选择液压元件和基本回路,然后将它们有机地组合成一个完整的系统。

在拟定液压系统原理图时,一般可按以下步骤进行:

(1)确定执行元件的类型

执行元件的类型可以根据主机工作部件所要求的运动形式来确定。一般来说,对于行程不大的直线往复运动,可选用液压缸;对于连续回转运动,可选液压马达;对于小于 360°的摆动,可选摆动式液压缸。通过各种机构可对运动形式进行转换,因而在选择执行元件类型时不能过分拘泥于上述形式。应根据工作部件的性能要求,充分发挥执行元件的特点,采用执行元件搭配适当机构的方法,以得到所需的运动形式。例如,对于长行程的往复直线运动,可采用液压马达通过齿轮齿条机构、链轮链条机构或螺母螺杆机构来驱动;对于有限连续的回转运动,可采用液压缸通过齿条齿轮机构或棘爪棘轮机构配合超越离合器来驱动。至于执行元件的具体结构形式,可参考第 4 章内容结合具体情况来确定。

(2)选择液压基本回路

液压系统原理图的核心是调速回路,它对其他回路的选择往往具有决定性的影响。一般来说,许多机器的液压系统都以调速为其主要要求,因而速度的调节就成为这些系统的核心问题。通常调速回路一经确定,其他回路的形式就基本确定了。因此,选择基本回路应从选择调速回路开始。

选择调速回路可按以下原则进行:

①对于调速范围大、低速稳定性好、允许有较大温升的小功率液压系统,可采用节流调速回路;

②上述回路若不允许有较大温升,则可采用容积节流调速回路;

③对于调速范围不大、稳定性要求不太高,但对于不允许有较大温升的中高压大功率系统,可采用容积调速回路;

④上述回路若要求调速范围大,则可采用多泵分级调速回路。

调速方案一旦确定,液压泵的类型也就基本确定了,而系统中换向、卸荷、压力控制等回路都与泵的类型有关,故这些回路也就大致明确了。例如,节流调速采用定量泵,则必须用换向阀换向,用溢流阀调压,这时,又可利用换向阀的中位机能或溢流阀的遥控口实现卸荷;若容积调速采用双向变量泵,则可利用泵换向,而不必用换向阀,这时,可利用二位二通换向阀与动力元件并联实现卸荷;若容积节流调速采用限压式变量泵,则可利用泵卸荷(使泵的输出流量近似为 0)等。

此外,采用节流调速时,必须用开式循环,使用较大的油箱;而采用容积调速时,才有可能采用闭式循环,使用较小的油箱。总之,对调速方案必须慎重考虑。

(3)选择控制方式

控制方式主要根据主机工艺要求来确定。如果机器只要求手动操作,则系统中采用手动换向阀;如果机器要求实现一定自动循环,这就涉及采用行程控制、压力控制和时间控制的问题。一般来说,行程控制动作可靠,是最常用的控制方式;合理地使用压力控制方式,可以简化系统,但在一个系统中不宜多次使用;时间控制不单独使用,往往与行程或压力控制配合使用,由于其难以准确控制换接点,故使用得较少。按不同控制方式设计出的系统,其简繁程度可能相差很大,故应合理地选择各种控制方式,以得到既简单而性能又完善的系统。

(4)合成液压系统原理图

根据选定的各基本回路,配上一些辅助元件或回路(如滤油器、压力表、压力表开关等),即可合成液压系统原理图。合成时应注意以下几点:

①尽可能地去掉多余的液压元件,力求系统简单,元件数量和品种规格要少;

②应避免各回路间的干扰,保证各回路仍能满足动作和性能的设计要求。例如,在用单液压泵驱动两个执行元件的系统中,一个执行元件需保压,而另一个执行元件运动时的负载变化会使油路压力变化,对保压有干扰,这就需在系统中增设单向阀、蓄能器等元件;

③合理布置测压点。测压点的布置应便于调整压力阀的压力和观察系统中的压力。合理地布置测压点,对于调试系统和寻找系统故障是很重要的。一般在液压泵的出口、液压缸的前后腔、减压阀出口、顺序阀的控制油路上和需保压的回路上等处均应布置测压点,若系统有多个测压点,可采用多点压力表开关,以减少台面上压力表的数目。

9.1.3　初步确定液压系统参数

液压系统参数主要是由执行元件的工作参数确定的。因此,初步确定液压系统参数实际上是确定执行元件的主要参数。

(1)执行元件工作压力 p 的确定

通常,执行元件的工作压力是指执行元件的输入压力。由于主机的性能和使用场合不同,执行元件的工作压力也不尽相同。执行元件的工作压力是在设计液压系统时由设计者自行选定的。工作压力选得越低,执行元件的容量越大,即尺寸大、质量大,系统所需的流量也大,但对液压元件的制造精度与密封要求较低;压力选得越高,则与上相反。因此,执行元件工作压力的选择取决于尺寸限制、成本、使用可靠性等多方面因素。一般可参考现有的同类液压系统来初步确定执行元件工作压力。目前,常用液压设备的工作压力见表 9.2,供参考。随着液压技术水平的提高,就目前的材质和生产水平看,液压系统的工作压力有向高压化发展的趋势。有资料表明,低压系统的价格要比高压系统的价格高出 $50\% \sim 200\%$,因此,系统工作压力向高压化发展也符合经济规律的要求。

表 9.2　常用液压设备工作压力

设备类型	磨　床	车、铣、刨床	组合机床	珩磨机床	拉床 龙门刨床	农业机械 小型工程 机械	液压机 挖掘机 重型机械 起重机械
工作压力 p/MPa	0.8~2	2~4	3~5	2~5	<10	10~16	20~32

(2)执行元件主要结构参数的确定

这里主要确定液压缸的有效工作面积、活塞直径和活塞杆直径,确定液压马达的排量。这些结构参数的确定,也是确定液压系统流量、压力和功率的前提。

①执行元件为液压缸　液压缸的有效工作面积 A 由负载条件确定,即

$$A = \frac{F_{max}}{(p - c p_B) \eta_{gJ}} \tag{9.5}$$

式中　F_{max}——液压缸的最大外负载,见式(9.1);

　　　p——液压缸的工作压力,即进油腔压力;

　　　p_B——液压缸回油压力,即背压,可参考表9.3选取;

　　　c——液压缸两腔有效工作面积之比,$c \leqslant 1$。可根据液压缸往返运动速度或其他给定条件确定;

　　　η_{gJ}——液压缸的机械效率。

表9.3　执行元件背压的估计值

系　统　类　型		背　压/MPa
中、低压系统 (0~8 MPa)	简单的系统和一般轻载的节流调速系统	0.2~0.5
	回油路带调速阀的调速系统	0.5~0.8
	回油路带背压阀	0.5~1.5
	采用带补油泵的闭式回路	0.8~1.5
中高压系统(8~16 MPa)	同上	比中、低压系统高50%~100%
高压系统(16~32 MPa)	如锻压机械等	初算时背压可忽略不计

对于节流调速的系统,当工作速度很低时,按式(9.5)计算出的有效工作面积不一定能满足最低稳定工作速度的要求,还需按最低稳定工作速度来验算,即有效工作面积应满足下式:

$$A \geqslant \frac{q_{Fmin}}{v_{min}} \tag{9.6}$$

式中　q_{Fmin}——流量阀最小稳定流量,由产品样本查取,一般为 3L/min。

　　　v_{min}——主机要求的液压缸最低稳定工作速度。

如果验算结果不满足要求,应由式(9.6)来确定液压缸有效工作面积,然后,回头调整执行元件工作压力 p。

求得有效工作面积后,根据液压缸的不同结构形式,不难求出活塞和活塞杆直径,见第4章,此处不再赘述。

②执行元件为液压马达　液压马达的排量 V_m 由负载条件确定,即

$$V_m = \frac{2\pi T_{max}}{(p - p_B) \eta_{mJ}} \tag{9.7}$$

式中　T_{max}——液压马达的最大外负载力矩,见式(9.4);

　　　p——液压马达的工作压力,即进油压力;

　　　p_B——液压马达回油腔压力,即背压,可参考表9.3选取,有的马达对背压有特殊要求,按要求定;

　　　η_{mJ}——液压马达的机械效率。

对于节流调速的系统,必要时,也需按最低转速要求进行验算,即排量应满足下式:

$$V_m \geqslant \frac{q_{Fmin}}{n_{min}} \tag{9.8}$$

式中　q_{Fmin}——流量阀最小稳定流量,由产品样本查取;

　　　n_{min}——主机要求的液压马达最低转速。

(3)绘制执行元件工况图

这里的主要目的是要明确系统在整个工作循环的各个阶段中流量、功率和压力的变化情况,为确定系统的动力源提供依据。

执行元件工况图包括压力循环图($p-t$)或($p-s$)、流量循环图($q-t$)或($q-s$)和功率循环图($P-t$)或($P-s$)。其做法是:

①利用负载循环图,根据负载、压力和有效工作面积(或排量)三者之间的关系,求出各阶段的压力值,即可作出压力循环图。

②利用速度循环图,根据流量、速度和有效工作面积(或排量)三者之间的关系,求出各阶段的流量值,即可作出流量循环图。若同时有多个执行元件工作,应将各执行元件在同一时刻的流量叠加,作出总流量循环图。

③根据压力循环图和流量循环图,利用公式 $P=pq$,可求出各阶段的功率值,即可作出功率循环图。

前述组合机床动力滑台液压缸的工况图如图 9.3 所示。经比较可以看出,速度循环图与流量循环图相似,负载循环图与压力循环图相似。了解这一点,可以加深记忆和理解。

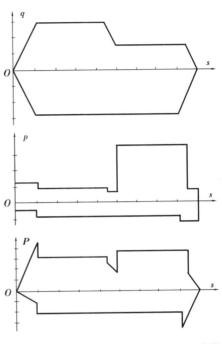

图 9.3 组合机床动力滑台液压缸工况图

执行元件工况图具有如下用途:

①通过工况图可以找出最大压力、最大流量、最大功率点,它们是选择液压泵、电动机和控制阀的依据。

②对系统的动力配置有指导意义。例如,在流量循环图中,若各阶段流量相差很大,并且在各流量下的工作时间也较长,则该系统不宜采用单定量泵供油,应考虑采用"一大一小"的双泵供油,或采用限压式变量泵供油,或者在单泵供油系统中增设蓄能器。

③可用来评定工作循环中各阶段所定工作参数的合理性。例如,在功率循环图上,若各阶段功率相差太大,说明在设计依据中所定的速度参数不大合理,在工艺条件允许的情况下,适当调整各阶段的速度,使系统在各阶段所需的功率趋于均匀,可提高系统的效率。

9.1.4 液压元件的计算和选择

(1)执行元件的计算

液压系统的执行元件是液压缸和液压马达。一般来说,液压缸大都需要根据主机性能要求自己设计,而液压马达大都作为标准件来看待,只需根据主机性能要求在产品系列中选取。

对于液压缸,在前述"初步确定液压系统参数"部分已经求出了液压缸的有效工作面积、活塞直径和活塞杆直径,此处的任务是确定液压缸的其余结构参数,并进行必要的校核。主要包括:确定液压缸有效行程(从前面得到的速度、负载—位移曲线可直接求出)、缸筒壁厚,校核活塞杆的强度和稳定性。若在此处的活塞杆稳定性校核不合格,则要返回前面重新确定液压缸的主要结构参数。因此,此处的计算内容也可安排在上一步骤"初步确定液压系统参数"部分的"执行元件主要结构参数确定"中进行,以减少重复工作量。

对于液压马达,其类型、规格(即排量)在前面已确定,只需按确定的类型、规格选用便可,此处不必再计算了。

(2)液压泵和电动机的选择

1)液压泵的选择

①计算液压泵的工作压力 p_b　　液压泵的工作压力是执行元件工作压力和执行元件进油路压力损失之和,即

$$p_b = p + \sum \Delta p_1 \tag{9.9}$$

式中　p——执行元件的工作压力;

$\sum \Delta p_1$——执行元件进油路中的总压力损失。

在液压元件规格及管道尺寸未确定前可粗略估计,即

简单系统:　　$\sum \Delta p_1$ 取 0.2~0.5MPa

复杂系统:　　$\sum \Delta p_1$ 取 0.5~1.5MPa

②计算液压泵的流量 q_b　　液压泵的供油量是执行元件的最大需求量与各种泄漏量之和,可用下式计算:

$$q_b = K(\sum q)_{max} \tag{9.10}$$

式中　$(\sum q)_{max}$——同时工作的执行元件所需流量之和的最大值,可在流量循环图上找出;

K——考虑系统泄漏的修正因数,一般 K 取 1.1~1.3,大流量取小值,小流量取大值。

若系统中设有蓄能器,则泵的流量按一个工作循环中的平均流量选取,即

$$q_b \geqslant \frac{K}{T} \sum_{i=1}^{n} q_i \Delta t_i \tag{9.11}$$

式中　q_i——整个工作循环中第 i 阶段所需流量;

Δt_i——第 i 阶段持续的时间;

T——整个工作循环的周期(时间);

n——整个工作循环的阶段数。

③选择液压泵的规格　　上面计算的液压泵工作压力 p_b 是系统处于稳态时泵的工作压力。而系统在工作中会出现瞬时超载或动态压力超调等,使得动态压力峰值远高于 p_b,故在选泵时,其额定压力(公称压力)应比计算值 p_b 高 20%~50%。泵的额定流量与计算值相当即可。由于泵的规格有限,所选泵往往并不能在额定转速下工作,而是降速工作,这时,应根据所需的流量、泵的排量、泵的容积效率来计算所需泵的转速,再配以转速相当的电机便可(事实上,找转速相当的电机也并非易事,应统筹考虑)。

2)电动机的选择

选择电动机主要依据电动机功率。至于电动机的额定转速,与液压泵所需转速相当即可。

确定电动机功率,应考虑实际工况的差异。若在整个工作循环中,液压泵功率变化较小,或者功率变化较大,但高功率持续时间较长,可根据液压泵最大功率点来选择电动机,电动机功率 P_b 可由下式计算:

$$P_b = \frac{(p_b \cdot q_b)_{max}}{\eta_b} \tag{9.12}$$

式中　$(p_b \cdot q_b)_{max}$——液压泵输出压力和输出流量乘积的最大值,即液压泵的最大输出功率。利用液压缸功率循环图可查出最大功率点(节流调速回路中液压缸的最大功率点,可能并不与液压泵的最大功率点相对应),根据该点所对应的执行元件工作压力 p 和流量 q,利用式(9.9)和式(9.10)便可求出。

　　η_b——液压泵的总效率。一般地,对于齿轮泵,可取 0.6~0.7;对于叶片泵,可取 0.7~0.8;对于柱塞泵,可取 0.8~0.9。具体可查产品说明书或相关液压传动手册。

　　若在整个工作循环工作中,液压泵的功率变化较大,并且最高功率点持续的时间很短,按上式的计算结果选电动机,功率将偏大,不经济。此时,可按电动机允许发热(温升)来确定电动机功率。先按下式计算出整个循环中各阶段需要的功率:

$$P_{bi} = \frac{p_{bi} \cdot q_{bi}}{\eta_b}$$

式中　P_{bi}——整个工作循环中,第 i 阶段液压泵所需功率;

　　p_{bi}——第 i 阶段液压泵的工作压力;

　　q_{bi}——第 i 阶段液压泵的输出流量;

　　η_b——液压泵总效率。

再按下式计算出电动机功率的方均根值:

$$\overline{P_b} = \sqrt{\frac{1}{T} \sum_{i=1}^{n} P_{bi}^2 \cdot \Delta t_i} \tag{9.13}$$

式中,符号同前。

　　求出电动机功率的方均根值后,还应将其与由式(9.12)计算出的电动机最大功率相比较,如果 $P_b \leqslant 1.25\overline{P_b}$,则可按 $\overline{P_b}$ 来选择电动机,因电动机一般具有 25% 的允许超载能力。

(3) 液压控制阀的选择

选择液压控制阀的主要依据是该阀在系统中的最大工作压力和流经该阀的最大流量,同时还应结合使用要求,确定阀的操作方式,安装方式(板式、管式和法兰式安装)等。

在选择时,应注意以下几个问题:

①尽量选择标准定型产品;

②控制阀的额定压力应大于该阀在系统中的最大工作压力;

③控制阀的额定流量一般应大于或等于通过该阀的最大流量,必要时,也允许实际流量大于额定流量,但不得超过 20%;

④流量阀应按系统所需的流量调节范围来选择,其最小稳定流量应满足主机最低速度要求;

⑤应注意单出杆液压缸由于面积差造成的不同回油量对控制阀的影响。例如,有杆腔进

油而无杆腔回油时,回油流量将远大于进油流量。

(4)液压辅助元件的选择

液压辅助元件包括:滤油器、蓄能器、油箱、管道和管接头、仪表等,可按第 6 章中的有关原则选用。其中,油管和管接头的通径最好与其相连接的液压元件的通径一致,以简化设计和安装。

9.1.5　液压系统的性能验算

在液压系统设计计算结束后,需对所设计系统的技术性能进行验算,判断设计质量,以便调整设计参数及方案。一般技术性能验算包括:系统压力损失验算、系统发热及温升验算、系统效率验算等,其中前两项一般是不可少的。

(1)系统压力损失验算

当系统的液压元件和安装形式确定之后,画出管路安装图,便可对系统的压力损失进行较准确地计算。其目的在于较准确地确定液压泵的工作压力,为较准确地调节有关液压元件提供依据,以保证系统的工作性能。

在前面的计算中,初估了执行元件的背压 p_B 和进油路压力损失 $\sum \Delta p_1$。事实上,背压也是由执行元件回油路的压力损失造成的。压力损失的验算,就是要算出执行元件进、回油路的准确压力损失,并与前面的初估值相比较。若计算值小于初估值,前面的设计是安全的;否则,是不安全的,应对前面的设计重新进行计算或调整。

系统总压力损失的计算基于能量叠加原理。

按压力损失的路段叠加:

$$\sum \Delta p = \sum \Delta p_1 + \sum \Delta p_2 \tag{9.14}$$

式中　　$\sum \Delta p$ ——系统的总压力损失;

$\sum \Delta p_1$ ——执行元件进油路上的总压力损失,包括沿程压力损失和局部压力损失;

$\sum \Delta p_2$ ——执行元件回油路上的总压力损失,包括沿程压力损失和局部压力损失。

压力损失的计算方法参照第 2 章内容,此处不再赘述。

在计算压力损失时,应注意以下几点:

①产品样本中查出的液压阀的压力损失是在公称流量下的压力损失,当流经阀的实际流量与公称流量相差较大时,应按下式折算:

$$\Delta p_r = \Delta p_e \left(\frac{q}{q_e} \right)^2 \tag{9.15}$$

式中　　Δp_r ——实际流量下阀的压力损失;

Δp_e ——公称(额定)流量下阀的压力损失;

q ——流经阀的实际流量;

q_e ——阀的公称(额定)流量。

　　②流经节流阀、调速阀时应保证的最小压力损失和流经背压阀时的压力损失与通过的流量基本无关,不需折算。

　　③执行元件快速和慢速工况时,流量不同,压力损失也不同。快速时,压力损失大;慢速时,压力损失小,应分别计算。

　　④执行元件为单杆液压缸时,进油路和回油路的流量不同,压力损失应分别计算。

　　当验算出的压力损失与初估值相差较大时,应以验算值代替初估值,重新调整工作压力(已设计出的或选用的执行元件不变,以减少工作量)。具体做法如下:

　　①执行元件为液压缸时,根据式(9.5)和式(9.9),可得:

液压缸输入压力:
$$p = \frac{F_{\max}}{A\eta_{gJ}} + c \sum \Delta p_2$$

液压泵输出压力:
$$p_b = \frac{F_{\max}}{A\eta_{gJ}} + c \sum \Delta p_2 + \sum p_1 \tag{9.16}$$

符号同前。

　　②执行元件为液压马达时,根据式(9.7)和式(9.9),可得:

液压马达输入压力:
$$p = \frac{2\pi T_{\max}}{V_m \eta_{mJ}} + \sum \Delta p_2$$

液压泵输出压力:
$$p_b = \frac{2\pi T_{\max}}{V_m \eta_{mJ}} + \sum \Delta p_1 + \sum \Delta p_2 \tag{9.17}$$

符号同前。

　　上两式中,用验算后的进、回油路压力损失分别代替原式中初估的进油路压力损失和背压。式(9.16)和式(9.17)的结果将作为系统压力调节和选择元件的依据。

(2)液压系统的发热及温升验算

　　系统工作时的各种能量损失最终都转化为热能,使系统的油温升高。油温升高会使油液黏度下降,泄漏增加,并使油液经过节流元件时的节流特性变化,造成执行元件速度不稳定。此外,油温升高,还会加速油液氧化变质。因此,必须使油温控制在允许范围内。

　　1)系统发热量的计算

　　系统发热量计算一般只是粗略估算,要准确计算出系统发热量是很困难的。下面介绍一种近似计算的方法:

　　把液压系统看做一个能量载体,电动机为它输入能量(功率),而它又通过执行元件向外输出能量(功率),进出能量之差便成为发热能量(功率)。因此,液压系统单位时间内的发热量由下式计算:

$$H = P_E - P_O \tag{9.18}$$

式中　　H——系统单位时间发热量;

　　　　P_E——系统的输入功率,即液压泵的输入功率,可用式 $P_E = p_b \cdot q_b / \eta_b$ 计算,符号同前;

　　　　P_O——系统的输出功率,即执行元件的输出功率。

　　系统的输出功率由下面方法计算:

对于液压缸:
$$P_O = F \cdot v$$

对于液压马达:
$$P_O = 2\pi T_m \cdot n$$

式中　　F——液压缸外负载,见式(9.1);

　　　　v——液压缸的运动速度;

　　　　T_m——液压马达的外工作负载力矩,见式(9.4);

　　　　n——液压马达的转速。

　　若在整个工作循环内,功率有变化,则应根据单位时间内系统在各阶段的发热量求出系统的单位时间内的平均发热量,计算式为:

$$H = \frac{1}{T} \sum_{i=1}^{n} (P_{Ei} - P_{Oi}) \cdot \Delta t_i \tag{9.19}$$

式中　　P_{Ei}——在整个工作循环中,系统(液压泵)在第 i 阶段的输入功率;

　　　　P_{Oi}——在整个工作循环中,系统(执行元件)在第 i 阶段的输出功率;

　　　　Δt_i——第 i 阶段持续的时间;

　　　　n——整个工作循环的阶段数;

　　　　T——整个工作循环的周期(时间)。

　　2)系统散热量计算

　　由于液压系统管线不长,液体在管路中的流速相对较快,故近似认为系统发热量全部由油箱散发。油箱单位时间的散热量 H' 由下式计算:

$$H' = C_T \cdot A \cdot \Delta T \qquad (kW) \tag{9.20}$$

式中　　ΔT——系统温升;

　　　　$\Delta T = t_2 - t_1$,℃,其中,t_1 为系统环境温度,t_2 为系统达到热平衡时的油温;

　　　　A——油箱散热面积,m^2;

　　　　C_T——油箱散热系数,$kW/m^2 ℃$。自然通风良好时取$(15 \sim 17.5) \times 10^{-3}$;自然通风很差时取$(8 \sim 9) \times 10^{-3}$。

　　3)系统热平衡温度计算

　　当液压系统达到热平衡时,系统发热量等于系统散热量,即 $H = H'$。联系式(9.20)可得出系统热平衡温度(简称系统油温):

$$t_2 = t_1 + \frac{H}{C_T \cdot A} \qquad (℃) \tag{9.21}$$

　　如果油箱三个边长尺寸比在 1∶1∶1 至 1∶2∶3 之间,油液面高度为油箱高度的 80%,油箱散热面积由下式计算:

$$A = 0.065 \sqrt[3]{V^2} \qquad (m^2) \tag{9.22}$$

式中　　V——油箱的有效容积,L。

　　为保证液压系统能正常工作,系统油温应满足下面条件:

$$t_2 \leqslant [t] \tag{9.23}$$

式中　　$[t]$——液压系统的允许油温,℃。允许油温视具体系统而异,例如,对于组合机床,$[t]$ 取 55～70℃。一般来说,系统温度保持在 30～50℃ 之间,最高不超过 60℃,最低不低于 15℃。

　　如果系统油温超过允许值,必须采取降温措施,如增设冷却器、增大油箱体积等。对于寒冷地区的冬季,当油温低于 15℃ 时,还应考虑设加热器。

(3) 液压系统效率验算

把液压系统看做一个能量载体,电动机为它输入能量(功率),而它又通过执行元件向外输出能量(功率),输出能量(功率)与输入能量(功率)之比便是液压系统的效率。由于在整个工作循环中,系统的功率是变化的,因此,不同时刻的效率也是变化的。可利用整个工作循环的平均功率来计算系统的平均效率。

与前面计算系统的发热和温升类似,在整个工作循环中,系统的平均输出功率由下式计算:

$$\overline{P}_{\mathrm{O}} = \frac{1}{T} \sum_{i=1}^{n} P_{\mathrm{O}i} \cdot \Delta t_i$$

系统的平均输入功率由下式计算:

$$\overline{P}_{\mathrm{E}} = \frac{1}{T} \sum_{i=1}^{n} P_{\mathrm{E}i} \cdot \Delta t_i$$

式中,符号与前相同,执行元件的输出功率和液压泵的输入功率的计算方法也与前相同。求得系统的平均输出、输入功率后,便可由下式求得液压系统的平均效率:

$$\overline{\eta} = \frac{\overline{P}_{\mathrm{O}}}{\overline{P}_{\mathrm{E}}}$$

液压系统的效率总的来说不高,这是液压传动的主要缺点之一,原因主要在于泄漏损失和摩擦损失(含机械摩擦损失和液体流动摩擦损失)。

9.1.6　绘制系统工作图,编写技术文件

所设计的液压系统经验算后,即可对初步拟定的液压系统进行修改,并绘制正式的系统工作图和编写技术文件。

系统工作图包括:液压系统原理图、液压缸等非标准元件的装配图和零件图、液压系统装配图。

液压系统原理图中应附有液压元件明细表,表中标明各种元件的型号、规格和压力、流量的调整值。一般还应给出各执行元件的工作循环图和电磁铁动作顺序表等。

液压系统装配图是液压系统正式安装、施工的图纸,包括泵站(由液压泵、电动机和油箱组成)装配图、管路安装图等。管路安装图一般只需绘制示意图,说明管路走向,但要标明液压元件、部件的位置和固定方式、各段油管的长度及规格、各种管接头的形式与规格等。

技术文件一般包括:液压系统设计计算说明书、液压系统操作使用说明书、标准件和非标准件明细表等。

9.2　液压系统设计计算举例

题目　设计一台上料机的液压系统。

9.2.1　设计依据

如图 9.4 所示,上料机移动滑台的上下运动用液压传动,其工作循环为:快速上升、慢速上升(可调速)、快速下降、下位停止。给定条件:

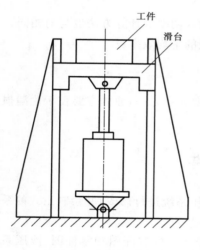

图 9.4　上料机示意图

①滑台自重　　　　　　　　　　　　1 000N

②工件自重　　　　　　　　　　　　5 000N

③快速上升　总行程:　　(s_1)　350mm

　　　　　　匀速段速度:(v_1)　45mm/s

④慢速上升　总行程:　　(s_2)　100mm

　　　　　　匀速段速度:(v_2)　≤13mm/s

⑤快速下降　总行程:　　(s_3)　450mm

　　　　　　匀速段速度:(v_3)　55mm/s

滑台由 90°V 型导轨支撑,垂直于导轨的压紧力约为 $F_N = 60$ N,启动、减速、制动时间均为 0.5s。液压缸的机械效率为 0.91。

9.2.2　工况分析

(1)运动分析

首先分析各变速阶段的加速度和位移。

①启动　　　　加速度:　$\alpha_1 = \dfrac{\Delta v}{\Delta t} = \dfrac{0.045 - 0}{0.5}\,\mathrm{m/s^2} = 0.09\,\mathrm{m/s^2}$

　　　　　　　位移:　$s_1' = \dfrac{\alpha_1 \Delta t^2}{2} = \dfrac{0.09 \times 0.5^2}{2}\,\mathrm{m} \approx 0.011\,\mathrm{m} = 11\,\mathrm{mm}$

②减速　　　　加速度:　$\alpha_2 = \dfrac{v_2 - v_1}{\Delta t} = \dfrac{0.013 - 0.045}{0.5}\,\mathrm{m/s^2} = -0.064\,\mathrm{m/s^2}$

位移：$s_2' = v_1 \Delta t + \dfrac{\alpha_2 \Delta t^2}{2} = (0.045 \times 0.5 + \dfrac{-0.064 \times 0.5^2}{2})\text{m} =$

$\qquad 0.014\ 5\text{m} = 14.5\text{mm}$

③制动　　加速度：$\alpha_3 = \dfrac{0 - v_2}{\Delta t} = \dfrac{0 - 0.013}{0.5}\text{m/s}^2 = -0.026\text{m/s}^2$

$\qquad$位移：$s_2'' = v_2 \Delta t + \dfrac{\alpha_3 \Delta t^2}{2} = (0.013 \times 0.5 + \dfrac{-0.026 \times 0.5^2}{2})\text{m} =$

$\qquad 0.003\ 25\text{m} = 3.25\text{mm}$

④反向启动　　加速度：$\alpha_4 = \dfrac{v_3 - 0}{\Delta t} = \dfrac{0.055}{0.5}\text{m/s}^2 = 0.11\text{m/s}^2$

$\qquad$位移：$s_3' = \dfrac{\alpha_4 \Delta t^2}{2} = \dfrac{0.011 \times 0.5^2}{2}\text{m} = 0.014\text{m} = 14\text{mm}$

⑤反向制动　　加速度：$\alpha_5 = \dfrac{0 - v_3}{\Delta t} = \dfrac{-0.055}{0.5}\text{m/s}^2 = -0.11\text{m/s}^2$

$\qquad$位移：$s_3'' = v_3 \Delta t + \dfrac{\alpha_5 \Delta t^2}{2} = (0.055 \times 0.5 + \dfrac{-0.11 \times 0.5^2}{2})\text{m} =$

$\qquad 0.014\text{m} = 14\text{mm}$

速度分析结果列于表 9.4。

表 9.4　上料机液压缸的速度和位移

工　况	位　　　　移/mm	速　度/(mm·s⁻¹)
启动	$s_1' = 11$	0→45
匀速快上	$s_1'' = s_1 - s_1' = 350 - 11 = 339$	45
减速	$s_2' = 14.5$	45→13
匀速慢上	$s_2''' = s_2 - s_2' - s_2'' = 100 - 14.5 - 3.25 = 82.25$	13
制动	$s_2'' = 3.25$	13→0
反向启动	$s_3' = 14$	0→55
匀速快下	$s_3''' = s_3 - s_3' - s_3'' = 450 - 14 - 14 = 422$	55
反向制动	$s_3'' = 14$	55→0

利用以上数据,并在变速段做线性处理后便得上料机的速度循环图,如图 9.5 所示。

(2) 负载分析

上料机的运动滑台垂直上下运动,滑台和工件质量较大,为防止因自重而自行下滑,系统中应设平衡回路,因此,在对滑台向下运动做负载分析时,滑台和工件自重所产生的向下作用力不再计入。

①工作负载　　　　　　　$F_w = G = (5\ 000 + 1\ 000)\text{N} = 6\ 000\text{N}$

②惯性负载

启动时：$\qquad\qquad\qquad F_{a1} = \dfrac{G}{g} \cdot \alpha_1 = \dfrac{6\ 000}{9.81} \times 0.09\text{N} = 55.05\text{N}$

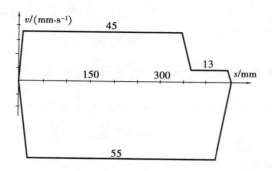

图 9.5　上料机速度—位移曲线

减速时：
$$F_{a2} = \frac{G}{g} \cdot \alpha_2 = \frac{6\,000}{9.81} \times (-0.064)\,\text{N} = -39.14\,\text{N}$$

制动时：
$$F_{a3} = \frac{G}{g} \cdot \alpha_3 = \frac{6\,000}{9.81} \times (-0.026)\,\text{N} = -15.90\,\text{N}$$

反向启动时：
$$F_{a4} = \frac{G}{g} \cdot \alpha_4 = \frac{6\,000}{9.81} \times 0.11\,\text{N} = 67.28\,\text{N}$$

反向制动时：
$$F_{a5} = \frac{G}{g} \cdot \alpha_5 = \frac{6\,000}{9.81} \times (-0.11)\,\text{N} = -67.28\,\text{N}$$

(3) 摩擦负载

由于导轨为 $90°\text{V}$ 型，垂直于导轨的压紧力分解到垂直于每个摩擦面的正压力为：
$$N = F_{\text{N}}/2\sin\frac{\theta}{2} = \frac{60}{2\sin45°}\,\text{N} = 42.43\,\text{N}$$

四个导轨面上产生的总摩擦力为：$F_{\text{f}} = 4N \cdot f$，取静摩擦因数 $f_{\text{s}} = 0.2$，动摩擦因数 $f_{\text{d}} = 0.1$，则有：

静摩擦力：
$$F_{\text{fs}} = 4N \cdot f_{\text{s}} = 4 \times 42.43 \times 0.2\,\text{N} = 33.94\,\text{N}$$

动摩擦力：
$$F_{\text{fd}} = 4N \cdot f_{\text{d}} = 4 \times 42.43 \times 0.1\,\text{N} = 16.97\,\text{N}$$

负载分析结果列于表 9.5。

表 9.5　上料机液压缸的负载

工　况	负载计算式	负载/N
启动	$F_1 = F_{\text{w}} + F_{\text{fs}} + F_{a1} = 6\,000 + 33.94 + 55.05$	6 088.99
匀速快上	$F_2 = F_{\text{w}} + F_{\text{fd}} = 6\,000 + 16.97$	6 016.97
减速	$F_3 = F_{\text{w}} + F_{\text{fd}} + F_{a2} = 6\,000 + 16.97 + (-39.14)$	5 977.83
匀速慢上	$F_4 = F_{\text{w}} + F_{\text{fd}} = 6\,000 + 16.97$	6 016.97
制动	$F_5 = F_{\text{w}} + F_{\text{fd}} + F_{a3} = 6\,000 + 16.97 + (-15.90)$	6 001.07
反向启动	$F_6 = F_{\text{fs}} + F_{a4} = 33.94 + 67.28$	101.22
匀速快下	$F_7 = F_{\text{fd}} = 16.97$	16.97
反向制动	$F_8 = F_{\text{fd}} + F_{a5} = 16.97 + (-67.28)$	−50.31

根据所得数据,并利用速度分析中求得的位移计算结果,可画出负载循环图,如图 9.6 所示。

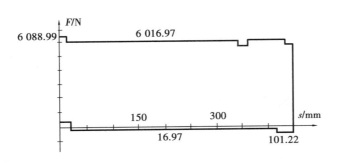

图 9.6　上料机负载—位移曲线

9.2.3　初步拟定液压系统原理图

拟订液压系统图时,主要考虑以下几点:

(1) 执行元件选择

上料机做上下往复运动,总行程只有 450mm,上行程负载大,速度相对较慢;下行程负载小,速度相对较快,故可选用单杆液压缸。

(2) 调速方式

上料机工作时,功率不大,在慢速上行时,要求无级调速,故可以采用节流调速回路。

(3) 供油方式

由于快上和慢上速度差异大,若采用单定量泵供油,势必造成慢上时溢流量太大,功率损耗大,不经济,故考虑采用双定量泵供油。快上时,双泵供油;慢上时,单泵供油,另一泵卸荷。

(4) 速度切换

在该系统中,速度切换考虑两方面的问题:一是由快上向慢上切换时要使一台泵卸荷;二是要使流量阀只在慢上时起作用,其余时间不起作用。由于快上和慢上时的负载相同,切换时不可能利用压力信号来使一台泵卸荷,故考虑采用行程开关发令控制。又由于慢上时恰好需要流量阀起作用,故该行程开关还可以同时控制与流量阀并联的常通式二位二通换向阀切换。

(5) 平衡及锁紧

为了防止重物在空中停留时下滑,且可长时间保持重物在空中的位置,采用液控单向阀构成平衡回路;为了使运动滑台下行时运动平稳,在液控单向阀的控制油路上设一节流阀,以减小控制压力的波动。

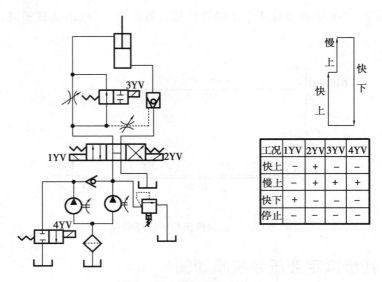

工况	1YV	2YV	3YV	4YV
快上	−	+	−	−
慢上	−	+	+	+
快下	+	−	−	−
停止	−	−	−	−

图 9.7　上料机液压系统图

(6)换向、卸荷及安全保护

用三位四通 H 型电磁换向阀换向,同时使双泵在执行元件不运动时卸荷。在主泵旁并联一起溢流作用的溢流阀,一方面限制了系统的最高压力,另一方面在慢速上行时为节流调速起分流作用。

拟订出的上料机液压系统图如图 9.7 所示。

9.2.4　初步确定液压系统参数

(1)确定液压缸工作压力 p

参考表 9.2,初选液压缸工作压力,$p=2$ MPa。

(2)确定液压缸主要结构参数

液压缸有效工作面积由式(9.5)计算,由于慢速上行时有节流阀,回油路也较长,故参考表 9.3,取背压 $p_B=0.5$MPa。根据在相同供油量情况下快速上行和快速下行的速度关系,可求得有杆腔与无杆腔的面积之比 c 为:

$$c=\frac{D^2-d^2}{D^2}=\frac{v_1}{v_3}=\frac{45}{55}\approx0.818$$

则:

$$A=\frac{F_{max}}{(p-cp_B)\eta_{gJ}}=\frac{6\ 088.99}{(2-0.818\times0.5)\times0.91}mm^2=4\ 205.66mm^2$$

活塞直径 D 为:

$$D=\sqrt{\frac{4A}{\pi}}=\sqrt{\frac{4\times4\ 205.66}{3.142}}mm=73.17mm$$

按标准液压缸内径系列,选取 $D=70$mm。

根据快速下降与上升的速度比求活塞杆直径 d,即

$$\frac{v_1}{v_3} = \frac{D^2 - d^2}{D^2} = \frac{45}{55}$$

所以,求出 $d = 29.85$ mm。按标准活塞杆直径系列,选取 $d = 28$mm。

液压缸实际有效面积为:

无杆腔:
$$A_1 = \frac{3.142}{4} D^2 = \frac{3.142}{4} \times 70^2 \, \text{mm}^2 = 3\,848.95 \, \text{mm}^2$$

有杆腔:
$$A_2 = \frac{\pi}{4}(D^2 - d^2) = \frac{3.142}{4} \times (70^2 - 28^2) \, \text{mm}^2 = 3\,233.12 \, \text{mm}^2$$

面积比:
$$c = \frac{A_2}{A_1} = \frac{3\,233.12}{3\,848.95} = 0.84$$

按式(9.6)校核最低稳定工作速度:

$$\frac{q_{F\min}}{v_{\min}} = \frac{3 \times 10^6}{13 \times 60} \, \text{mm}^2 = 3\,846.2 \, \text{mm}^2$$

因为 $A_1 = 3\,848.95 > 3\,846.2$,所以,缸径合适。

(3)绘制液压缸工况图

1)液压缸压力计算

利用求得的液压缸有效工作面积和负载循环图,求得的液压缸在一个工作循环中各阶段的工作压力值见表 9.6。

表 9.6 上料机液压缸的压力

工 况	压 力 计 算 式	压力/MPa
启动	$p_1 = \dfrac{F}{A_1 \eta_{gJ}} + c p_B = \dfrac{6\,088.99}{3\,848.95 \times 0.91} + 0.84 \times 0.5$	2.158
匀速快上	$p_2 = \dfrac{F}{A_1 \eta_{gJ}} + c p_B = \dfrac{6\,016.97}{3\,848.95 \times 0.91} + 0.84 \times 0.5$	2.138
减速	$p_3 = \dfrac{F}{A_1 \eta_{gJ}} + c p_B = \dfrac{5\,977.83}{3\,848.95 \times 0.91} + 0.84 \times 0.5$	2.127
匀速慢上	$p_4 = \dfrac{F}{A_1 \eta_{gJ}} + c p_B = \dfrac{6\,016.97}{3\,848.95 \times 0.91} + 0.84 \times 0.5$	2.138
制动	$p_5 = \dfrac{F}{A_1 \eta_{gJ}} + c p_B = \dfrac{6\,001.07}{3\,848.95 \times 0.91} + 0.84 \times 0.5$	2.133
反向启动	$p_6 = \dfrac{F}{A_2 \eta_{gJ}} + \dfrac{p_B}{c} = \dfrac{101.22}{3\,233.12 \times 0.91} + \dfrac{1}{0.84} \times 0.5$	0.630
匀速快下	$p_7 = \dfrac{F}{A_2 \eta_{gJ}} + \dfrac{p_B}{c} = \dfrac{16.97}{3\,233.12 \times 0.91} + \dfrac{1}{0.84} \times 0.5$	0.601
反向制动*	$p_8 = \dfrac{F}{A_2 \eta_{gJ}} + \dfrac{p_B}{c} = \dfrac{0}{3\,233.12 \times 0.91} + \dfrac{1}{0.84} \times 0.5$	0.595
*由负载分析知,此时为负值载荷(与运动方向相同)应由平衡回路承受。故 $F=0$		

由此可绘出液压缸的压力循环图,如图 9.8(b)所示。

2)液压缸流量计算

要绘制流量循环图,只需计算出特殊点的流量便可。利用求得的液压缸有效工作面积和速度循环图,求得的液压缸在循环中各阶段的流量值见表 9.7。

表 9.7 上料机液压缸的流量

工 况	流 量 计 算 式	流量/(L·min^{-1})
匀速快上	$q_1 = v_1 A_1 = 0.45 \times 0.384\ 895/60$	10.392
匀速慢上	$q_2 = v_2 A_1 = 0.13 \times 0.384\ 895/60$	3.002
匀速快下	$q_3 = v_3 A_2 = 0.55 \times 0.323\ 312/60$	10.669

由此可绘出液压缸的流量循环图,如图 9.8(a)所示。

3)液压缸功率计算

利用求得的液压缸压力和流量循环图,求得的液压缸在循环中各阶段的功率值见表 9.8。

表 9.8 上料机液压缸的功率

工 况	功 率 计 算 式	功率/W
启动	$P_1 = p_1 q_1 = 2.158 \times 10^6 \times 10.392 \times 10^{-3}/60$	0→373.8
匀速快上	$P_2 = p_2 q_1 = 2.138 \times 10^6 \times 10.392 \times 10^{-3}/60$	370.3
减速	$P_3{}' = p_3 q_1 = 2.127 \times 10^6 \times 10.392 \times 10^{-3}/60$	368.4
	$P_3{}'' = p_3 q_2 = 2.127 \times 10^6 \times 3.002 \times 10^{-3}/60$	106.4
匀速慢上	$P_4 = p_4 q_2 = 2.138 \times 10^6 \times 3.002 \times 10^{-3}/60$	107.0
制动	$P_5 = p_5 q_2 = 2.133 \times 10^6 \times 3.002 \times 10^{-3}/60$	106.7→0
反向启动	$P_6 = p_6 q_3 = 0.630 \times 10^6 \times 10.669 \times 10^{-3}/60$	0→112.7
匀速快下	$P_7 = p_7 q_3 = 0.601 \times 10^6 \times 10.669 \times 10^{-3}/60$	106.9
反向制动	$P_8 = p_8 q_3 = 0.595 \times 10^6 \times 10.669 \times 10^{-3}/60$	105.8→0

根据以上数据可画出液压缸的功率循环图,如图 9.8(c)所示。下方给出功率循环图中各标注处的局部放大图,以便更清楚地显示曲线的变化走势。

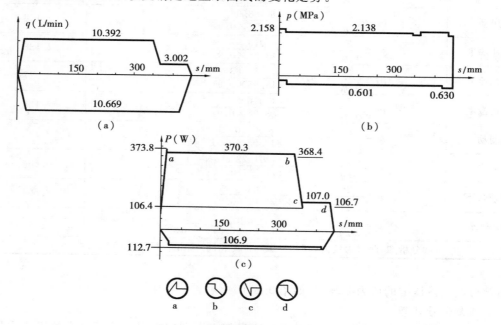

图 9.8 上料机液压缸压力、流量、功率循环图

9.2.5　液压元件的计算和选择

(1)液压缸的计算

前面已求出液压缸的活塞直径 D、活塞杆直径 d,此处要确定液压缸的其余主要结构尺寸,并进行必要的校核。

①确定液压缸的有效行程,$L=450\text{mm}$。

②确定液压缸缸体壁厚 δ 和缸体外径 D_1。

参照第 4 章内容或《工程力学》中薄壁筒强度计算方法:

$$\delta \geqslant \frac{p_{\max}D}{2[\sigma]}$$

其中,$p_{\max}=1.5p=1.5\times2.158=3.237\text{MPa}$($p$ 取最大工作压力),若缸体选用 45 热轧无缝钢管,调质处理,屈服强度 $\sigma_s=353\text{MPa}$,取安全系数 $n=4$,材料的许用应力为:

$$[\sigma]=\sigma_s/n=353/4\text{MPa}=88.25\text{MPa}$$

则

$$\delta \geqslant \frac{p_{\max}D}{2[\sigma]}=\frac{3.237\times70}{2\times88.25}\text{mm}=1.28\text{mm}$$

按热轧无缝钢管系列,并考虑要有一定的刚度,取 $\delta=5\text{mm}$,缸外径 $D_1=80\text{mm}$。

③活塞杆校核

A. 强度校核　参照第 4 章内容或《工程力学》的相关知识,活塞杆用 45 钢,调质处理,则:

$$\sigma=\frac{4F_{\max}}{\pi d^2}=\frac{4\times6\,088.99}{3.142\times28^2}=9.88\text{ MPa}<[\sigma]=88.25\text{MPa},\text{强度足够。}$$

B. 稳定性校核　参照《工程力学》中压杆稳定性计算方法进行。

上料机液压缸用铰链分别与底座和运动滑台连接,液压缸计算长度(两铰接点之间的距离)为:$l_B=2L+\Delta=(2\times450+100)\text{mm}=1\,000\text{mm}$($\Delta$ 是考虑结构因素后的增加长度);计算长度折算系数 $\mu=1$;活塞杆回转半径 $i=d/4=0.028/4\text{m}=0.007\text{m}$;活塞杆的惯性矩 $I=\pi d^4/64=3.142\times0.028^4/64\text{m}^4=3.02\times10^{-8}\text{ m}^4$;因柔性系数为:

$$\lambda=\frac{\mu\cdot l_B}{i}=\frac{1\times1\,000}{7}=142.86>\lambda_1=\pi\sqrt{\frac{E}{\sigma_s}}=3.142\sqrt{\frac{2.1\times10^5}{353}}=75.84$$

所以,此活塞杆属细长杆,临界载荷为:

$$F_K=\frac{\pi^2EI}{(\mu\cdot l_B)^2}=\frac{3.142^2\times2.1\times10^5\times10^6\times3.02\times10^{-8}}{(1\times1)^2}\text{N}\approx62\,610\text{N}$$

取稳定性安全系数 $n_K=4$,则

$$F_{\max}=6\,088.99\text{N}<\frac{F_K}{n_K}=\frac{62\,610}{4}\text{N}=15\,652.5\text{N},\text{稳定性足够。}$$

(2)液压泵和电动机的选择

1)选择液压泵

①计算液压泵的最高工作压力 p_b

上料机在启动时工作压力最大,由式(9.9)并估取 $\sum\Delta p_1=0.5\text{MPa}$,则

$$p_b = p + \sum \Delta p_1 = (2.158 + 0.5)\text{MPa} = 2.658\text{MPa}$$

②计算液压泵的流量

根据前面的流量计算结果,并取系统泄漏修正因数 $K = 1.1$,则

快速上行所需双泵总流量:$\sum q_b'' = Kq_1 = 1.1 \times 10.392\text{L/min} = 11.431\text{L/min}$

快速下行所需双泵总流量:$\sum q_b' = Kq_3 = 1.1 \times 10.669\text{L/min} = 11.736\text{L/min}$

慢速上行时,所需主泵流量:$q_b' = Kq_2 = 1.1 \times 3.002\text{L/min} = 3.302\text{L/min}$

③选择液压泵的规格

根据压力和流量值,查相关液压元件产品目录,选取双联叶片泵 YB_1—10/6,大泵排量为 $V_{b1} = 10\text{ml/r}$(作为辅泵),小泵排量为 $V_{b2} = 6\text{ml/r}$(作为主泵),容积效率均为 0.8,总效率为 0.75,额定压力为 6.3MPa,额定转速为 910r/min。

主泵实际流量: $q_b = V_{b2} \eta_{bv} n = 6 \times 10^{-3} \times 0.8 \times 910\text{L/min} = 4.368\text{L/min}$

两泵实际总流量: $\sum q_b = (V_{b2} + V_{b1})\eta_{bv} n = (6 + 10) \times 10^{-3} \times 0.8 \times 910\text{L/min} = 11.648\text{L/min}$

由于实际总流量比液压缸快速下行所需的流量略有减少,比快速上行所需流量略大,所以,快速上行的速度略有增加,快速下行的速度略有下降,慢上速度靠节流阀调节,可达到要求。

2)选择电动机

按液压泵最大功率确定电机功率。从压力循环图上可知,当上料机在启动时,液压缸的压力最大。此时,液压泵的压力为

$$p_b = p + \sum \Delta p_1 = (2.158 + 0.5)\text{MPa} = 2.658\text{MPa}$$

流量为双泵实际流量:

$$\sum q_b = (V_{b2} + V_{b1})\eta_{bv} n = (6 + 10) \times 10^{-3} \times 0.8 \times 910\text{L/min} = 11.648\text{L/min}$$

则由式(9.12)求得电机功率:

$$P_b = \frac{(p_b \sum q_b)_{\max}}{\eta_b} = \frac{2.658 \times 10^6 \times 11.648 \times 10^{-3}}{0.75 \times 60}\text{W} = 688\text{W}$$

选用功率为 750W,转速为 910r/min,型号为 Y90s—6 的电动机。

(3)液压控制阀的选择

根据在系统中各阀的最大工作压力和流量选择阀件。选出的液压控制阀见表 9.9。

表 9.9 上料机所用各类元件一览表

元件名称	型号	规格	数量
双联叶片泵	YB_1—10/6	6.3MPa,10/6ml/r,转速 910r/min	1
溢流阀	YF_3—10B	6.3MPa,63L/min,通径 10mm	1
三位四通换向阀	34D_1H—B10C	14MPa,30L/min,通径 10mm	1
二位二通换向阀	22D_1—B10C	14MPa,40L/min,通径 10mm	2
节流阀	LF—B10	14MPa,25L/min,通径 10mm	1

元件名称	型　号	规　格	数量
液控单向阀	DFY—B10H$_3$	20MPa,25L/min,通径 10mm	1
压力表	Y—60	0~10MPa,通径 8mm	1
滤油器	WU—16×180	18L/min,通径 12mm	1
电动机	Y90s—6	750W,910r/min	1
液压缸	自行设计		1

(4)液压辅助元件的选择

①油箱容积的确定　参照第 6 章,油箱容积 V 为

$$V=6\sum q_{\mathrm{b}}=6\times11.648\mathrm{L}=69.88\mathrm{L}\approx70\mathrm{L}$$

②确定油管直径　根据阀件的连接油口尺寸决定油管直径,取公称直径 10mm、内径为 8mm 的紫铜管。

③滤油器设在吸油管上,选 WU—16×180 型网式滤油器。

④选择其他辅助元件可参照第 6 章内容选取,此处从略。

9.2.6　液压系统性能验算

(1)系统压力损失计算

在系统的液压元件、安装形式确定之后,画出管路安装图,便可较准确地计算压力损失。

本液压系统的压力较低,故选用 L-HL32 液压油,其密度为 890kg/m^3,20℃时的运动黏度为 1.0×10^{-4} m^2/s,系统进、回油路管长都约为 2m。按快速上行、慢速上行、快速下行三种情况分别计算油路的压力损失。

1)快速上行时

①进油路沿程压力损失计算

流量为双泵流量：　　　　　　　　$q_1{}'=11.648\mathrm{L/min}$,

流速：　　　　　$v=\dfrac{4q_1{}'}{\pi\cdot d^2}=\dfrac{4\times11.648\times10^{-3}}{3.142\times0.008^2\times60}$ m/s≈3.8m/s

雷诺数：　　　　　$Re=\dfrac{vd}{v}=\dfrac{3.8\times0.008}{1.0\times10^{-4}}=304$,属层流。

沿程阻力因数：　　　　　$\lambda=\dfrac{75}{Re}=\dfrac{75}{304}=0.247$

沿程压力损失：　$\Delta p_{l1}=\lambda\dfrac{l}{d}\dfrac{\rho v^2}{2}=0.247\times\dfrac{2}{0.008}\times\dfrac{890\times3.8^2\times10^{-6}}{2}MPa=0.397$MPa

②进油路局部压力损失计算

油路有液控单向阀一个,$\Delta p_{e1}=0.2$MPa;换向阀一个,$\Delta p_{e2}=0.2$MPa;直角弯头 3 个,$\zeta=1.12$。由此可算得：

局部压力损失：　　　$\Delta p_{r1}=\Delta p_{e1}(\dfrac{q_1}{q_{e1}})^2+\Delta p_{e2}(\dfrac{q_1}{q_{e2}})^2+3\zeta\dfrac{\rho\cdot v^2}{2}=$

$$[0.2\times(\frac{11.648}{25})^2+0.2\times(\frac{11.648}{30})^2+3\times1.12\times\frac{890\times3.8^2\times10^{-6}}{2}]MPa=$$

$$0.095\ 6MPa$$

③回油路沿程压力损失计算

流量： $\qquad q_1''=cq_1'=0.84\times11.648L/min=9.318L/min$

流速： $\qquad v=\frac{4q_1''}{\pi\cdot d^2}=\frac{4\times9.318\ 4\times10^{-3}}{3.142\times0.008^2\times60}m/s\approx3.1m/s;$

雷诺数： $\qquad Re=\frac{vd}{v}=\frac{3.1\times0.008}{1.0\times10^{-4}}=248,$属层流。

沿程阻力因数： $\qquad \lambda=\frac{75}{Re}=\frac{75}{248}=0.302$

沿程压力损失： $\quad \Delta p_{l2}=\lambda\frac{l}{d}\frac{\rho v^2}{2}=0.302\times\frac{2}{0.008}\times\frac{890\times3.8^2\times10^{-6}}{2}MPa=0.323MPa$

④回油路局部压力损失计算

油路有二位二通换向阀一个，$\Delta p_{e1}=0.2MPa$；三位四通换向阀一个，$\Delta p_{e2}=0.2MPa$；直角弯头 4 个，$\zeta=1.12$。由此可算得：

局部压力损失：

$$\Delta p_{r2}=\Delta p_{e1}(\frac{q_1''}{q_{e1}})^2+\Delta p_{e2}(\frac{q_1''}{q_{e2}})^2+4\zeta\frac{\rho\cdot v^2}{2}=$$

$$[0.2\times(\frac{9.318}{40})^2+0.2\times(\frac{11.648}{30})^2+4\times1.12\times\frac{890\times3.1^2\times10^{-6}}{2}]MPa=$$

$$0.049\ 3MPa$$

⑤进、回油路总压力损失

进油路总压力损失：

$$\sum\Delta p_1'=\Delta p_{l1}+\Delta p_{r1}=(0.397+0.095\ 6)MPa=0.493MPa$$

回油路总压力损失：

$$\sum\Delta p_2'=\Delta p_{l2}+\Delta p_{r2}=(0.323+0.049\ 3)MPa=0.372MPa$$

因上料机快速上升时，系统的负载最大，管内流速也最高，是最危险工况。把前面计算中初估的背压值以及进油路压力损失值与此处的计算值相对比可知，计算值均小于初估值，所以，前面的设计是安全的。

⑥系统压力的调节

快速上升阶段是上料机的最危险工况，应以此阶段的工作压力作为确定系统溢流阀调定压力的依据。根据式(9.16)确定上料机溢流阀的调节压力：

$$p_{调}=p_{max}=(\frac{F_{max}}{A_1\eta_{gJ}}+c\sum\Delta p_2+\sum\Delta p_1)=$$

$$(\frac{6\ 088.99}{3\ 849.95\times0.91}+0.84\times0.327+0.493)MPa=2.54MPa$$

以下的压力损失计算结果将用于后面的"系统发热及温升计算"。

2)慢速上行时

①进油路沿程压力损失计算

流量由节流阀调定 $\qquad q_2'=3.302L/min$

流速：
$$v=\frac{4q_2}{\pi \cdot d^2}=\frac{4\times 3.302\times 10^{-3}}{3.142\times 0.008^2\times 60}\text{m/s}\approx 1.09\text{m/s}$$

雷诺数：
$$Re=\frac{vd}{\upsilon}=\frac{1.09\times 0.008}{1.0\times 10^{-4}}=87.2,属层流$$

沿程阻力因数：
$$\lambda=\frac{75}{Re}=\frac{75}{87.2}=0.860$$

沿程压力损失：
$$\Delta p_{l1}=\lambda \frac{l}{d}\frac{\rho v^2}{2}=0.86\times \frac{2}{0.008}\times \frac{890\times 1.09^2\times 10^{-6}}{2}\text{MPa}=$$
$$0.113\ 7\text{MPa}$$

②进油路局部压力损失计算

油路有液控单向阀一个，$\Delta p_{e1}=0.2\text{MPa}$；换向阀一个，$\Delta p_{e2}=0.2\text{MPa}$；直角弯头 3 个，$\zeta=1.12$。由此可算得：

局部压力损失

$$\Delta p_{r1}=\Delta p_{e1}(\frac{q_2}{q_{e1}})^2+\Delta p_{e2}(\frac{q_2}{q_{e2}})^2+3\zeta \frac{\rho \cdot v^2}{2}=$$
$$[0.2\times (\frac{3.302}{25})^2+0.2\times (\frac{3.302}{30})+3\times 1.12\times \frac{890\times 1.09^2\times 10^{-6}}{2}]\text{MPa}=$$
$$0.076\ 9\text{MPa}$$

③回油路沿程压力损失计算

流量：
$$q_2''=cq_2'=0.84\times 3.302\text{L/min}=2.774\text{L/min}$$

流速：
$$v=\frac{4q_2''}{\pi \cdot d^2}=\frac{4\times 2.774\times 10^{-3}}{3.142\times 0.008^2\times 60}\text{m/s}\approx 0.92\text{m/s}$$

雷诺数：
$$Re=\frac{vd}{\upsilon}=\frac{0.92\times 0.008}{1.0\times 10^{-4}}=73.6,属层流$$

沿程阻力因数：
$$\lambda=\frac{75}{Re}=\frac{75}{73.6}=1.019$$

沿程压力损失：
$$\Delta p_{l2}=\lambda \frac{l}{d}\frac{\rho v^2}{2}=1.019\times \frac{2}{0.008}\times \frac{890\times 0.92^2\times 10^{-6}}{2}\text{MPa}=0.096\ 0\text{MPa}$$

④回油路局部压力损失计算

回油路有节流阀一个，$\Delta p_{e1}=0.2\text{MPa}$，并且其压力损失与流量变化无关；三位四通换向阀一个，$\Delta p_{e2}=0.2\text{MPa}$；直角弯头 4 个，$\zeta=1.12$。由此可算得：

局部压力损失：

$$\Delta p_{r2}=\Delta p_{e1}+\Delta p_{e2}(\frac{q_2''}{q_{e2}})^2+4\zeta \frac{\rho \cdot v^2}{2}=$$
$$[0.2+0.2\times (\frac{2.774}{30})^2+4\times 1.12\times (\frac{890\times 0.92^2\times 10^{-6}}{2})]\text{MPa}=$$
$$0.205\ 1\text{MPa}$$

⑤进、回油路总压力损失

进油路总压力损失：

$$\sum \Delta p_1'=\Delta p_{l1}+\Delta p_{r1}=(0.113\ 7+0.007\ 7)\text{MPa}=0.121\ 4\text{MPa}$$

回油路总压力损失：

$$\sum \Delta p_2''=\Delta p_{l2}+\Delta p_{r2}=(0.096\ 0+0.205\ 1)\text{MPa}=0.301\ 1\text{MPa}$$

3)快速下行时

①进油路沿程压力损失计算

由于管长、流量、管径与快上时相同,因此,沿程压力损失也与快上时相同,即

$$\Delta p_{l1}=0.397\text{MPa}$$

②进油路局部压力损失计算

油路有二位二通换向阀一个,$\Delta p_{e1}=0.2\text{MPa}$;三位四通换向阀一个,$\Delta p_{e2}=0.2\text{MPa}$;直角弯头 4 个,$\zeta=1.12$。由此可算得:

局部压力损失:

$$\Delta p_{r1}=\Delta p_{e1}(\frac{q_2}{q_{e1}})^2+\Delta p_{e2}(\frac{q_2}{q_{e2}})^2+4\zeta\frac{\rho\cdot v^2}{2}=[0.2\times(\frac{11.648}{40})^2+$$

$$0.2\times(\frac{11.648}{30})^2+3\times1.12\times\frac{890\times3.8^2\times10^{-6}}{2}]\text{MPa}=$$

$$0.075\ 99\text{MPa}$$

③回油路沿程压力损失计算

流量:

$$q_3''=\frac{q_1''}{c}=\frac{11.648}{0.84}=13.867\text{L/min}$$

流速:

$$v=\frac{4q_3''}{\pi\cdot d^2}=\frac{4\times13.867\times10^{-3}}{3.142\times0.008^2\times60}\text{m/s}\approx4.6\text{m/s}$$

雷诺数:

$$Re=\frac{vd}{\upsilon}=\frac{4.6\times0.008}{1.0\times10^{-4}}=368,层流。$$

沿程阻力因数:

$$\lambda=\frac{75}{Re}=\frac{75}{368}=0.204$$

沿程压力损失:

$$\Delta p_{l2}=\lambda\frac{l}{d}\frac{\rho v^2}{2}=0.204\times\frac{2}{0.008}\times\frac{890\times4.6^2\times10^{-6}}{2}\text{MPa}=0.480\text{MPa}$$

④回油路局部压力损失计算

油路有液控单向阀一个,$\Delta p_{e1}=0.2\text{MPa}$;换向阀一个,$\Delta p_{e2}=0.2\text{MPa}$;直角弯头 3 个,$\zeta=1.12$。由此可算得:

局部压力损失:$\Delta p_{r1}=\Delta p_{e1}(\frac{q_3''}{q_{e1}})^2+\Delta p_{e2}(\frac{q_3''}{q_{e2}})^2+3\zeta\frac{\rho\cdot v^2}{2}=[0.2\times(\frac{13.867}{25})^2+$

$$0.2\times(\frac{13.867}{30})^2+3\times1.12\times\frac{890\times4.6^2\times10^{-6}}{2}]\text{MPa}=$$

$$0.135\ 8\text{MPa}$$

⑤进、回油路总压力损失

进油路总压力损失:

$$\sum\Delta p_1'''=\Delta p_{l1}+\Delta p_{r1}=(0.397+0.076)\text{MPa}=0.473\text{MPa}$$

回油路总压力损失:

$$\sum\Delta p_2'''=\Delta p_{l2}+\Delta p_{r2}=(0.480+0.135\ 8)\text{MPa}=0.616\text{MPa}$$

(2)统发热及温升计算

1)发热量计算

从整个工作循环看,功率变化较大,故应按式(9.19)计算平均发热量。

①计算循环周期 此处不考虑滑台在顶部的停留时间,属保守计算。

启动: $\Delta t_1 = 0.5\text{s}$　　　　　匀速快上: $\Delta t_2 = \dfrac{s_1''}{v_1} = \dfrac{339}{45}\text{s} = 7.53\text{s}$

减速: $\Delta t_3 = 0.5\text{s}$　　　　　匀速慢上: $\Delta t_4 = \dfrac{s_2''}{v_2} = \dfrac{82.25}{13}\text{s} = 6.33\text{s}$

制动: $\Delta t_5 = 0.5\text{s}$　　　　　反向启动: $\Delta t_6 = 0.5\text{s}$

匀速快下: $\Delta t_7 = \dfrac{s_3''}{v_1} = \dfrac{422}{55}\text{s} = 7.67\text{s}$　　　　　反向制动: $\Delta t_8 = 0.5\text{s}$

循环周期: $T = \Delta t_1 + \Delta t_2 + \Delta t_3 + \Delta t_4 + \Delta t_5 + \Delta t_6 + \Delta t_7 + \Delta t_8 =$
$$(0.5 \times 5 + 7.35 + 6.33 + 7.67)\text{s} = 23.85\text{s}$$

②计算系统输出功率

从功率循环图可求出各阶段液压缸的输出功率,但应扣除液压缸的内摩擦造成的功率损失的影响,因功率循环图是液压缸的输入功率的变化规律。

启动: $P_{o1} = \dfrac{P_1 + 0}{2} \cdot \eta_{gJ} = \dfrac{373.8}{2} \times 0.91\text{W} = 170.1\text{W}$

匀速快上: $P_{o2} = P_2 \cdot \eta_{gJ} = 370.3 \times 0.91\text{W} = 337.0\text{W}$

减速: $P_{o3} = \dfrac{P_3' + P_3''}{2} \cdot \eta_{gJ} = \dfrac{368.4 + 106.4}{2} \times 0.91\text{W} = 216.0\text{W}$

匀速慢上: $P_{o4} = P_4 \cdot \eta_{gJ} = 107.7 \times 0.91\text{W} = 97.4\text{W}$

制动: $P_{o5} = \dfrac{P_5 + 0}{2} \cdot \eta_{gJ} = \dfrac{106.7}{2} \times 0.91\text{W} = 48.5\text{W}$

反向启动: $P_{o6} = \dfrac{P_6 + 0}{2} \cdot \eta_{gJ} = \dfrac{112.0}{2} \times 0.91\text{W} = 50.96\text{W}$

匀速快下: $P_{o7} = P_7 \cdot \eta_{gJ} = 106.9 \times 0.91\text{W} = 97.3\text{W}$

反向制动: $P_{o8} = \dfrac{P_8 + 0}{2} \cdot \eta_{gJ} = \dfrac{105.8}{2} \times 0.91\text{W} = 48.1\text{W}$

③计算系统输入功率

系统快上、快下为双定量泵供油,慢上为单定量泵供油,可知各阶段的流量;再利用液压缸的压力循环图和计算出的油路压力损失,便可求出液压泵的输入功率。

启动:　　泵压力: $p_{b1} = p_1 + \sum \Delta p_1 = (2.158 + 0.493)\text{MPa} = 2.651\text{MPa}$

　　　　　泵流量: $q_{b1} = \sum q_b = 11.648\text{L/min}$

　　　　　泵输入功率: $p_{E1} = \dfrac{p_{b1} q_{b1}}{\eta_b} = \dfrac{2.651 \times 10^6 \times 11.648 \times 10^{-3}}{0.75 \times 60}\text{W} = 686.2\text{W}$

匀速快上:　泵压力: $p_{b2} = p_2 + \sum \Delta p_1' = (2.138 + 0.493)\text{MPa} = 2.631\text{MPa}$

　　　　　泵流量: $q_{b2} = \sum q_b = 11.648\text{L/min}$

　　　　　泵输入功率: $p_{E2} = \dfrac{p_{b2} q_{b2}}{\eta_b} = \left(\dfrac{2.631 \times 10^6 \times 11.648 \times 10^{-3}}{0.75 \times 60}\right)\text{W} = 681.0\text{W}$

减速:　　泵压力: $p_{b3} = p_3 + \sum \Delta p_1'' = (2.127 + 0.122)\text{MPa} = 2.249\text{MPa}$

　　　　　泵流量: $q_{b3} = q_b = 4.368\text{L/min}$

　　　　　　　　泵输入功率：　$p_{E3} = \dfrac{p_{b3} q_{b3}}{\eta_b} = \dfrac{2.249 \times 10^6 \times 4.368 \times 10^{-3}}{0.75 \times 60} W = 218.3 W$

匀速慢上：　泵压力：　　$p_{b4} = p_4 + \sum \Delta p_1'' = (2.138 + 0.122) MPa = 2.260 MPa$

　　　　　　　　泵流量：　　$q_{b4} = q_b = 4.368 L/min$

　　　　　　　　泵输入功率：　$p_{E4} = \dfrac{p_{b4} q_{b4}}{\eta_b} = \dfrac{2.260 \times 10^6 \times 4.368 \times 10^{-3}}{0.75 \times 60} W = 219.4 W$

制动：　　　该阶段，主换向阀回到中位，泵卸荷，运动滑台靠惯性上行最后一段微小距离，故此时泵的输入功率近似为 0。即：$P_{E5} \approx 0$

反向启动：　泵压力：　　$p_{b6} = p_6 + \sum \Delta p_1''' = (0.630 + 0.473) MPa = 1.103 MPa$

　　　　　　　　泵流量：　　$q_{b6} = \sum q_b = 11.648 L/min$

　　　　　　　　泵输入功率：　$p_{E6} = \dfrac{p_{b6} q_{b6}}{\eta_b} = \dfrac{1.103 \times 10^6 \times 11.648 \times 10^{-3}}{0.75 \times 60} W = 285.5 W$

匀速快下：　泵压力：　　$p_{b7} = p_7 + \sum \Delta p_1''' = (0.601 + 0.473) MPa = 1.074 MPa$

　　　　　　　　泵流量：　　$q_{b7} = \sum q_b = 11.648 L/min$

　　　　　　　　泵输入功率：　$p_{E7} = \dfrac{p_{b7} q_{b7}}{\eta_b} = \dfrac{1.074 \times 10^6 \times 11.648 \times 10^{-3}}{0.75 \times 60} W = 278.0 W$

反向制动：　该阶段，主换向阀回到中位，泵卸荷，液控单向阀开始关闭，运动滑台靠惯性下行最后一段微小距离后，因液控单向阀关死而停止，故此时泵的输入功率近似为 0，即：$P_{E8} \approx 0$

· 系统单位时间发热量由式(9.19)计算：

$$H = \frac{1}{T} \cdot \sum_{i=1}^{8} (P_{Ei} - P_{Oi}) \Delta T_i = \frac{1}{23.85} [(686.2 - 170.1) \times 0.5 + (681.0 - 337.0) \times$$

$$7.53 + (218.3 - 216.0) \times 0.5 + (219.4 - 97.4) \times 6.33 +$$

$$(0 - 48.5) \times 0.5 + (285.5 - 50.96) \times 0.5 + (278.0 - 97.3) \times$$

$$7.67 + (0 - 34.0) \times 0.5] W = 213.2 W$$

2）系统热平衡温度计算

设油箱边长比在 1：1：1～1：2：3 范围，由式(9.22)，油箱散热面积为：

$$A = 0.065 \sqrt[3]{V^2} = 0.065 \sqrt[3]{70^2} m^2 = 1.104 m^2$$

假定自然通风不好，取油箱散热系数：　　　　$C_T = 8 \times 10^{-3} kW/m^2$

设室内环境温度为 25℃，则系统热平衡温度：

$$t_2 = t_1 + \frac{H}{C_T A} = 25 + \frac{0.213 2}{8 \times 10^{-3} \times 1.104} ℃ = 49.14 ℃$$

满足 $t_2 \leqslant [t] = 60℃$，油箱容量合适。

(3) 系统的效率验算

　　根据"系统发热和温升计算"中已求出的上料机在整个工作循环的周期以及各阶段的时间、功率，便可方便地求得系统的平均效率。

　　系统的平均输出功率：

$$\overline{P}_O = \frac{1}{T}\sum_{i=1}^{8} P_{Oi} \cdot \Delta t_i = \frac{1}{23.85}[(170.1 \times 0.5) + (337.0 \times 7.53) +$$

$$(216.0 \times 0.5) + (97.4 \times 6.33) + (48.5 \times 0.5) + (50.96 \times 0.5) +$$

$$(97.3 \times 7.67) + (48.1 \times 0.5)]W =$$

$$\frac{4\ 166.59}{23.85}W = 174.70W$$

系统的平均输入功率：

$$\overline{P}_E = \frac{1}{T}\sum_{i=1}^{8} P_{Ei} \cdot \Delta t_i = \frac{1}{23.85}[(686.2 \times 0.5) + (681.0 \times 7.53) + (218.3 \times 0.5) +$$

$$(219.4 \times 6.33) + (0 \times 0.5) + (285.5 \times 0.5) + (278.0 \times 7.67) + (0 \times 0.5)]W =$$

$$\frac{9\ 243.99}{23.85}W = 387.59W$$

系统的平均效率：$\qquad\qquad \overline{\eta} = \frac{\overline{P}_O}{\overline{P}_E} = \frac{174.70}{387.59} = 45.07\%$

9.2.7　绘制液压系统工作图,编写技术文件

此项内容这里略去。

小　结

本章介绍了液压系统设计的一般步骤和方法,并运用这些步骤和方法进行了一个典型液压系统的设计。设计举例主要是为初学者安排的,步骤和计算详尽,目的是让初学者对液压系统设计的基本原理和步骤有深入的了解,打好基础。只有在基础扎实后,才可根据工程实际的需要,对一些不是十分必要的步骤和计算进行简化,达到既满足要求,又简化设计的目的。

在实际设计中,应注意以下几方面:

①设计的各项步骤往往并不是完全按照本章所列的先后顺序进行,有些先后顺序是可以变动的。

②速度、负载循环图,压力、流量、功率循环图有时并不用画,或者不用画得像教材中介绍得那样详细,只需求出最大和最小值即可;但是,必须弄懂为什么。

③对采用节流调速回路的液压系统,液压缸的最大功率点与液压泵的最大功率点往往并不对应,原因是液压缸在大负载(高压力)时,速度一般较低,故功率并不大;由于液压泵是定量泵,此时并没有减小流量,只是其排出的流量被分流了,没有完全进入液压缸,而泵压却很大(由负载确定),因而功率仍很大。在确定电机功率时,应以泵的最大功率为依据。

④在进行液压系统性能验算时,管路的长度、结构和布局本应详尽方能计算准确,但往往很难做到。工程设计中,一般按保守原则(偏安全原则)进行,有时并不一定需要数据齐全后才进行计算,有时甚至不进行验算,而采用把不利因素估计大一点的方法来处理。

思考题与习题

9.1　何谓速度循环图、负载循环图、流量循环图、压力循环图和功率循环图？它们之间有何关系？根据速度循环图和负载循环图可以作出功率循环图,根据压力循环图和流量循环图也可以作出功率循环图,两者之间有什么区别？

9.2　在液压系统中,凡遇到压力控制阀都涉及压力调节问题。如何确定压力控制阀的调节压力？

9.3　液压系统设计的各步骤是互相联系、互相影响的,往往要交叉进行,并经过多次反复才能完成设计工作。在本章设计举例中的各步骤中,哪些地方可能会出现交叉进行的情况？

9.4　如题图 9.1 所示的压力机系统,其工作循环为:快速下降→压制→快速退回→原位停止。已知:①液压缸无杆腔面积 $A_2 = 100\text{cm}^2$,有杆腔工作有效面积 $A_1 = 50\text{cm}^2$,运动部件自重 $G = 5\,000\text{N}$；②快速下降时的外载荷 $F = 1 \times 10^4\text{N}$,速度 $v_1 = 6\text{m/min}$；③压制时的外负载 $F = 5 \times 10^4\text{N}$,速度 $v_2 = 0.2\text{m/min}$；④快速退回时的外负载 $F = 1 \times 10^4\text{N}$,速度 $v_3 = 12\text{m/min}$。管路压力损失、泄漏损失、液压缸内密封摩擦力以及惯性力均不考虑。试求:

①液压泵 1 和 2 的最大工作压力及流量；

②阀 3、4、6 各起什么作用？它们的调节压力各为多少？

9.5　一台专用铣床工作台要求完成快进→工作给进→快退→停止的自动工作循环。铣床工作台重 4 000N,工件及夹具重 1 500N,最大切削阻力为 9 000N；工作台快进、快退速度均为 0.075m/s,工作进给速度为 0.001 3m/s,启动和制动时间均为 0.2s,工作台采用平导轨,静、动摩擦因数分别为 $f_s = 0.2, f_d = 0.1$；工作台快进行程为 0.3m,工作进给行程为 0.1m。试设计该铣床工作台给进液压系统。

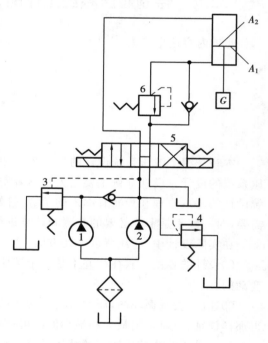

题图 9.1

第 10 章　液压伺服系统

液压伺服系统是以液压能为能源来控制位移、速度、力等机械量的自动控制系统,也称液压随动系统。它除具有液压传动的所有优点外,还具有响应速度快、抗负载刚性大、控制精度高等显著特点,在冶金、机械、化工、船舶、航天等部门的自动控制中得到了广泛的应用。液压伺服系统是液压传动学科的一个重要组成部分,目前已发展成为相对独立的分支。

要系统、深入地学习液压伺服系统,必须具备一定的自动控制理论基础知识。本章仅就液压伺服系统的基本原理、性能和应用作一概略介绍。

10.1　液压伺服系统概述

10.1.1　液压伺服系统的工作原理

图 10.1 是一种原始的液压仿形铣床的示意图,它是一个简单的液压伺服系统。刀架 3 可沿轨道 5 左右移动,其上装有动力铣刀头、液压缸、滑阀(伺服阀)。如图所示,液压源(未画出)接滑阀的中间输入口,当触销 8 还没碰到靠模 9 时,在弹簧 6 的作用下,滑阀的阀芯紧靠左边挡套 7,打开了进、出油的通路,中间口的压力油引至液压缸无杆腔,同时,有杆腔恰好通油箱,使缸体向左运动,带着刀架 3 上的铣刀轴和触销一起向左移动,铣刀 2 便对工件 1 的毛坯进行铣削。随着工件被逐渐地铣深,触销也逐渐地靠近靠模。当触销触及靠模时,触销和阀芯停止运动,而滑阀的阀体随着刀架仍继续向左运动,使阀出油口变小,铣刀左移的速度开始减小。当阀芯凸肩恰好堵住滑阀出油口时,铣刀就不再左移,此时,便完成了初始对刀。然后,工作台横向进给移动,触销在靠模表面滑动进给时,靠模的高度有三种可能:第一是高度不变,这时因油口仍被堵死,刀架不会左右移动,所以,被铣工件的高度不变;第二是进给后的高度凸起,这时靠模推动触销右移而压缩滑阀弹簧,阀芯右移,油口打开,中间口的压力油进入液压缸有杆腔,而无杆腔通油箱,缸体带着刀架上的铣刀右移,铣刀的右移动与工件的横向进给运动合成后,铣刀就在工件表面铣出相应的凸起轮廓;第三是进给后的高度凹下,这时在弹簧作用下,阀芯左移,中间口的压力油进入液压缸无杆腔,有杆腔通油箱,铣刀左移而在工件表面铣出相应

的下凹轮廓。

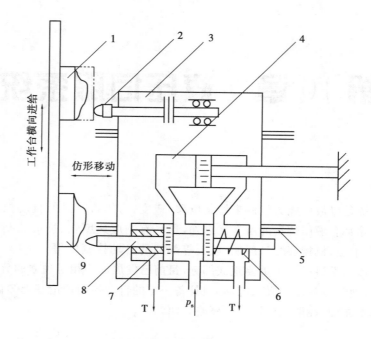

图 10.1 原始液压仿形铣床示意图

1—工件；2—铣刀；3—刀架；4—液压缸；5—导轨；6—弹簧；7—挡套；8—触销；9—靠模

综上所述，只要靠模在进给中与触销触点的位置高度一有变化，触点与铣刀的相对位置关系立刻出现差异，也就是有位置偏差信号的存在，此位置偏差信号经触销传递，使得滑阀的阀体与阀芯的相对位置关系发生变化，滑阀出油口的开启度就发生变化，液压缸就随着产生相应的运动。液压缸的运动反过来又要影响原来的位置偏差信号，使铣刀与触点的位置偏差减少，直到为零，阀口关闭，液压缸又停止运动。这样，触销一动，铣刀就跟随着运动，而铣刀的运动是靠液压力推动的，这种系统就称为液压伺服系统，更形象地称作液压随动系统。

10.1.2 液压伺服系统的组成

下面将结合上例来看液压伺服系统的组成。一个实际的液压伺服系统无论多么复杂，都是由一些基本的元件组成的，可用图 10.2 所示的职能方块图表示。图中，每一个方块表示一个元件，带有箭头的线段表示元件间的相互关系，即系统信号的传递方向，箭头指向方块表示输入，反之，表示输出。比较元件用带"×"的圆圈表示，它与三个带箭头的线段相连，用正、负号表示输入极性。输入和输出量可用符号表示在箭头线段的上方。各基本元件及其在系统中的功能如下：

(1)指令元件(又称给定元件)

给出与被控制对象所希望的运行规律相对应的指令信号(输入信号)，加在系统中的输入端(如上例中的靠模)。给定元件可以是机械装置(如凸轮、连杆、模板等)，给出位移信号；也可

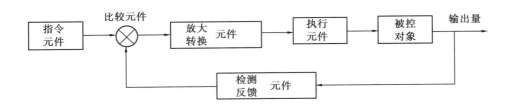

图 10.2　液压伺服系统职能方块图

是电气元件(如电位计,程序装置等),给出电压信号。

(2)检测反馈元件

用来检测系统输出量,并将其转换成与输入信号具有相同形式的反馈信号,并回输给比较元件。上例中没有专门的反馈元件,是将液压缸的缸体与滑阀的阀体直接相连来完成反馈元件的功能,这称做刚性机械反馈。反馈元件可以是机械装置(如齿轮副、连杆等),也可是电气元件(如电位计、测速电机等)。

(3)比较元件

用来比较输入信号和反馈信号,并将它们的差值作为偏差信号输送给后面的元件。上例中滑阀就兼作比较元件,靠模输入的位置信号经触销传给滑阀,铣刀的位置信号经液压缸缸体的刚性连接直接传给滑阀,滑阀将两个位置信号加以比较,最后得到一个位置偏差信号,即阀芯与阀体的相对位置,从而确定了油口的开启状态和大小,进而控制了执行元件(液压缸)的运动状态及运动速度。实际系统中,一般没有专门的比较元件,而是由某一结构元件替代完成比较元件的功能。

(4)放大转换元件(液压功率放大器)

起信号转换、能量转换及功率放大的作用。用来把比较元件的偏差信号加以放大,并最终转换成液压物理量,进而控制液压执行元件的动作。如上例中的滑阀,它把靠模与铣刀的位置偏差信号转换成液压油的压力、流量信号输出,并实现信号功率的放大。

(5)执行元件

接受放大转换元件传来的液压动力,直接驱动被控对象。如上例中的液压缸,其输入液压能,驱动刀架沿导轨移动,从而驱动铣刀(被控对象)运动。在液压伺服系统中,执行元件是液压缸或液压马达。

(6)被控制对象

其接受液压伺服系统的控制,并输出被控制量。如上例中的铣刀,它输出的被控制量是铣刀的位移。

以上六部分是液压伺服系统的基本组成。为改善系统性能,可增设校正元件;为了使输入信号按比例放大或缩小,可增设比例元件。这两部分在图中未画出。此外,也可把液压源部分归入液压伺服系统组成中,因液压源的压力和流量的波动以及供油压力的大小对系统的性能会产生直接影响。

10.1.3　液压伺服系统的特点

通过以上对液压伺服系统工作原理及组成的讨论可以看出,液压伺服系统与一般的液压传动系统相比,具有以下特点:

①尽管同样有液压泵(能源)、液压马达或液压缸(执行元件)和控制元件,但控制调节的精度要求更高。如液压源提供的液压力和流量应更稳定,进入执行元件的流量特性的线性度要好。

②它是一个跟踪系统:被控制对象(例中的铣刀)能自动跟踪输入信号(例中触销的位移)的变化而动作。

③它是一个信号放大系统:系统的输出信号功率(执行元件输出的机械功率)是系统的输入信号功率(例中触销处输入的机械信号功率)的数倍甚至数千倍。

④它是一个负反馈闭环系统:被控制对象(或执行元件)产生的运动量(输出量)必须经检测反馈元件回输到比较元件,力图抵消使被控制对象(或执行元件)产生运动的输入信号,即力图使偏差信号减小到零,从而形成一个负反馈闭环系统。从图 10.2 中的系统职能方块图可直观地看出。

⑤它是一个误差控制系统:执行元件的运动状态只取决于输入信号与反馈信号的偏差大小,而与其他无关。当偏差信号为零时,执行元件不动;当偏差信号为正(负)时,执行元件正(反)向运动;当偏差信号绝对值增大(减小)时,执行元件输出的力和速度增大(减小)。

10.1.4　液压伺服系统的分类

液压伺服系统按不同的原则有多种分类方法,最常见的有以下三种:

(1)按被控物理量的不同分类

按被控物理量的不同可分为:①位置控制系统;②速度控制系统;③力控制系统;④其他被控输出量控制系统。工程中最常用的主要是前三种。

(2)按传递信号(指输入和偏差信号)的元件不同分类

按传递信号(指输入和偏差信号)的元件不同可分为:①电液伺服系统(传递信号的元件为电气元件);②机液伺服系统(传递信号的元件是机械装置);③气液伺服系统(传递信号的元件是气动元件)。

(3)按液压控制元件的不同分类

按液压控制元件的不同可分为:①阀控系统(利用节流原理,靠液压伺服阀来控制进入执行元件流量的系统);②泵控系统(利用伺服变量泵改变泵排量的方法来控制进入执行元件流量的系统)。

以上三种分类方法是从液压伺服系统的不同角度考虑的,它们实际上可能指的是同一个系统,应将它们有机地联系起来。例如,有一个具体的液压伺服系统,它控制的物理量是被控对象的位置、传递信号的元件是电气元件、执行元件的速度和力是由液压伺服阀来控制,则该系统可称为阀控式电液伺服位置控制系统。

10.2　液压伺服阀

在图 10.1 所示的系统中提到的滑阀,实际上不同于一般的换向滑阀,而是液压伺服阀。液压伺服阀又叫液压功率放大器,在它的输入端输入较小的机械控制功率(阀芯的机械运动),在输出端就可输出很大的液压功率。在液压伺服系统中,液压伺服阀是最关键的元件。

液压伺服阀主要有三类:滑阀式伺服阀、喷嘴挡板式伺服阀、射流管式伺服阀。滑阀式伺服阀具有很高的功率放大倍数,既可作为单级伺服阀使用,又可作为多级伺服阀的功率放大级;后两种阀的功率放大倍数小,一般用于多级(二、三级)伺服阀的前置放大级。下面分别介绍这三种伺服阀的结构及工作原理。

10.2.1　滑阀式液压伺服阀

滑阀式液压伺服阀具有最优良的控制性能,在液压伺服系统中应用最广。它的结构与液压换向滑阀很相似,但由于工作目的不同,在设计要求上却有很大差异。作为换向阀,实际上是液压开关,每个阀口只有两个状态,要么完全打开,要么完全封死,结构上很容易保证;而滑阀式液压伺服阀则是一种比例控制的液压放大器,每个阀口具有连续变化的开启度,以便连续调节通过液体的流量,其加工精度(特别是轴向尺寸加工精度)要求很高。

下面介绍工程中使用最广泛的、带有四条节流工作边的液压伺服阀。由于它有四个油口,故也称做四通液压伺服阀。图 10.3 是有三个凸肩、四条节流工作边的液压伺服阀的结构及工作原理示意图。在结构上,三个凸肩的直径相同,液压力在阀芯上产生的轴向作用力基本自平衡,控制阀芯移动的作用力可以很小;左凸肩的右棱边、右凸肩的左棱边、中间凸肩的左右两个棱边均为节流工作边。该类液压服阀与各种液压执行元件均可配合使用。如图 10.3 所示,液压源提供的恒压压力油 p_s 接滑阀输入口 P,控制口 A、B 分别接液压缸的两腔,回油口 T 接油箱。当伺服阀处常态(无推动阀芯移动的输入控制信号)时,各节流工作边将 P、T 油口恰好堵死,液压缸缸体不运动;当输入信号使阀芯向左移动一微小距离时,P→B,A→T,液压缸缸体向左运动;反之,当输入信号使阀芯向右移动一微小距离时,P→A,B→T,液压缸缸体向右运动。缸体运动的速度与阀口开启度(或阀芯位移量)成正比。若把液压缸缸体与滑阀阀体固连,便形成负反馈连接,液压缸缸体将跟随阀芯做随动运动,实现伺服控制,即:若阀芯在外力(输入信号)作用下向左(右)移动一微小距离,使阀口开启,液压油进入液压缸推动液压缸缸体也向左(右)移动一相同的距离,直至阀口关闭,液压缸又停止运动。

按照节流工作边相对于阀套槽边的位置不同,液压伺服阀可制成正开口、零开口和负开口三种类型,如图 10.4 所示,即:当滑阀处零位(无输入控制信号)时,阀芯凸肩节流工作边与阀套槽边的相对位置分别为正开口($x>0$)或负重叠、零开口($x=0$)或零重叠、负开口($x<0$)或

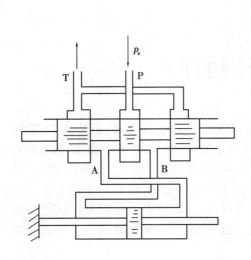

图 10.3　滑阀式液压伺服阀结构
及工作原理示意图

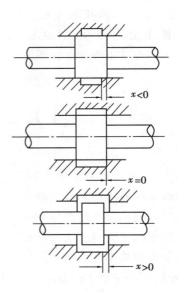

图 10.4　滑阀的开口形式
负开口($x<0$)；零开口($x=0$)；
正开口($x>0$)

正重叠。开口形式对滑阀的流量特性影响很大,其中零开口滑阀的流量特性基本上是线性的,应用最广。此外,有四条节流工作边的液压伺服阀也可制成两凸肩、四凸肩等形式,工作原理与上相同。

从以上分析可知,滑阀式液压伺服阀是依靠阀芯的工作节流边与阀口的相对位置的变化来改变通过流体的流量及流动方向的,属节流式液压放大器。因此,节流工作边与阀口的配合情况以及阀口的形状对滑阀的流量特性影响很大,故阀芯凸肩及阀口的加工精度要求很高。为了保证阀口的加工精度,一般在阀体内压装阀套,而在阀套上加工精确的阀口。阀口的形状主要有圆孔和方孔两种。圆孔加工简单,但流量的线性较差,用于要求较低的场合;方孔流量的线性较好,但加工困难。在两者中,方孔应用较多。方孔的加工大都借助线切割机进行电火花加工。阀套有整体式和叠合式两种。图 10.5 为叠合式阀套,其可降低阀口的加工难度。阀芯的加工相对于阀套要简单得多,主要要求节流工作边尖锐,并且与轴线垂直,凸肩之间的轴向尺寸公差小。

10.2.2　喷嘴挡板式液压伺服阀

前面介绍了应用最广泛的滑阀式伺服阀,它存在着一些固有的缺点,例如,阀芯质量大,惯性大,动态响应相对较慢,灵敏度低;阀芯与阀套之间的摩擦力相对较大,需要的控制推力也较大;加工困难,成本高;对油液污染较敏感。这使得它在低功率、动态响应要求快的场合就不太适应。喷嘴挡板式液压伺服阀却能克服上述缺点。

喷嘴挡板式液压伺服阀有单喷嘴和双喷嘴两种,由于后者具有较高的功率放大倍数,因而应用较多。这里只介绍双喷嘴挡板式液压伺服阀。至于单喷嘴挡板式伺服阀,其工作原理与

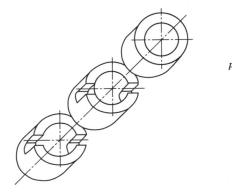

图 10.5　叠合式阀套示意图

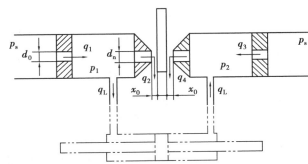

图 10.6　喷嘴挡板式液压伺服阀示意图

双喷嘴挡板式伺服阀相似。

　　图 10.6 为双喷嘴挡板式液压伺服阀的结构及工作原理示意图。在结构上,该阀左右完全对称,各有一直径为 d_0 的固定节流口和直径为 d_n 的喷嘴;两喷嘴的正中间有一挡板,挡板支承在上部的转轴上(未画出),可随转轴左右小幅度摆动。这样,挡板与各喷嘴就构成了可变节流口。液压源提供的恒压力为 p_s 的油同时进入左、右输入端,经两固定节流口流入左、右控制腔,又沿喷嘴高速喷向挡板,并由喷嘴与挡板之间的缝隙流回油箱。在左、右控制腔处各设一控制阀口,分别与执行元件(图中为液压缸)的两油口相接。当伺服阀处零位(无输入信号,挡板未发生偏转)时,挡板到两喷嘴的距离均为 x_0,两喷嘴处的节流压降相同,从而使两控制腔的压力 p_1 及 p_2 相等,因此,液压缸左、右腔压力也相等,活塞不动;当输入信号使挡板绕转轴顺时针转动一微小角度而靠近左喷嘴时,左喷嘴处的节流压降增大,右喷嘴处的节流压降减小,导致左控制的压力 p_1 大于右控制腔的压力 p_2,液压缸左腔进油,右腔排油,活塞向右运动;反之,当挡板绕转轴逆时针转动一微小角度而靠近右喷嘴时,结果与上正好相反,活塞向左运动。很明显,活塞移动的速度以及产生推力的大小与输入信号(或挡板的偏移量)的大小成正比,活塞运动的方向取决于输入信号的极性(或挡板偏移的方向)。

　　由上可见,用很小的机械功率操纵挡板,便可以在喷嘴挡板式伺服阀的输出端得到较大的液压功率,实现信号转换及功率放大的功能。但是,在喷嘴处自始至终有液压油泄漏,能量损失较大,因而这种阀只能用在小功率场合。

　　与滑阀式伺服阀相比,喷嘴挡板式伺服阀结构简单,加工精度要求不高,制造容易;运动部件(挡板)质量轻,惯性小,位移量小,故灵敏度高,动态响应快;对油液的污染不太敏感。喷嘴挡板式伺服阀多用于多级伺服阀(二、三级)的前置放大级,在 10.3 节的电液伺服阀中可见到其应用。

10.2.3　射流管式液压伺服阀

　　尽管射流管式伺服阀的应用不如滑阀式和喷嘴挡板式伺服阀广泛,但它具有的一些优点已引起人们的重视,如:结构非常简单,制造容易,使用寿命长,事故率低,对污染最不敏感,工作可靠。目前,射流管式伺服阀的应用实例日益增多,因而有必要作一介绍。

　　图 10.7(a)为射流管式液压伺服阀的结构及工作原理示意图,它主要由一个射流管和接收器组成。射流管内孔断面呈收缩型,以便使液体加速,它由 O 点处的转轴支承并可随其偏摆。压力 p_s 和流量 q_s 均为恒值的能源液体输入射流管内,经加速后向接收器表面高速喷出。接收器表面有两个小圆接收孔,小孔呈扩散型并通向伺服阀的输出口,与下一级液压元件(图中为液压缸)的两腔相连。恒压恒流液体由射流管喷口高速喷出时,高压液体的压力能转变成高速液体的动能。高速液体喷进接收小孔后,因断面扩大而减速,动能又转变为压力能。当伺服阀处零位(支承转轴处无输入转角信号)时,射流管喷口正对两接收小孔的正中。由于两小孔接收液体动能相等,所以两小孔输出的压力也相等,液压缸不运动;当射流管在输入信号控制下顺时针偏转微小角度 θ 后,喷口中心由原始位置向左偏移微小距离 x,如图 10.8 所示,图中两大圆表示接收小孔,虚圆表示阀处零位时喷口位置。这时,喷口圆与接收器左接收小孔圆相重叠的面积为 A_1,与右接受小孔圆相重叠的面积为 A_2。由于 A_1 大于 A_2,则喷入 A_1 的能量多于喷入 A_2 的能量,左孔的压力 p_1 升高,右孔的压力 p_2 下降,压力差(即负载压力)p_L($p_L = p_1 - p_2$)推动液压缸活塞右行;若射流管逆时针偏转,则会发生与以上相反的结果,液压缸活塞向左运动。显然,活塞移动的速度以及产生推力的大小与输入信号——射流管喷口偏移量 x 成比例。

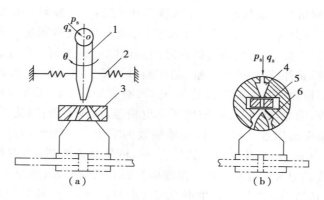

图 10.7　射流管式液压伺服阀示意图
1—射流管;2—复位弹簧;3、6—接收器;4—压力喷口;5—偏流器

　　射流管式伺服阀是一种非节流式液压伺服阀,其工作理与滑阀式和喷嘴挡板式液压伺服阀有本质区别。前者是靠改变液体动能的分配比例来控制执行元件运动的,而后两者是利用节流口开口量不同形成不同的压力降来控制执行元件运动的。

　　射流管式液压伺服阀所用的介质可以是液体,也可是气体。由于气体输入压力不可能很高,密度又较小,故功率放大倍数相对较小,目前多用液体。

　　与喷嘴挡板式伺服阀一样,射流管式伺服阀多用于多级(二、三级)伺服阀的前置放大级。在 10.3 节的电液伺服阀中可见到其应用。

　　射流管式液压伺服阀除上述结构形式外,还有一种"偏转射流式",如图 10.7(b)所示,其主要工作原理与上述相同。在结构上的主要差异是:喷嘴和接收器均固定,而在两者之间增设了偏流器,靠偏流器的左右移动改变液体动能在接收器中的分配。其优点是:①提高了制造和装配的工艺性;②结构简单,寿命长;③偏流器质量小,动态响应快;④抗污染能力强。

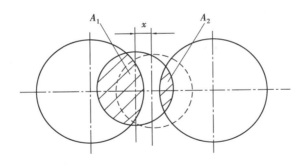

图 10.8　接收器小孔与喷口面积重叠示意图

10.3　电液伺服阀

　　电信号在传输、运算、转换等方面既快速又方便,几乎各种物理量都能方便地转化为电信号。因此,在一些复杂的、高精度的自动控制系统中,广泛地采用电气装置作为信号的比较、放大、检测反馈等元件,而用液压元件作为功率输出部分。这种将电、液两种元件的长处结合起来而组成的电液伺服系统目前正得到日益广泛的应用。

　　在电液伺服系统中,电液伺服阀是核心部分。如图 10.9 所示,输入信号 e_i 及反馈信号 e_f 均为微弱的电信号,两者经过比较,在电伺服放大器中放大,并转化为差动电流 Δi 输入到力矩马达中,再转化成机械位移而输入下级液压放大元件。液压放大元件(可以是多级)输出具有一定压力和流量的压力油,推动液压执行元件拖动负载运动。系统的输出位移量 x_p 经检测反馈元件转化为电压信号 e_f 后返回比较元件,形成负反馈闭环系统。这里,电液伺服阀是联系电信号和液压信号的桥梁,被称为电液伺服系统的心脏。

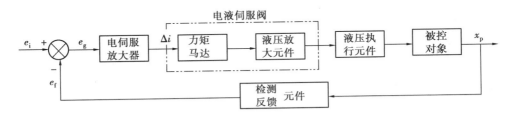

图 10.9　电液伺服系统的组成

　　从图中看出,电液伺服阀由力矩马达和液压放大元件构成。其中,力矩马达是电气—机械转换器,它将差动电流信号转换成平动或摆动的机械位移信号,去推动液压放大元件工作;而液压放大元件将力矩马达输出的小功率机械位移信号转换并放大成大功率的液压信号,驱动执行元件运动。实际上,这里的液压放大元件就是 10.2 节介绍的液压伺服阀。

　　电液伺服阀具有各种不同的结构形式。按液压放大级数的不同有二级、三级放大式。最常用的是二级放大式电液伺服阀。这里只介绍此类。

二级电液伺服阀的职能符号见图 10.10 右下图。

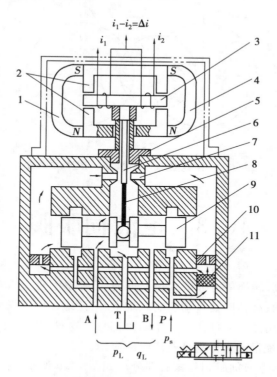

$i_1 - i_2 = \Delta i$

图 10.10 双喷嘴挡板式电液伺服阀(力反馈式)

1、4—永久磁铁;2—导磁体;3—衔铁;5—弹簧管;6—挡板;7—喷嘴;

8—力反馈杆;9—阀芯;10—固定节流口;11—精滤油器

10.3.1 电液伺服阀的结构及工作原理

二级放大式电液伺服阀由力矩马达、液压前置放大器和液压功率放大器三部分组成。其中,液压前置放大器由前面介绍的喷嘴挡板式液压伺服阀或射流管式液压伺服阀充当,而液压功率放大器则采用带有四条节流工作边的滑阀式液压伺服阀(四通伺服阀)。

(1)双喷嘴挡板式电液伺服阀

在双喷嘴挡板式电液伺服阀中,最常用的是力反馈式。图 10.10 所示为力反馈双喷嘴挡板式电液伺服阀的结构原理图。它由上部电磁元件和下部液压元件两大部分组成。电磁元件就是力矩马达,由永久磁铁 1 和 4、导磁体 2、衔铁 3、弹簧管 5 和绕在衔铁上的控制线圈组成。控制线圈有两组,根据需要可将它们串联、并联或差动连接,如图 10.16 所示。液压元件是一个两级液压伺服阀,前置放大级是双喷嘴挡板式液压伺服阀,功率放大级是带有四条节流工作边的滑阀式液压伺服阀。阀芯 9 通过力反馈杆 8 上的小球与衔铁挡板组件相连。

当输入力矩马达的差动电流 Δi 为零时,衔铁由弹簧管支承在上、下导磁体之间的正中位置。此时,挡板 6 也位于两喷嘴 7 之间的正中位置,即伺服阀处常态,液压源提供的压力为 p_s 的恒压油经精滤油器 11、左右两固定节流口 10 进入控制腔。由于挡板到两喷嘴的距离相同,两控制腔的压力也相等,作用于阀芯左、右端面的推力也相等,阀芯在力反馈杆的约束之下处于中间位置,液压伺服阀的各阀口封死,电液伺服阀无压力油输出。

若力矩马达有差动电流输入,视差动电流的极性($\Delta i > 0$ 或 $\Delta i < 0$),衔铁将在电磁力矩作用下发生顺时针或逆时针的偏转。假设 $\Delta i > 0$ 时,衔铁顺时针偏转,如图 10.11 所示,挡板随之偏转并向左喷嘴靠近,左控制腔压力升高,右控制腔压力降低,阀芯在压差作用下向右移动。电液伺服阀阀口 P→B,A→T,有液压油输出。这时的力反馈杆一方面要随着挡板顺时针偏转而向左移动,另一方面又要随着阀芯向右移而迫使挡板向中间位置回复,结果使力反馈杆发生图 10.11 所示的弯曲变形。当作用于衔铁上的电磁力矩与弹簧管和力反馈杆的变形弹性反力矩平衡时,衔铁处于一个新的平衡位置;同时,作用于阀芯的液压作用力与力反馈杆的变形弹性力也处于平衡,阀芯也处于一新的平衡位置。结果是阀芯向右移动了 x_v,阀口对应一相应的开启度,伺服阀输出端输出相应的流量 q_L。由于力矩马达的电磁力矩与输入的差动电流 Δi 成比例,也可以证明,阀芯的位移量与力矩马达的电磁力矩也成比例,因而阀芯的位移量与输入差动电流成比例,也就意味着伺服阀输出流量与输入差动电流成比例,而输出液流的方向取决于输入差动电流的极性。这样就使输出流量与输入差动电流对应起来,改变输入电流信号的大小和极性,就可以改变电液伺服阀的输出流量的大小和方向,以实现电液伺服阀的功能要求。

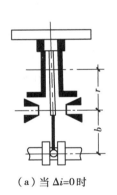
（a）当 $\Delta i = 0$ 时

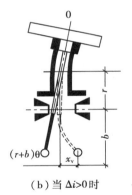
（b）当 $\Delta i > 0$ 时

图 10.11　力反馈杆变形示意图

该阀的特点是:采用了力反馈杆,使得挡板基本在零位附近工作,输出流量与输入电流之间关系的线性度较好;阀特性不受中间参数影响,抗干扰能力强;喷嘴与挡板间的缝隙很小,易受污染而卡住,故对油液清洁度要求较高。

在上述电液伺服阀中,若去掉力反馈杆,并在阀芯两端增设对中弹簧,就由"力反馈式"变为"对中弹簧式",但其性能不如"力反馈式",故用得不太多。

(2)射流管式电液伺服阀

图 10.12 为射流管式电液伺服阀的结构原理图。它由上部电磁元件和下部液压元件两大部分组成。电磁元件为力矩马达,与双喷嘴挡板式电液伺服阀的力矩马达一样。液压元件为两级液压伺服阀,前置放大级为射流管式液压伺服阀,功率放大级为滑阀式液压伺服阀。射流管 2 与力矩马达的衔铁固连,它不但是供油通道,而且是衔铁的支承弹簧管。接收器 3 的两接收小孔分别与滑阀式液压伺服阀的阀芯 5 的左右两端的容腔相通。

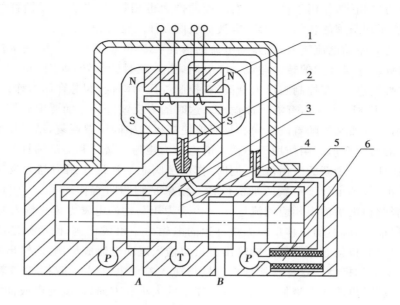

图 10.12　射流管式电液伺服阀

1—导磁体;2—射流管;3—接收器;4—定位弹簧板;5—阀芯;6—精滤油器

当无信号电流输入时,力矩马达无电磁力矩输出,衔铁在起弹簧管作用的射流管支承下,处于上、下导磁体之间的正中位置,射流管的喷口处于两接收小孔的正中间,液压源提供的恒压力液压油进入电液伺服阀的供油口 P,经精滤油器 6 进入射流管,由喷口高速喷出。由于两接受小孔接收的液体动能相等,因而阀芯左右两端容腔的压力相等,阀芯在定位弹簧板 4 的作用下处于中间位置,即处常态,电液伺服阀输出端 A、B 口无流量输出。

当力矩马达有信号电流输入时,衔铁在电磁力矩作用下偏转一微小角度(假设其顺时针偏转),射流管也随之偏转使喷口向左偏移一微小距离。这时,左接收小孔接收的液体动能增多,右接收小孔接收的液体动能减少,阀芯左端容腔压力升高,右端容腔压力降低,在压差作用下,阀芯向右移动,并使定位弹簧板变形。当作用于阀芯的液压推力与定位弹簧板的变形弹力平衡时,阀芯处于新的平衡位置,阀口对应一相应的开启度,P→A,B→T(回油口),输出相应的流量。由于定位弹簧板的变形量(也就是阀芯的位移量)与作用于阀芯两端的压力差成比例,该压差与喷口偏移量成比例,喷口偏移量与力矩马达的电磁力矩成比例,电磁力矩又与输入信号电流成比例,因而阀芯位移量与输入信号电流成比例,也就是该电液伺服阀的输出流量与输入信号电流成比例。改变输入电流信号的大小和极性,就可以改变电液伺服阀的输出流量的大小和方向。

与喷嘴挡板式电液伺服阀相比,射流管式电液伺服阀的最大优点是抗污染能力强。据统计,在电液伺服阀出现的故障中,有 80% 是由液压油的污染引起的,因而射流管式电液伺服阀越来越得到人们的重视。

(3)动圈式电液伺服阀

动圈式电液伺服阀主要有位置直接反馈式和电反馈式两种,这里仅介绍前者。

图 10.13 为动圈位置直接反馈式电液伺服阀结构原理图。它由左部电磁元件和右部液压

元件组成。电磁元件为动圈式力马达,由永久磁铁 3、导磁体 4、左右复位弹簧 7、调零螺钉 1 和带有线圈绕组的动圈 6 组成。线圈绕组有两个,根据需要可将它们串联、并联或差动连接,如图 10.16 所示。动圈与一级阀芯 8 固连,并由其支撑在两导磁体形成的气隙 5 之中。当有电流通过线圈绕组时,视电流的方向不同,动圈会带动一级阀芯向左或右移动。液压元件是带有四条节流工作边的滑阀式液压伺服阀(即四通液压伺服阀)。液压伺服阀阀芯 9(二级阀芯)是中空的,中间装有可随动圈左右移动的一级阀芯。

　　当电液伺服阀无控制信号输入(动圈绕组无电流通过)时,在两复位弹簧作用下,动圈和一级阀芯处于某一特定位置。与此同时,液压源输入的液压油经二级阀芯上的左、右两固定节流孔 13、14 进入二级阀芯左右端面处的控制腔 11、16 内,又穿过由一级阀芯的左右凸台和二级阀芯左右端面构成的可变节流口 12、15 进入一、二级阀芯之间形成的环形空间,经二级阀芯的径向孔流回油箱。由于二级阀芯处于浮动状态,在端面处的液压力作用下,一定会处于某一平衡位置,使得两可变节流口的开口相同,两端面控制腔内的液体压力相等。此时,二级阀芯的四条工作节流边应该正好将电液伺服阀的四个工作油口堵死,输出流量为零。否则,需调节调零螺钉,达到该要求。该调节过程称做电液伺服阀的“调零”。

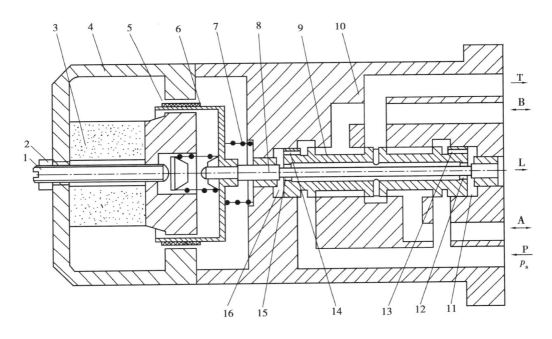

图 10.13　动圈式电液伺服阀

1—调零螺钉;2—锁紧螺母;3—永久磁铁;4—导磁体;5—气隙;6—动圈;7—复位弹簧;
8——一级阀芯;9—二级阀芯;10—阀体;11—右控制腔;12—右可变节流口;13—右固定节流口;
14—左固定节流口;15—左可变节流口;16—左控制腔

　　当电液伺服阀有控制信号输入(动圈绕组有电流通过)时,动圈受磁场力的作用而移动(假设向左),一级阀芯被动圈拖动也左移,使左、右节流口开口分别增大和减小,左、右控制腔内的压力分别下降和上升,二级阀芯在压力差的作用下也跟随一级阀芯向左移动,直到左、右节流口的开口相等为止,又处于一个新的平衡位置。此时,P→B,A→T,伺服阀有液压油输出。若输入电流增大,阀口开启度增大,输出流量增大。若改变输入电流的方向,则会出现与上相反的过程。

该阀的特点是:结构紧凑,抗污染能力强,流量和压力增益高;但力马达的动圈与一级阀芯固连,惯性大,故动态响应较低。

10.3.2　电液伺服阀的特性

从使用角度看,电液伺服阀的特性主要有液压特性、电器特性、静态特性和动态特性(频率特性)四大项(在产品目录中可以查到)。要正确地使用和选择电液伺服阀必须对这些特性有一定的了解。对于前两项,主要指该阀有关液压和电器方面的一些常规技术指标,很易理解,此处不作介绍。下面主要对后两项特性作一介绍。

(1)静态特性

电液伺服阀的静态特性主要有以下几项:

1)负载流量特性

负载流量特性表示在稳态工作时,输入电流 i、负载流量 q_L 和负载压力 p_L 三者之间的关系,又称为压力流量特性。图 10.14 所示为这一关系的曲线,称为负载流量特性曲线。图中,横坐标是负载压力,纵坐标为负载流量(也有把坐标值定为压力、流量与它们额定值的比值),参变量为输入电流。从图可看出,每一确定的 i 将对应一条 $q_L - p_L$ 曲线,因而 $q_L - p_L$ 曲线为一曲线簇,随 i 绝对值增大,曲线逐渐远离坐标原点;最外侧那条曲线是电液伺服阀在额定电流条件下负载流量与负载压力的关系曲线,该曲线与纵坐标轴的交点所对应的流量是伺服阀的最大流量(最大空载流量);各条曲线均交于横坐标轴上 p_s 点,p_s 为液压源提供的恒压力;曲线上任意点的切线斜率均为负值,斜率绝对值的大小代表了该阀抵抗负载变化能力的大小,即阀刚性的大小。斜率绝对值大,则阀的刚性大。负载流量特性是电液伺服阀最重要的静态特性,是正确选择和使用电液伺服阀的主要依据。

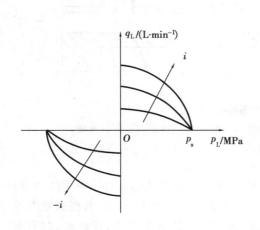

图 10.14　负载流量特性曲线

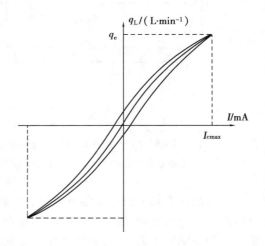

图 10.15　空载流量特性曲线

2)空载流量特性

空载流量特性是指空载(负载压力 $p_L=0$)时,输出流量与输入电流之间的关系,常用空载流量特性曲线来表示,如图 10.15 所示。从空载流量特性曲线可以得到电液伺服阀的几个重要的静态性能指标:

①滞环　从图可以看出,当输入电流改变方向时,空载流量特性曲线并不重合,形成一个滞环,这是由于摩擦力和磁滞等原因造成的。滞环常以曲线上同一流量下电流的最大差值 ΔI_{max} 与阀的额定电流 I_{cmax} 之比表示。滞环越大,表明阀内摩擦力越大,磁滞现象越严重,这是不希望的。

②额定电流 I_{cmax}　它是指在正常工作状态下,输入力矩马达控制线圈的最大控制电流,它因线圈的连接方式不同而异。一个力矩马达有两组线圈,可以有串联、并联、与伺服放大器差动连接三种连接方式,如图 10.16 所示。其中,图(a)为两线圈并联,其额定电流 $I_{cmax}=2i_{max}$,i 为流过每一个线圈的控制电流;图(b)为两线圈串联,其额定电流 $I_{cmax}=i_{max}$;图(c)为差动连接,其额定电流 $I_{cmax}=\Delta i_{max}$,而 $\Delta i=i_1-i_2$ 是两个线圈的电流之差,简称差动电流。

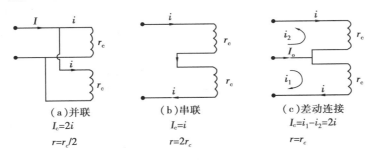

图 10.16　控制线圈的接线方式

③额定流量 q_e　它是指在额定电流下,电液伺服阀的最大空载流量。

④流量增益　它是指输出流量随输入电流的变化率,也就是空载流量特性曲线的斜率。由于空载流量特性曲线不是直线,因而不同工作点处的流量增益是不等的。常取空载流量特性曲线在原点附近某一范围内的平均斜率表示流量增益,称其为名义流量增益,也可用额定流量除以额定电流求得。

此外,还有非线性度、不对称度、零偏、零漂、分辨率等指标,在此不一一介绍,可参考相关资料。

3)压力特性

压力特性指输出流量为零时,负载压力与输入电流之间的关系,又称为压力增益特性。用压力特性曲线表示,如图 10.17,中间那条曲线为理想状态(无磁滞现象)下的压力特性曲线,而实际的压力特性曲线为两侧的两条。由于磁滞现象的存在,当电流改变方向时,压力特性曲线并不重合。压力特性的最重要参数是压力增益,即输出流量为零时,负载压力随输入电流的变化率,也就是压力特性曲线的斜率。通常把负载压力限定在最大负载压力的 $\pm40\%$ 之间,取压力特性曲线在该区域的平均斜率作为伺服阀的压力增益。压力增益大,表明阀的压力灵敏度高,有利于提高伺服系统的控制精度,但对系统的稳定性不利。新阀的压力增益大,表明阀的制造精度高;旧阀的压力增益大,表明使用后的磨损小。

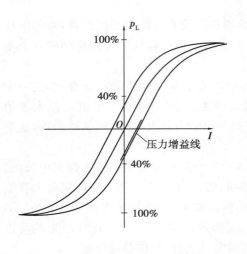

图 10.17　压力特性曲线

(2)动态特性

通常用频率特性来表示电液伺服阀的动态特性。当负载压力为零、输入电流为等幅变频的正弦波信号时,输出流量(一般用主阀芯的位移量代替流量)也按同频率的正弦规律变化,此时,输出流量的振幅比和频率的关系,以及输出流量与输入电流的相位差和频率的关系总称为频率特性。振幅比与频率的关系称为幅频特性,相位差与频率的关系称为相频特性,一般用实测曲线表示,如图 10.18 所示。

幅频特性曲线的纵坐标为振幅比,单位是"分贝"(dB),振幅比的分贝数为 $20\lg(A_1/A_0)$,其中,A_0 为低频时输出流量的振幅(以 A_0 作为比较振幅变化的标准,一般取 $5\sim6$ Hz 作为基准低频),A_1 为某频率(应高于基准低频)下输出流量的振幅。横坐标为

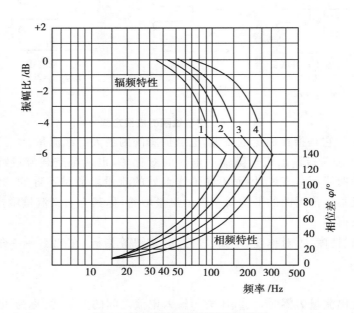

图 10.18　电液伺服阀的频率特性

1—QDY$_1$—C125、C160、C200;2—QDY$_1$—C80、C100;

3—QDY$_1$—C6、C16、C32、C63;4—QDY$_1$—D2.5、D4、D6、D10

频率的对数值 Hz。从图 10.18 看出,振幅比的分贝数均为负值,并且随频率增加,其值越负。这表明,频率越高,输出流量振幅值衰减得越大。

相频特性曲线的纵坐标为相位差,即输出流量变化的相位角与输入电流变化的相位角的差值,横坐标仍为频率的对数值。从图 10.18 可看出,随频率增加,相位差增大。这表明,频率越高,输出流量变化的相位角滞后得越多。

　　根据上述频率特性,可得到衡量电液伺服阀动态特性的两个指标:

　　1)幅频宽

　　当输出电流振幅比的分贝数为 $-3\mathrm{dB}$(即 $A_1 = 0.7A_0$)时所对应的频率值称为幅频宽。例如,由图 10.18 可查出曲线 1 所代表的各阀的幅频宽约为 $80\mathrm{Hz}$,曲线 2 所代表的各阀的幅频宽为 $100\mathrm{Hz}$。幅频宽是衡量电液伺服阀动态响应速度的重要指标。幅频宽小,响应速度慢,使系统的灵敏度降低;反之,响应速度快,可提高系统灵敏度,但容易将外界高频干扰传往负载。

　　2)相频宽

　　输出流量与输入电流的相位差为 $90°$(即滞后角为 $90°$)时的频率值称为相频宽。例如,由图 9.18 可查出曲线 1 所代表的各阀的相频宽约为 $90\mathrm{Hz}$。与幅频宽一样,相频宽也是衡量电液伺服阀动态响应速度的指标,两者作用相同。

10.3.3　电液伺服阀的选择和使用

　　电液伺服阀的选择和使用必须从静态特性、动态特性两方面来考虑。在静态方面,必须满足负载压力 p_L 和负载流量 q_L 的要求;在动态方面,既要动态品质好,又要能稳定工作。也就是说,一方面动态响应速度应足够快,而不至于影响伺服系统的响应;另一方面又必须抑制不必要的高频干扰信号。

　　从静、动态特性两方面考虑,在选择和使用电液伺服阀时,应遵循以下几个原则:

　　①对于额定电流 I_{cmax} 下的负载流量特性曲线必须包络所有的工作点,并且使 $p_L < \dfrac{2}{3}p_s$,以保证有足够的流量和功率输送到液压执行元件中去,这是估计伺服阀规格的基本因素。

　　②空载流量特性曲线的线性度要好,也就是空载流量特性曲线尽可能接近直线。要做到这一点,电液伺服阀的功率放大元件应选择矩形阀口的零开口滑阀式液压伺服阀。

　　③压力灵敏度要高,即压力增益应足够大。在压力特性曲线上表现为曲线应尽可能陡。要满足此要求,阀在关闭时的泄漏量应尽可能小。同类规格的伺服阀,其压力增益的差异在很大程度上反映了制造质量的差异,即阀芯凸肩与阀套配合密封状态的好坏。

　　④内泄漏量应足够的小。一般要求最大泄漏量不超过额定流量的 10%,以防止不必要的功率损耗。内泄漏量不但是评介新阀质量好坏的指标,而且是评介旧阀在使用过程中磨损情况的指标。

　　⑤频宽(幅频宽和相频宽统称频宽)应适当,既满足伺服系统动态响应要求,又不致将高频干扰传到执行元件。

　　⑥液压油的过滤精度应足够高。油液的污染可能会使阀口的工作棱边产生腐蚀性磨损;也可能堆积在阀芯与阀套的间隙中,使阀芯被粘住,增大摩擦力,还可堵塞喷口、节流口等。一般推荐进入电液伺服阀的油液至少需经过 $8\mu\mathrm{m}$ 的过滤器来过滤。

　　⑦为防止使用中主阀芯的液压卡紧,减小阀芯运动时的摩擦力,可设法使阀芯在工作中不停地高频小幅振动。最简单的办法是,在输入主控制信号之外,再加一个交变电流信号使阀的衔铁抖动,从而引导阀芯抖动。

10.4　液压伺服系统应用举例

液压伺服系统的应用十分广泛,下面仅举几例常见的系统:

10.4.1　电液伺服系统

(1)工作台位置控制系统

本例是利用电液伺服系统来控制工作台的准确位置。图 10.19 为工作台位置控制系统的工作原理图。工作台 7 安放在导轨上(未画出),由液压缸 5 推动。电液伺服阀 4 的输出端接液压缸左、右腔。液压源向伺服阀供油口输入恒压压力油 p_s。伺服阀的控制信号由输入电位计 1 和反馈电位计 2 提供,经伺服放大器 3 放大后输入力矩马达。齿轮齿条副 6 与反馈电位计组成了系统的检测反馈元件,齿轮轴与电位计动臂转轴间接相连,齿轮轴的转角经机械传动,以一定的传动比传到电位计的转轴,从而将工作台位移信号转换成电位信号并反馈到电液伺服阀中。

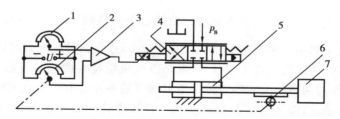

图 10.19　工作台位置控制电液伺服系统

1—输入电位计;2—反馈电位计;3—伺服放大器;4—电液伺服阀;

5—液压缸;6—齿条齿轮副;7—工作台

该电液伺服系统的工作原理是:输入电位计和反馈电位计的两个固定端上加一恒定电压 U,根据两动臂的位置分别截取电位 U_r 和 U_c,将这两个电位加在电伺服放大器的两极,伺服放大器获得的电压为两电位的差值 $U_r - U_c$。开始,令两动臂处在同一角度上,则 $U_r = U_c$,电放大器无输入信号,电液伺服阀处零位,输出端无液压油输出,活塞停在某一位置上。若使输入电位计动臂顺时针旋转一角度,则 $U_r > U_c$,电伺服放大器有正电压信号输入,电液伺服阀主阀芯向右移动一距离,液压缸左腔进油,右腔回油,推动工作台右移。与此同时,齿条也带动齿轮轴顺时针旋转,使反馈电位计动臂也顺时针旋转,U_c 增大,$(U_r - U_c)$ 减小,伺服阀的阀口开启度减小,工作台右移的速度降低,当反馈电位计动臂转到与输入电位计动臂处相同角度时,又使得 $U_r = U_c$,电伺服放大器无输入信号 ,电液伺服阀又处零位。这样,系统又处在一个新的平衡状态。若再反时针旋转输入电位计动臂一个角度,则 $U_r < U_c$,电放大器输入一负的电压信号,系统又将出现与上相反的动作,直到处于一新的平衡状态为止。

由以上分析可见,工作台完全跟随输入电位计动臂转动而产生相应的位移,移动的距离与输入电位计动臂的转角成正比。该系统是一个带有负反馈的电液伺服位置控制系统,其职能方块图如图 10.20 所示。此处的比较元件实际上是一个由两导线在电伺服放大器中构成的串联电路。

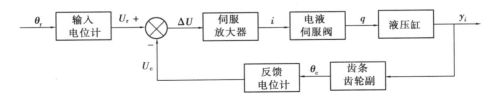

图 10.20　工作台位置控制电液伺服系统职能方块图

θ_r—输入电位计转角;θ_c—反馈电位计转角;U_r—输入电位计输出端电位;

U_c—反馈电位计输出端电位;i—电液伺服阀输入电流;$\Delta U = U_r - U_c$;

q—电液伺服阀输出流量;y_i—工作台位移

(2) 跑偏控制系统

在带状材料生产过程中,卷取带材时常会出现跑偏,即带材边缘位置不齐的问题(如轧钢厂卷取钢带,造纸厂卷取纸带等)。为了使带材自动卷齐,常采用跑偏控制系统来控制跑偏。控制跑偏,实际上是控制带材边缘的位置,因此,该系统仍属电液伺服位置控制系统。

图 10.21(a)是跑偏控制系统组成示意图,图 10.21(b)是液压控制系统图,图 10.21(c)是职能方块图。

卷筒 4、传动装置 3 和电动机 2 构成了卷带机主机部分,它们的机架固定在同一底座上,该底座支承在水平导轨上(未画出),在伺服液压缸 1 的驱动下,主机整体可横向(与卷带方向垂直)移动。带材的横向跑偏量及方向由光电位置检测器 5 检测。安放在卷筒机架上的光电位置检测器在辅助液压缸 8 的作用下,相对于卷筒有"工作"和"退出"两个位置,即在开始卷带前,辅助液压缸将其推入"工作"位置,自动对准带边;当卷带结束后,又将其退出,以便切断带材。光电位置检测器由光源和灵敏电桥组成,当带材正常运行时,电桥一臂的光敏电阻接收来自光源的一半光照,其电阻值为 R,使电桥恰好平衡,输出电压信号为零。当带材偏离检测器中间位置时,光敏电阻接收的光照量发生变化,电阻值也随之变化,使电桥的平衡被打破,电桥输出反映带边偏离值的电压信号。该信号经伺服放大器 7 放大后输入电液伺服阀 9,伺服阀则输出相应的液流量,推动伺服液压缸 1,使卷筒带着带材向纠正跑偏的方向移动。当纠偏位移与跑偏位移相等时,电桥又处平衡状态,电压信号为零,卷筒停止移动,在新的平衡状态下卷取,完成自动纠偏过程。

在该系统中,由于检测器和卷筒一起移动,形成了直接位置反馈,无专门的反馈元件。图 10.21(b)中三位四通 Y 型电磁换向阀的作用是使伺服液压缸 1 与辅助液压缸 8 互锁。正常卷带时,1YV 通电,辅助液压缸锁紧;卷带结束时,2YV 通电,伺服液压缸锁紧。

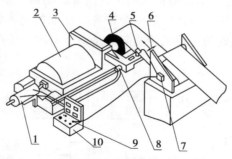

（a）系统组成示意图

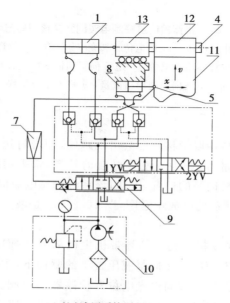

（b）液压系统图

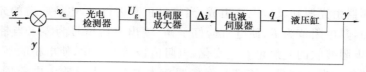

（c）系统职能方块图

图 10.21　跑偏控制系统

1—伺服液压缸；2—电动机；3—传动装置；4—卷筒；5—光电检测器；6—跑偏方向；

7—伺服放大器；8—辅助液压缸；9—伺服阀；10—能源装置；11—钢带；12—钢卷；

13—卷取机；x—跑偏位移；y—跟踪位移；x_e—偏差位移；U_g—输出电压；Δi—差动电流；q—流量

10.4.2　机液伺服系统

(1)汽车转向液压助力器

本例是利用机液伺服系统控制汽车车轮的转角,属机液伺服位置控制系统。

图 10.22 为汽车转向用液压伺服系统的工作原理图。车轮在杠杆 8 的推拉作用下可绕铅垂转轴 9 转动。杠杆 7 和扇形齿轮 5 制成一体,在液压缸 6 的活塞杆的推拉下可绕转轴转动,液压缸由伺服阀控制。伺服阀为正开口,其阀体 1 固定在机架上,阀芯 2 则与滚珠丝杆 4 相连,可随丝杆相对于阀体轴向滑动。与滚珠丝杆相配的螺母 3 的一侧制有齿条,齿条与扇形齿轮相啮合。螺母在导向块(未画出)约束下只能轴向滑动而不能转动。方向盘(未画出)便装在滚珠丝杆顶端。

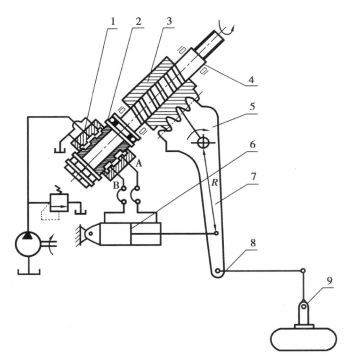

图 10.22　汽车转向助力器液压伺服系统
1—阀体;2—阀芯;3—螺母;4—丝杆;5—扇形齿轮;
6—液压缸;7、8—杠杆;9—转轴

该机液伺服系统的工作原理是:当汽车行进方向稳定时(直线进行或等半径转向),伺服阀处零位,液压源提供的压力油经伺服阀的四个节流口直接流回油箱,液压缸 6 不动作。当司机转动方向盘使丝杆旋转一角度时,由于螺母所受的约束力大,阀芯所受的阻力小,因而螺母不动,丝杆带动阀芯相对于阀体轴向滑动。假设向下滑动,则伺服阀输出端 A 口向液压缸供油,B 口回油,活塞杆拉动杠杆 7 和 8,使车轮绕转轴 9 转动,产生转向动作。与此同时,扇齿轮绕转轴顺时针旋转,驱动螺母向上滑动,从而带动丝杆及阀芯也向上滑动,当阀芯与阀体的相对位置又恢复到中位(即伺服阀处零位)时,活塞又停止运动,汽车转向轮偏转角保持不变,汽车将维持这一状态行进,直至司机进行下一次操作为止。显然,车轮的偏转角与丝杆转角成比例,车轮的偏转方向取决于丝杆的转动方向,车轮是跟踪丝杆做随动运动的。

采用该系统后,车轮转向驱动力由液压缸提供,而司机仅需要克服丝杆与螺母、阀芯与阀体间的摩擦力以及阀芯所受的液流力,从而达到了液压助力的目的。

该系统是带负反馈的机液伺服位置控制系统,其职能方块图如图 10.23 所示。反馈元件由带杠杆的扇齿轮充当,比较元件由带齿条的螺母充当。

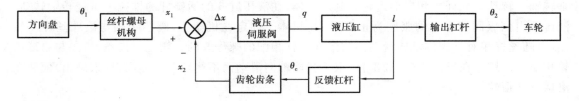

图 10.23　汽车转向助力器液压伺服系统职能方块图

θ_1—丝杆转角;x_1—丝杆轴向位移;x_2—螺母轴向位移;Δx—阀芯位移;

q—伺服阀输出流量;l—活塞位移;θ_c—齿轮转角;θ_2—车轮转角

(2)液压仿形刀架

液压仿形刀架是机液伺服位置控制系统的典型实例,广泛用于自动仿形机床中。

图 10.24 是液压仿形刀架示意图。溜板 4 可沿导轨 3 横向运动。仿形刀架 2、液压缸缸体 5 和伺服阀阀体 6 固连成一组合体,并借助于倾斜导轨(未画出)安放在溜板 4 上。液压缸活塞杆的端部则固连在溜板上,在液压力作用下,刀架组合体可沿倾斜导轨(与横向进给方向成一定角度)相对于溜板作前后运动,伺服阀采用正开口的带双节流工作边的液压伺服阀。

液压仿形刀架的工作原理是:开机前,仿形刀架组合体处在最后位置(图中的右上方),触销 10 与模板 9 不接触,伺服阀阀芯 8 在其尾部弹簧 7 作用下处在最前端(图中的左下方),伺服阀节流开口 $e_1=0$,e_2 为最大。启动液压泵,压力油直接进入液压缸的有杆腔(面积为 A_1),无杆腔(面积为 A_2)回油到油箱,刀架组合体快速向前(左下方)运动。在触销 10 尚未接触模板 9 时,阀芯与阀体一起运动,阀的节流开口大小不变。当触销接触模板后,阀芯的运动受到限制而不再前移,阀体 6 继续前移,节流开口 e_1 逐渐增大,e_2 逐渐减小,泵输入的部分液体经两节流口流回油箱,有杆腔压力 p_1 逐渐减小,无杆腔压力 p_2 逐渐增大,刀架组合体向前运动的速度随之降低。当节流开口 $e_1=e_2$ 时,伺服阀处零位,两节流开口处的节流压降相等,即 $\Delta p_1=\Delta p_2$。若设油箱内的液体表压力为 0,不计其他压力损失,则 $p_1=\Delta p_1+\Delta p_2$,$p_2=\Delta p_2$,所以,$p_2=\dfrac{1}{2}p_1$,使得 $p_1A_1=p_2A_2$(因 $A_2=2A_1$),液压缸停止运动。然后,刀架组合体将跟踪触销运动,伺服系统处于正常工作状态。开动机床横向进给开关,溜板带着刀架组合体向左横向进给,触销沿模板表面运动,刀架上的刀具便可车削出与模板轮廓相同的工件。例如,当触销沿模板平直面运动时,伺服阀仍处零位,液压缸不动,刀具车削出平直面;当触销沿模板"爬坡"时,阀芯在触销杆作用下后退(向右上方移动),节流口 e_1 增大,e_2 减小,$p_2>\dfrac{1}{2}p_1$,液压缸带着刀架组合体后退,而溜板带动刀架组合体左行,两种运动合成的结果,使得刀具车削出"爬

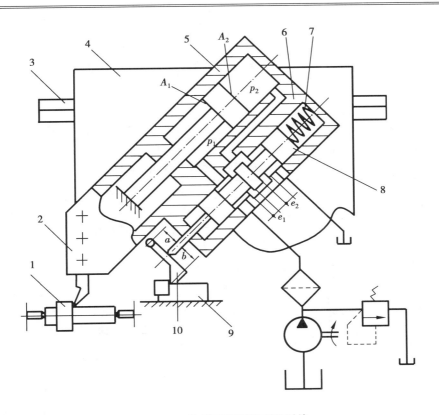

图 10.24　仿形刀架机液伺服系统

1—工件；2—仿形刀架；3—导轨；4—溜板；5—液压缸缸体；
6—伺服阀阀体；7—弹簧；8—伺服阀阀芯；9—模板；10—触销

坡"面；反之，刀具将车削出"下坡"面。

　　在该系统中，由于阀体与液压缸连在一起，使刀具的位移量直接反馈给伺服阀，因而液压缸缸体（或刀具）将完全跟随阀芯（或触销）运动，实现仿形，系统的职能方块图如图 10.25 所示。这里，触销充当了发令元件和比例元件，将模板高度变化量缩小后传给阀芯；系统中没有专门的反馈元件，而采用了机械式直接反馈，反馈量与系统输出量相同。

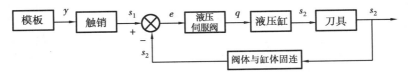

图 10.25　仿形刀架机液伺服系统职能方块图

y—模板高度变化量（或触销顶尖位移量）；s_1—阀芯位移量，$s_1 = ay/(a+b)$；
s_2—阀体、刀架、缸体位移量；e—阀口开启度变化量，$e = s_1 - s_2$；q—伺服阀输出流量

小 结

液压伺服系统与液压传动系统有本质的差异。前者是以精确控制物理量（位置、速度和力等）为目的，后者则以传递动力从而驱动工作机工作为目的。

表 10.1 电液伺服阀的静态特性和动态特性

种 类	项 目	内 涵	主要指标（或特征）
静态特性	空载流量特性曲线	负载压力为 0 时，输出流量随输入电流而变化的关系曲线	①最大控制电流；②最大空载流量；③滞环（同流量下的最大电流差）；④流量增益：流量随电流的变化率；⑤特征：流量随电流增大而增大，电流变化的方向不同，所得曲线并不重合
	负载流量特性曲线	输入电流一定时，负载流量随负载压力而变化的关系曲线（曲线簇）	①特征：压力增大，流量减小；电流增大，曲线远离原点；不同电流下的各曲线均交于压力轴上的 p_s 点；②刚性：流量随压力的变化率（曲线斜率的绝对值），电流大，则刚性大，阀抵抗负载变化的能力强
	压力特性曲线	输出流量为 0 时，负载压力随输入电流而变化的关系曲线	①压力增益：压力随电流的变化率。该值大，阀的灵敏度高，可提高系统的控制精度，但对稳定性不利。②特征：电流增大，压力增大，电流变化的方向不同，所得曲线并不重合
动态特性	幅频特性曲线	在负载压力为 0 的条件下，向阀输入等幅变频的正弦波信号，输出流量的振幅比随频率变化的关系曲线	①振幅比：某频率下的流量振幅与标准低频（5～6 Hz）下的流量振幅之比；②幅频宽：当振幅比为 0.7 时，所对应的频率值。幅频宽小，阀的动态响应慢，使系统的灵敏度降低
	相频特性曲线	在负载压力为 0 的条件下，向阀输入等幅变频的正弦波信号，输出流量与输入电流的相位差随频率变化的关系曲线	①相位差：输出流量变化的相位角与输入流量变化的相位角之差；流量变化的相位总是滞后于电流变化的相位。②相频宽：相位差为 90° 时所对应的频率值。相频宽小，阀的动态响应慢，使系统的灵敏度降低

液压伺服系统主要由指令元件、比较元件、放大转换元件、检测反馈元件、执行元件、被控制对象六部分组成。它是一个跟踪系统，被控制对象能自动跟踪输入信号的变化而动作；它是一个控制信号放大系统，系统的输出信号功率（执行元件输出的机械功率）是系统的输入信号功率（机械信号功率或电信号功率）的数倍甚至数千倍；它是一个负反馈闭环系统，被控制对象（或执行元件）产生的物理量（输出量）必须经检测反馈元件回输到比较元件，力图抵消使被控制对象（或执行元件）产生响应的输入信号，即力图使偏差信号减小到零，从而形成一个信号的负反馈闭环；它是一个误差控制系统，执行元件的运动状态只取决于输入信号与反馈信号的偏

差大小,而与其他无关。在此,负反馈是其最重要的特点。如果没有负反馈,就不再是伺服系统。

根据传递信号的元件不同,液压伺服系统主要有:机液伺服系统、电液伺服系统和气液伺服系统。工程中最常用的是前两者。机液伺服系统的控制元件(放大转换元件)主要是滑阀式液压伺服阀;电液伺服系统的控制元件是电液伺服阀。

电液伺服阀一般由力矩马达(或力马达)和液压伺服阀组成。力矩马达(或力马达)把电信号转换成机械位移或转动,最终驱动滑阀式液压伺服阀的阀芯移动,从而改变液体的流量大小和流动方向。由于力矩马达(或力马达)的输出力矩(或力)有限,直接驱动滑阀式液压伺服阀的阀芯移动有一定的困难,因此,电液伺服阀一般都制成二级或三级液压放大式,而充当前置放大级的一般是喷嘴挡板式液压伺服阀、射流管式液压伺服阀或小型的滑阀式液压伺服阀,充当最终的功率放大级的全都是滑阀式液压伺服阀。

电液伺服阀的特性主要有静态特性和动态特性,一般用实测的曲线表示,它是正确地选择和使用电液伺服阀的主要依据,归纳如表 10.1。

思考题与习题

10.1　液压伺服系统有由哪几部分组成? 各部分的功能是什么?

10.2　液压伺服系统为什么一定是负反馈闭环系统,而不是正反馈闭环系统?

10.3　液压伺服系统的基本类型有哪些? 图 10.1 所示的系统属哪种类型?

10.4　为什么说伺服阀是液压伺服系统的最关键的元件?

10.5　液压伺服阀有哪几种? 滑阀式液压伺服阀与换向滑阀有什么本质区别?

10.6　为什么零开口滑阀式液压伺服阀比其他开口的应用更广?

10.7　滑阀式液压伺服阀的阀口与换向阀的阀口有什么不同?

10.8　喷嘴挡板式液压伺服阀、射流管式液压伺服阀与滑阀式液压伺服阀分别利用什么原理来工作?

10.9　电液伺服阀由哪几部分组成(以二级放大式为例)? 各部分的作用是什么?

10.10　电液伺服阀中力矩马达衔铁的力平衡条件是什么?

10.11　"伺服阀处零位"的含意是什么?

10.12　电液伺服阀中,力矩马达的额定电流是由每个线圈的最大控制电流决定的。试分析:线圈采用不同接法时,对应的额定电流有何不同? 对电液伺服阀的负载流量特性有何影响?

10.13　图 10.10 所示的电液伺服阀中,弹簧管除了充当衔铁的扭轴外还有什么作用?

10.14　上题中的电液伺服阀的主阀芯靠什么保持零位?

10.15　图 10.12 所示的电液伺服阀,其喷嘴喷出的液压油最终应流向何处? 该阀的定位弹簧板与图 10.10 所示阀的力反馈杆的作用是否相同?

10.16　电液伺服阀最常用的静态和动态特性曲线有哪些? 各有什么用处? 对它们的要求是什么?

10.17　如何正确地选择和使用电液伺服阀?

10.18　题图 10.1 所示为一采用电液伺服阀的位置控制系统。图中的 1 为一电位计,其外壳上有齿轮,与活塞杆上的齿条 2 啮合,因此,活塞杆移动时,电位计 1 的外壳将绕自己的中心转动。电位计两个定臂上加一个固定电压,而其动臂则截取部分电压,经电伺服放大器 5 放大后供给伺服阀 4。伺服阀的输出使液压缸的活塞杆移动。如果动臂处于图示位置时,活塞不动;当操作者将动臂朝某方向旋转一角度时,活塞杆将运动,并使电位计外壳旋转。问题:①判断当电位计动臂旋转后活塞杆的正确运动方向,以保证伺服系统能正常工作。如果运动方向不对,采取什么简便方法可改正? ②画出该系统职能方块图,并说明什么装置承担了检测反馈元件和比较元件的作用。

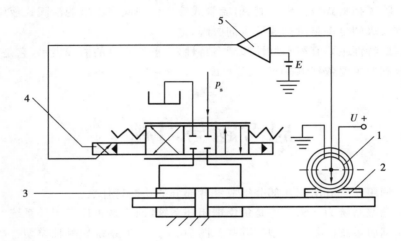

题图 10.1

第11章 液压系统故障诊断及排除

液压系统出现的故障是多种多样的,这些故障有的是由系统中某一元件引起的,有的是由系统中多个元件综合引起的,有的也可能是由液压油污染、变质等其他因素引起的。即使是同一故障现象,故障产生的原因也可能不一样。因此,液压系统出现故障时,必须对故障进行分析、诊断,确定发生故障的部位以及故障的性质和原因,然后予以排除。

液压系统的工作介质是流动状态的液体,控制元件又主要是靠机械动作改变阀口(控制开闭或控制阀口大小)来实现的。密封件磨损引起元件内泄漏等,一般是看不见摸不着的,液压系统的故障既不像机械系统故障那样容易观察,也不像电气系统故障那样容易检测,这给液压系统故障的诊断带来了很大困难。

液压系统故障的诊断与排除这一问题的关键在故障的诊断。要做到准确地诊断故障,甚至达到事半功倍的效果,必须具备两个方面的基本知识:一方面,必须熟悉液压系统(或回路)的工作原理,熟悉组成系统的各液压元件在系统中的功用、原理及结构;另一方面,必须熟悉液压系统和典型液压元件常见故障现象,分析故障产生的原因,以及掌握基本分析方法和步骤。同时,还应多参与维修实践,在实践中积累故障诊断的经验。

在液压系统故障排除时,应尽量做到诊断的故障部位准确,排除措施和方法恰当。切忌盲目拆卸,因为频繁拆卸或拆卸方法不当会降低元件精度,影响其工作性能。

11.1 液压系统故障特征及现象

11.1.1 常见故障特征及现象

(1)压力不正常

液压系统压力不正常主要表现为:
①工作压力建立不起来;
②工作压力升不到调定值;

③工作压力不稳定。

(2)流量不正常(速度不正常)

液压系统流量不正常主要表现为:
①执行机构运动速度不能调整到应调整的速度范围;
②速度不稳定(高速时产生冲击,低速时出现爬行,速度随负载变化而变化等);
③速度转换不正常。

(3)液压冲击

液压冲击故障现象为:
①产生剧烈振动和噪声;
②测量仪表损坏;
③管路破裂;
④连接件松动等。

(4)噪声过大及过分振动

液压系统噪声和振动过大表现为:
①噪声和振动超过正常工作值;
②噪声主要部位为泵、溢流阀和回油管出油口处;
③振动主要部位为执行元件、管路系统以及各元件。

(5)油温过高

油温过高主要表现为:
①各液压件明显发热;
②油温超过正常范围;
③油黏度明显减小。

(6)泄漏

液压系统泄漏分为内泄漏和外泄漏。故障现象主要表现为:
①系统压力调不高;
②执行机构速度不稳定;
③系统发热;
④压力阀产生噪声和振动;
⑤控制元件失灵;
⑥油从系统溢出,污染环境。

(7)爬行

爬行现象表现为:
低速时速度跳跃进行,时走时停。

（8）液压卡紧

液压卡紧表现为：

阀元件卡死，运动件不能运动使阀动作失灵。

（9）气穴现象

气穴现象主要表现为：

油液泡沫化，同时，产生噪声和振动，导致系统压力、速度不正常。

11.1.2　液压系统四个工作阶段常见故障

（1）液压系统调试阶段的故障

① 外泄漏严重，主要发生在接头和有关元件的端盖处。
② 执行元件运动不稳定。
③ 液压阀芯卡死或运动不灵活，导致执行元件动作失灵。
④ 压力阀的阻尼孔堵塞，造成压力不稳定。
⑤ 阀类元件漏装弹簧、密封件，使控制失灵。
⑥ 液压系统设计不完善，液压元件选择不当，造成系统发热、执行元件运动精度差等故障现象。

（2）液压系统运行初期的故障

液压系统经过调试阶段后，便进入正常工作运行阶段。此阶段常出现的故障有：
①管接头因连接不牢固、松脱。
②密封件质量差或装配不当而损坏，造成泄漏。
③管道及系统中因清洗未净的型砂、毛刺、铁屑等在油流冲击下脱落，堵塞阻尼小孔和滤油器，造成压力和速度不稳定。

（3）液压系统运行中期的故障

液压系统运行中期，已经过了磨合期，这时是液压系统运行的最佳阶段，此阶段故障率最低。除避免特殊性故障外，主要是控制油的污染。

（4）液压系统运行后期的故障

液压系统运行后期，因液压元件磨损超差等原因，故障频率较高，泄漏增加，效率下降。因此，应对液压元件进行检测、调整、修理或更换。

11.2　液压系统故障诊断步骤和方法

11.2.1　液压系统故障诊断的步骤

液压系统故障诊断就是根据其故障现象,观察、分析并找出故障产生的原因及元件。其诊断的步骤可参照图 11.1 进行。

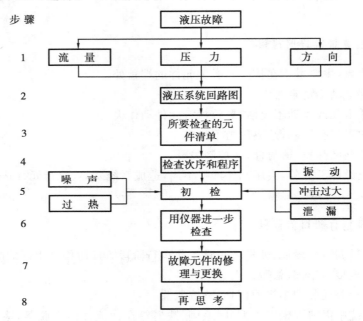

图 11.1　液压系统故障分析步骤

第 1 步:液压系统的故障,如没有运动,运动不稳定,运动方向不正确,运动速度不符合要求,力输出不稳定以及爬行、噪声、油温急剧升高等,无论什么原因,都可从流量、压力和方向三大问题中反映出来。因此,故障诊断的第一步是根据故障现象,分析、测量系统流量、压力,观察运动方向,初步确定故障发生的原因。

第 2 步:审核液压回路图,分析检查每个元件,确认其性能和作用,并初步评定其质量状况。

第 3 步:列出与故障可能有关的元件清单,进行逐个分析(绝不可遗漏对故障有重大影响的元件)。

第 4 步:对清单中所列元件按其故障的可能性概率大小和元件检查的难易排列检查顺序。必要时,列出重点检查的元件和元件重点检查的部位,安排检测仪器等。

第 5 步:对清单中列出的元件进行初检(首先检查重点元件)。初检时应判断以下一些问题:①元件的使用和安装是否合适;②元件的测量装置、仪器和测试方法是否合适;③元件的外部信号是否合适;④对外部信号是否响应等。特别要注意某些元件的故障先兆,如温度过高,噪声增大,振动和泄漏增大等。

第 6 步:如果初检未找出故障,要用仪器反复进行检查。(其仪器检查无故障,则可能在前面步骤中出错,应按其步骤重新进行分析检查)。

第 7 步:对找出的故障元件进行修理或更换(修理或更换元件时应注意清洗干净)。

第 8 步:重新启动,试运行。在重新启动试机前应认真考虑这次故障的原因及后果,考虑其他元件也出现故障的可能性和补救措施等。

11.2.2　液压系统故障诊断技术

(1)初步诊断

初步诊断是凭人的感觉、判断能力和实际经验来进行的,判断结果因人而异会有差别。它是一个简单的定性分析,但它能迅速诊断出故障并排除故障,特别是在缺少仪器和野外作业等情况下,具有实用性和普及意义。

初步诊断的方法有:看、听、摸、闻、阅、问。

①看:主要是看速度;看压力;看油液;看泄漏;看振动;看加工产品质量等。

②听:主要是听噪声;听冲击声;听气蚀和困油的异常声;听敲打声等。

③摸:主要是摸温升;摸振动;摸爬行;摸连接件的松紧程度等。

④闻:主要是闻油液是否变质;闻橡胶件(密封件)过热发出的特殊气味等。

⑤阅:主要是查阅设备技术档案中的故障分析和维修记录;查阅日检和定检卡;查阅交接班记录和维修保养情况等。

⑥问:主要是询问设备运行、保养、调试、维修、更换及曾经发生故障情况;询问本次故障前的异常现象等。

(2)仪器专项检查

初步诊断只能定性地分析出故障的基本原因,排除一般常见的故障。对于一些重大液压设备,必须进行定量的专项检测,检测故障发生的根源性参数,为故障确诊提供可靠的依据。专项检查主要有:压力检测、流量检测、温升检测、噪声检测、液压元件质量性能检测、设备在线检测等。

(3)综合确诊

综合确诊是在初步诊断和专项检测基础上由液压技术专家及设备的主管领导主持的故障诊断。它是重要设备或重大故障诊断的一个重要的程序。

11.2.3　诊断故障原因的方法

液压系统出现故障,原因可能是多方面的,但其中必定有一个主要原因。寻找故障主要原因的方法有:液压系统图分析法、方框图分析法、鱼刺图分析法和逻辑流程图分析法等四种。

其中,液压系统图分析法是目前工程技术人员普遍采用的基本方法。因此,这里主要介绍应用液压系统图分析故障原因的方法,其他三种分析方法读者可参阅有关液压书籍。

液压系统图分析法是故障诊断的基础。这种方法的基本要求和主要步骤是:

(1)充分理解液压系统

①认真阅读液压系统图。反复琢磨、推敲、理解设计者的思路和设计意图。

②了解工况。分析负载对力、速度、行程、位置及工作循环周期的要求,分析设计者是如何保证负载的这些工况要求的。

③认识液压系统的结构。熟悉液压系统是由哪些回路组成的,每个回路的特性是什么,组成回路的基本元件是哪些,回路之间是如何汇合成一体的等。

④熟悉每一个液压元件。确认每个元件的功能,分析这些元件对液压系统的适应性(即能否满足该液压系统的要求),掌握每个元件的结构、原理及质量指标。

(2)了解安装调试过程和评价其质量水平

特别要了解、分析安装调试有否不满足液压系统设计要求的地方,有否擅自变动的地方。要分析不满足设计要求和擅自变动的后果及其对液压系统的适应性等。此外,还应了解油液的品质、清洁度以及过滤净化水平等。

(3)评价液压系统

通过阅读和分析理解液压系统,要看出液压系统设计的特点、合理性及先进性。同时,也要看出液压系统设计的缺陷,甚至错误的地方。例如,温升、噪声、冲击等问题往往是设计时没有充分考虑,也未采取相应措施的问题。

根据故障现象,首先按照前面所述的故障诊断步骤,由系统到回路,由回路到元件(或部位),分析故障发生的原因,确定故障发生的元件(或部位);然后,修复或更换故障元件(或清洗元件,清洁油液,更换油液等),排除故障。

11.3　液压元件及系统常见故障的诊断及排除

11.3.1　典型液压元件故障诊断及排除方法

液压系统常用的液压元件有:液压泵、液压缸(液压马达)、阀类元件、辅助元件。

液压元件常见故障可以概括为:液压泵输油量不足、压力上不去、噪声及压力波动大;液压缸速度不稳定、运动爬行、推力不足、动作缓慢或不动作以及缓冲性能差;阀类元件调压失灵、流量调节失灵或流量不稳定以及泄漏与噪声;辅助元件密封破坏、连接不牢固、压力表失灵等。

故障产生的原因主要是:

①元件加工精度和表面粗糙度不符合设计要求;

②装配调整不合适,运动不灵活;

③液压系统运行中维护不善或超载运行以及正常磨损;

④未按正常的操作程序进行而发生的人为事故损坏。

(1)齿轮泵的常见故障及排除方法

齿轮泵的常见故障有:噪声大、容积效率低、压力提不高、温升过高等。产生这些故障的原因及排除方法如表 11.1 所示。

表 11.1　齿轮泵的常见故障及排除方法

故障现象	产生原因	排除方法
噪声大	①吸油管接头、泵体与盖板结合面、堵头和密封圈等处密封不良,有空气被吸入 ②齿轮齿形精度不高或接触不良 ③轴向间隙过小 ④齿轮内孔与端面不垂直、盖板上两孔轴线不平行、泵体两端面不平行等 ⑤两盖板端面修磨后,两困油卸荷槽距离增大,产生困油现象 ⑥装配不良,如主动轴转一周有时轻时重现象 ⑦滚针轴承等零件损坏 ⑧泵轴与电动机轴不同轴 ⑨出现空穴现象	①用涂脂法查出泄漏处。更换密封圈;用环氧树脂黏结剂涂敷堵头配合面再压紧;用密封胶涂敷管接头并拧紧;修磨泵体与盖板结合面保证平面度误差不超过 0.005mm ②配研或更换齿轮 ③配磨齿轮、泵体和盖板端面,保证端面间隙 ④拆检,修磨或更换有关零件 ⑤修整困油卸荷槽,保证两槽距离 ⑥拆检,装配调整 ⑦拆检,更换损坏件 ⑧调整联轴器,使同轴度小于 ϕ 0.01 mm ⑨检查吸油管、油箱、过滤器、油位及油液黏度等,排除空穴现象
容积效率低	①轴向间隙和径向间隙过大,内泄漏大 ②各管道连接处泄漏 ③油液黏度太大或太小 ④电机转向不对或转速过低	①配磨齿轮、泵体和盖板端面,保证轴向间隙 0.02～0.04mm;将泵体相对于两盖板向压油腔适当平移,保证吸油腔处径向间隙,再紧固螺钉,试验后,重新配钻、铰销孔,用圆锥销定位 ②紧固各管道连接处,更换密封件 ③测定油液黏度,按说明书要求选用油液 ④改变电机转向或提高转速至规定值
泵压力提不高	①溢流阀失灵 ②泵内零件磨损或损坏,内泄漏大 ③出现空穴现象	①修理或更换溢流阀 ②修复或更换零件 ③检查吸油管、油箱、过滤器、油位等,排除空穴现象

续表

故障现象	产生原因	排除方法
泵温升过高	①溢流阀压力过高或泵转速过高 ②泵内零件配合间隙过小,机械摩擦大 ③油箱散热条件差 ④泵参数选择不合理	①调整溢流阀,降低泵转速至规定值 ②调整间隙,避免机械摩擦 ③加大油箱容积或增加冷却装置 ④重新计算系统流量,选择参数合适的泵

(2)叶片泵的常见故障及排除方法

叶片泵的常见故障有:噪声大、容积效率低或完全不排油、压力提不高、温升过高等。产生这些故障的原因及排除方法如表 11.2 所示。

表 11.2　叶片泵的常见故障及排除方法

故障现象	产生原因	排除方法
泵噪声过大	①泵吸油管接头松动或泵密封不良,有空气吸入 ②叶片与定子、配油盘等摩擦大或叶片卡死 ③配油盘、定子、叶片磨损或装配轴向间隙过大,内泄漏增大 ④泵轴与电机轴不同轴 ⑤轴承等零件损坏 ⑥出现空穴现象	①紧固管接头,检查密封或更换密封件 ②检查叶片装配方向是否正确,清洗、选配叶片,保证叶片运动灵活 ③修复或更换损坏的零件,调整装配间隙 ④调整联轴器,保证泵轴与电机轴同轴度误差小于 0.01mm ⑤检查、更换损坏件 ⑥检查吸油管、油箱、油位、过滤器等,排除空穴现象
容积效率低或完全不排油	①轴向间隙过大,内泄漏严重 ②各连接处泄漏 ③油液黏度太大或太小 ④电机转速过低 ⑤叶片卡死或折断	①调整装配间隙,减小内泄漏 ②紧固各连接处,更换密封件 ③测定油液黏度,按说明书要求选用油液 ④提高转速至规定值 ⑤清洗、选配叶片或更换叶片
泵压力提不高	①溢流阀失灵 ②泵内零件磨损或损坏,内泄漏大 ③出现空穴现象	①修理或更换溢流阀 ②修复或更换零件 ③检查吸油管、油箱、过滤器、油位等,排除空穴现象
溢流阀、泵温升过高	①溢流阀出现故障、溢流阀压力调整过高或泵转速过高 ②泵内零件配合间隙过小,机械摩擦大 ③油箱散热条件差 ④泵参数选择不合理	①检修溢流阀,调整溢流阀,降低泵转速至规定值 ②调整间隙,避免机械摩擦 ③加大油箱容积或增加冷却装置 ④重新计算系统流量,选择参数合适的泵

(3)柱塞泵的常见故障及排除方法

柱塞泵的常见故障有:泵噪声大、泵输出流量不足、泵压力提不高、泵温升过高等。产生这些故障的原因及排除方法如表 11.3 所示。

表 11.3　柱塞泵的常见故障及排除方法

故障现象	产生原因	排除方法
泵噪声过大	①泵吸油管接头松动或泵密封不良,有空气吸入 ②配油盘、缸体磨损变形或装配间隙过大,内泄漏增大 ③泵轴与电机轴不同轴 ④轴承等零件损坏 ⑤出现空穴现象	①紧固管接头,检查密封或更换密封件,排气 ②修复或更换损坏的零件,调整装配间隙 ③调整联轴器,保证泵轴与电机轴同轴度误差小于 0.01mm ④检查、更换损坏件 ⑤检查吸油管、油箱、油位、过滤器等,排除空穴现象
泵输出流量不足	①泵中心弹簧折断 ②配油盘与缸体或柱塞与缸体磨损,使间隙过大,内泄漏严重 ③各管道连接处泄漏 ④变量泵的变量机构故障 ⑤油液黏度太大或太小 ⑥电机转速过低	①更换中心弹簧 ②修配零件,调整间隙,减小内泄漏 ③紧固各连接处,更换密封件 ④调整变量柱塞及变量头,使其活动自如 ⑤测定油液黏度,按说明书要求选用油液 ⑥提高转速至规定值
泵压力提不高	①溢流阀失灵 ②泵内零件磨损或损坏,内泄漏大 ③出现空穴现象	①修理或更换溢流阀 ②修复或更换零件 ③检查吸油管、油箱、过滤器、油位等,排除空穴现象
泵温升过高	①溢流阀出现故障、溢流阀压力调整过高或泵转速过高 ②泵内零件配合间隙过小,机械摩擦大 ③油箱散热条件差 ④泵参数选择不合理	①检修溢流阀,调整溢流阀,降低泵转速至规定值 ②调整间隙,减小机械摩擦 ③加大油箱容积或增加冷却装置 ④重新计算系统流量,选择参数合适的泵

(4) 液压缸的常见故障及排除方法

液压缸的常见故障有:爬行、推力不足或工作速度逐渐下降甚至停止等。产生这些故障的原因及排除方法如表 11.4 所示。

表 11.4 液压缸的常见故障及排除方法

故障现象	产生原因	排除方法
爬行	①空气混入系统 ②缸体与活塞、活塞杆的密封圈太紧 ③活塞与活塞杆同轴度误差大,活塞杆全长或局部弯曲 ④活塞杆两端的螺母太紧,降低了同轴度 ⑤缸壁锈蚀、磨损;孔径因磨损出现腰鼓形、锥度等 ⑥液压缸安装精度不高,其中心线与导轨不平行 ⑦执行机构相对运动的接触面缺乏润滑油,增大了摩擦阻力	①排除系统内空气 ②调整密封圈,使松紧合适(以不泄漏为原则) ③校直活塞杆,修整活塞 ④调整两端螺母松紧程度 ⑤修复液压缸,根据缸径配活塞 ⑥重新安装,保证平行度 ⑦调整执行机构运动副的润滑油量
推力不足或工作速度逐渐下降甚至停止	①缸体与活塞配合间隙过大或密封圈磨损而密封失效 ②缸壁锈蚀、磨损;孔径因磨损出现腰鼓形、锥度等 ③活塞杆弯曲 ④活塞杆两端的螺母太紧,降低了同轴度,增大了阻力 ⑤活塞卡死 ⑥油温过高使油黏度下降,泄漏增加 ⑦执行机构相对运动的接触面润滑不良,增大了摩擦阻力 ⑧系统供油压力不足	①修复或更换活塞达到配合间隙要求,更换密封圈 ②修复缸体达到要求后配制活塞 ③校直活塞杆 ④调整两端螺母松紧程度,(以不泄漏为原则) ⑤拆卸清洗或换油 ⑥分析原因,设法降低油发热量 ⑦调整润滑油的供油量 ⑧检查系统压力不足的原因(重点检查泵和溢流阀)

(5)电液换向阀的常见故障及排除方法

电液换向阀的常见故障有:冲击和振动、电磁铁噪声大、滑阀不动作等。产生这些故障的原因及排除方法如表 11.5 所示。

表 11.5　电液换向阀的常见故障及排除方法

故障现象	产生原因	排除方法
冲击和振动	①主阀芯移动速度太快(特别是大流量换向阀) ②单向阀封闭性太差而使主阀芯移动过快 ③电磁铁的紧固螺钉松动 ④交流电磁铁分磁环断裂	①调节节流阀,使主阀芯移动速度降低 ②修理、配研或更换单向阀 ③紧固螺钉,并加防松垫圈 ④更换电磁铁
电磁铁噪声较大	①推杆过长,电磁铁不能吸合 ②弹簧太硬,推杆不能将阀芯推到位而引起电磁铁不能吸合 ③电磁铁铁芯接触面不平或接触不良 ④交流电磁铁分磁环断裂	①修磨推杆 ②更换弹簧 ③清除污物,修整接触面 ④更换电磁铁
滑阀不动作	①滑阀堵塞或阀体变形 ②具有中间位置的对中弹簧折断 ③电液换向阀的节流孔堵塞	①清洗及修研滑阀与阀孔 ②更换弹簧 ③清洗节流阀孔及管道

(6)先导型溢流阀的常见故障及排除方法

先导型溢流阀的常见故障有:系统无压力、压力波动大、振动和噪声大等。产生这些故障的原因及排除方法如表 11.6 所示。

表 11.6　先导型溢流阀的常见故障及排除方法

故障现象	产生原因	排除方法
无压力	①主阀芯阻尼孔堵塞 ②主阀芯在开启位置卡死 ③主阀平衡弹簧折断或弯曲使主阀芯不能复位 ④调压弹簧弯曲或未装 ⑤锥阀(或钢球)未装(或破碎) ⑥先导阀座破碎 ⑦远程控制口直通油箱	①清洗阻尼孔,过滤或换油 ②检修,重新装配(阀盖螺钉紧固力要均匀),过滤或换油 ③换弹簧 ④更换或补装弹簧 ⑤补装或更换 ⑥更换阀座 ⑦检查电磁换向阀工作状态或远程控制口通断状态,排除故障根源
压力波动大	①液压泵流量脉动太大使溢流阀无法平衡 ②主阀芯动作不灵活,时有卡住现象 ③主阀芯和先导阀阀座阻尼孔时堵时通 ④阻尼孔太大,消振效果差 ⑤调压手轮未锁紧	①修复或更换液压泵 ②修换零件,重新装配(阀盖螺钉紧固力应均匀),过滤或换油 ③清洗阻尼孔,过滤或换油 ④更换阀芯 ⑤调压后锁紧调压手轮

续表

故障现象	产生原因	排除方法
振动和噪声大	①主阀芯在工作时径向力不平衡,导致溢流阀性能不稳定 ②锥阀和阀座接触不好(圆度误差太大),导致锥阀受力不平衡,引起锥阀振动 ③调压弹簧弯曲(或其轴线与端面不垂直),导致锥阀受力不平衡,引起锥阀振动 ④系统内存在空气 ⑤通过流量超过公称流量,在溢流阀口处引起空穴现象 ⑥通过溢流阀的溢流量太小,使溢流阀处于启闭临界状态而引起液压冲击 ⑦回油管路阻力过高	①检查阀体孔和主阀芯的精度,修换零件,过滤或换油 ②封油面圆度误差控制应在 0.005～0.01mm 以内 ③更换弹簧或修磨弹簧端面 ④排除空气 ⑤限在公称流量范围内使用 ⑥控制正常工作的最小溢流量(对于先导型溢流阀,应大于拐点溢流量) ⑦适当增大管径,减少弯头,回油管口离油箱底面距离应大于二倍管径

(7)减压阀的常见故障及排除方法

减压阀的常见故障有:压力调整无效或出口压力随进口压力变化、压力波动大、压力调定后自动升高等。产生这些故障的原因及排除方法如表 11.7 所示。

表 11.7　减压阀的常见故障及排除方法

故障现象	产生原因	排除方法
压力调整无效或出口压力随进口压力变化	①主阀芯阻尼孔堵塞 ②主阀芯在减压阀口关闭位置卡死 ③主平衡弹簧折断或弯曲使主阀芯不能复位 ④调压弹簧弯曲、太软或未装 ⑤锥阀未装或磨损 ⑥先导阀中调节杆处的密封圈压缩量过大,使摩擦阻力过大 ⑦先导阀阻尼孔、泄油口堵塞或单向阀泄漏(对单向减压阀而言)	①清洗阻尼孔,换油 ②检修,重新装配(阀盖螺钉紧固力要均匀),过滤或换油 ③换弹簧 ④更换或补装弹簧 ⑤补装或更换 ⑥更换密封圈,调整压缩量 ⑦清洗先导阀阻尼孔和泄油口,检查泄油口流量,检修单向阀
压力波动大	①主阀芯动作不灵活,时有卡住现象 ②主阀芯和先导阀阀座阻尼孔时堵时通 ③阻尼孔太大,消振效果差 ④调压手轮未锁紧	①修换零件,重新装配(阀盖螺钉紧固力应均匀),过滤或换油 ②清洗阻尼孔,过滤或换油 ③更换阀芯 ④调压后锁紧调压手轮
压力调定后自动升高	主阀芯配合太松、间隙太大,使泄漏过大	更换阀芯

(8)顺序阀的常见故障及排除方法

顺序阀的常见故障有:压力波动大、振动和噪声大、不起顺序动作的作用等。产生这些故障的原因及排除方法如表 11.8 所示。

表 11.8　顺序阀的常见故障及排除方法

故障现象	产生原因	排除方法
压力波动大	①液压系统压力波动太大使阀无法平衡 ②主阀芯动作不灵活,时有卡住现象 ③主阀芯和先导阀阀座阻尼孔时堵时通 ④阻尼孔太大,消振效果差 ⑤调压手轮未锁紧	①调整、稳定系统压力或检修系统 ②修换零件,重新装配(阀盖螺钉紧固力应均匀),过滤或换油 ③清洗阻尼孔,过滤或换油 ④更换阀芯 ⑤调压后锁紧调压手轮
振动和噪声大	①主阀芯在工作时径向力不平衡,导致阀性能不稳定 ②锥阀和阀座接触不好(圆度误差太大),导致锥阀受力不平衡,引起锥阀振动 ③调压弹簧弯曲(或其轴线与端面不垂直),导致锥阀受力不平衡,引起锥阀振动 ④系统内存在空气 ⑤通过流量超过公称流量,在溢流阀口处引起空穴现象 ⑥通过顺序阀的溢流量太小,使阀处于启闭临界状态而引起液压冲击	①检查阀体孔和主阀芯的精度,修换零件,过滤或换油 ②封油面圆度误差控制应在 0.005～0.01mm 以内 ③更换弹簧或修磨弹簧端面 ④排除空气 ⑤限在公称流量范围内使用 ⑥控制正常工作的最小溢流量
不起顺序动作的作用	①阀芯在全开位置卡死或阀的内泄漏油路堵塞 ②阀芯在关闭位置卡死、外泄口堵塞或泄漏管道背压过高 ③控制油的通道堵塞	①拆卸清洗或换油 ②拆卸清洗或换油;安装时注意泄油口位置,防止其与出油口相通 ③清洗或换油

(9)调速阀的常见故障及排除方法

调速阀的常见故障有:调节失灵、流量不稳定等。产生这些故障的原因及排除方法如表 11.9 所示。

表 11.9　调速阀的常见故障及排除方法

故障现象	产生原因	排除方法
调节失灵	①定差减压阀阀芯与阀套孔配合间隙太小或有毛刺,导致阀芯移动不灵活或卡死 ②定差减压阀弹簧太软、弯曲或折断 ③油液过脏使阀芯卡死或节流阀孔口堵死 ④节流阀阀芯与阀孔配合间隙太大而造成较大泄漏 ⑤节流阀阀芯与阀孔间隙太小或变形而卡死 ⑥节流阀阀芯轴向孔堵塞 ⑦调节手轮的紧定螺钉松动或脱落、调节轴螺钉被脏物卡死	①检查,修配间隙使阀芯移动灵活 ②更换弹簧 ③拆卸清洗、过滤或换油 ④修磨阀孔,单配阀芯 ⑤清洗,配研保证间隙 ⑥拆卸清洗、过滤或换油 ⑦拆卸清洗,紧固紧定螺钉

续表

故障现象	产生原因	排除方法
流量不稳定	①定差减压阀阀芯卡死 ②定差减压阀阀套小孔时堵时通 ③定差减压阀弹簧弯曲、变形、端面与轴线不垂直或太硬 ④节流孔口处积有污物，造成时堵时通 ⑤温升过高 ⑥内外泄漏量太大 ⑦系统中有空气	①清洗、修配，使阀芯移动灵活 ②清洗小孔，过滤或换油 ③更换弹簧 ④清洗元件，过滤或换油 ⑤降低油温或选用高黏度指数油液 ⑥消除泄漏，更换新元件 ⑦将空气排净

11.3.2　液压系统的故障诊断及排除方法

　　液压系统在装配调试和系统运行中，由于液压系统设计不完善，液压元件选择不当及零件加工误差和运动磨损，管路及管接头连接不牢固，密封件损坏及油液污染等原因，系统常会出现一些故障：①内外泄漏严重；②执行元件运动速度不稳定；③执行元件动作失灵；④压力不稳定或控制失灵；⑤系统发热及执行元件同步精度差等。

　　下面介绍液压系统常见故障诊断及排除方法见表 11.10，供处理时参考。

表 11.10　液压系统常见故障诊断及排除方法

故障现象	产生原因	排除方法
系统泄漏严重	①外泄漏 　a.间隙密封的间隙过大 　b.密封件质量差或损坏 　c.系统回路设计不合理，泄漏环节多及回路不畅通 　d.油温高导致黏度下降 ②内泄漏 　a.间隙运动副达不到规定精度 　b.工艺孔内部击穿，高压腔与低压腔串通 　c.封油长度短或面积小 　d.油的黏度小，系统压力大	a.重新配研配合件间隙 b.更换密封件 c.改进系统回路设计，减少泄漏环节及疏通回油路 d.选用合适的液压油 a.提高制造精度，满足设计要求 b.修复或更换有关元件及连接阀块 c.改进有关零件结构设计 d.选用合适的液压油及适当调整压力
气穴与气蚀	①电动机转速过高，液压泵吸油管太短，过滤器堵塞，吸油管孔径小 ②油液通过节流孔时速度高、压力低，造成气穴 ③空气侵入油液，使油发白起泡	①降低电动机转速，合理安排吸油管及增大管径和管长，清洗过滤器 ②适当降低油液流动速度和增加油液局部压力 ③检查液压泵和吸油管等处的内外泄漏情况，防止空气混入

续表

故障现象	产生原因	排除方法
液压系统发热	①液压系统设计不合理,工作中压力损失大 ②液压泵内外泄漏严重 ③系统压力过高增加压力损失 ④机械摩擦大,产生摩擦热 　a.元件制造精度低 　b.运动件润滑不良 　c.密封件质量差 ⑤油箱容量小,散热条件差 ⑥环境温度高或散热器工作不正常	①改进设计减少功率损失,采取散热措施 ②检修液压泵,防止泄漏 ③重新调整系统压力使之适当 ④减小摩擦 　a.提高元件制造和装配精度 　b.改善润滑条件 　c.选用质量好的密封件 ⑤增加油箱容积 ⑥采取措施降低环境温度,修复散热器
振动及噪声大	①液压泵或液压马达引起的振动和噪声 ②由于液压控制阀选择不当或失灵引起振动及噪声 ③液压泵吸空现象 　a.液压泵吸油管泄漏或吸油管深度不够吸入大量空气 　b.过滤器堵塞和油箱油液不足 ④液压泵吸入系统有气穴,引起振动和噪声 ⑤管路系统和机械系统振动	①检修液压泵和液压马达,严重时更换液压泵和液压马达 ②修复或更换液压控制阀 ③消除吸空现象 　a.检修吸油管和调整吸油管长度 　b.清洗过滤器和加足液压油 ④校核吸油管直径和长度,选择黏度合适的液压油 ⑤检查电动机及液压泵,消除自身振动及管路系统的振动
液压卡紧	①换向阀设计不合理,制造精度差及运动磨损 ②油液污染,尤其是系统密封件的残片和油液中颗粒堵塞 ③油温升高,阀芯与阀孔膨胀系数不等造成阀芯卡死 ④电磁铁的推杆因动密封配合,摩擦阻力大或推杆安装不良将阀芯卡住	①改进换向阀设计、提高零件精度或更换磨损零件 ②清洗滑阀,检查密封件,更换液压油 ③采取措施降低油温,修研阀芯与阀孔的间隙 ④检查调整推杆使其不阻碍阀芯运动
液压缸运动速度不稳定	①液压泵磨损严重 ②负载作用下系统泄漏显著增加,引起系统压力与流量的明显变化 ③油液污染,节流通道堵塞 ④系统压力调定偏低,满足不了负载的变化 ⑤系统中存有大量空气,使液压缸不能正常工作 ⑥油温升高、黏度降低,引起流量变化 ⑦背压阀调节不当,引起回油不畅	①更换磨损元件 ②适当调整系统压力,检修系统泄漏部件 ③清洗节流阀孔及更换液压油 ④适当调整系统压力,使之满足负载变化要求 ⑤排除系统中的空气 ⑥降低油温及更换合适黏度的液压油 ⑦重新调定背压阀压力
动作循环错乱	①各液压回路发生相互干扰 ②电磁换向阀线圈损坏 ③顺序阀或压力继电器失灵	①检查与调整各回路控制元件的功能 ②更换电磁线圈 ③调整或更换顺序阀及压力继电器

续表

故障现象	产生原因	排除方法
执行机构爬行	①传动系统刚性差 ②摩擦力随运动速度的变化而变化及阻力变化大 ③运动速度低,特别是当 $v \leqslant 0.1\text{m/min}$ 时,爬行更明显 ④液压系统中有空气 ⑤溢流阀失灵,调定压力不稳定 ⑥双泵向系统供油时,压力低的泵有自回油现象,引起供油压力不足 ⑦液压缸和机床导轨不平行使活塞杆弯曲变形	①采取措施增强系统刚度 ②改善执行元件润滑状态及选取理想的摩擦副材料 ③使用特殊导轨润滑油,或适当提高运动速度 ④排除液压系统空气 ⑤检修或更换溢流阀 ⑥检修液压泵 ⑦检修、调整液压缸与机床导轨平行,并校直活塞杆
液压冲击	①快速制动引起的液压冲击 　a.换向阀快速换向时产生液压冲击 　b.液压缸突然停止运动时引起液压冲击 ②节流缓冲装置失灵 ③液压系统局部冲击 ④背压阀调整不当或管路弯管多	①减小液压冲击 　a.改进油路换向方式,或延缓换向停留时间 　b.延缓液压缸快停时间,适当加装单向节流阀 ②检查、修复缓冲装置 ③可加装蓄能器 ④调整背压阀压力,或减少管道弯曲
系统压力不稳定	①液压泵内部零件损坏 ②液压泵严重困油造成运动呆滞或压力脉动 ③各种液压阀质量不良引起压力波动 ④压力阀阀芯卡死 ⑤过滤器堵塞,液流通道过小或油液选择不当	①修复或更换液压泵 ②检查、修理液压泵,减少困油现象 ③修复或更换液压阀 ④修复或更换压力阀 ⑤清洗过滤器,疏通管道,更换合适的液压油

11.3.3　典型液压系统故障及排除方法

(1)动力滑台液压系统

动力滑台液压系统(参见图 8.1)常见故障及排除方法见表 11.11。

表 11.11　动力滑台液压系统常见故障及排除方法

故障现象	产生原因	排除方法
快速时系统压力过高	①回路压力损失过大 ②导轨的镶条或压板过紧 ③导轨润滑不良 ④液压缸轴线与导轨面不平行 ⑤活塞或活塞杆密封装置的摩擦力过大 ⑥行程阀未完全复位,阀口开度太小 ⑦电液换向阀换向未到位,阀口开度太小	①检查各阀、连接处、管道的通径,并修复与更换 ②调整镶条或压板 ③改善润滑条件 ④调整液压缸轴线与导轨面的平行度 ⑤调整或更换密封装置 ⑥修理或更换行程阀 ⑦修理或更换电液换向阀

续表

故障现象	产生原因	排除方法
快进终了 不能转工进	①调速阀 8 调速性能不良 ②单向阀 13 密封性能差 ③行程阀 11 未压到位或密封性太差	①修理或更换调速阀 8 ②修理或更换单向阀 13 ③调整挡块或修理行程阀 11
无第二次工进	①一工进转二工进的行程开关未压下,换向 　阀 10 或电磁铁 3JV 吸力太小 ②换向阀 10 复位弹簧太硬 ③换向阀 10 的阀芯与阀孔磨损严重,导致 　配合间隙过大,泄漏量太大 ④行程阀 11 阀芯与阀孔磨损严重,单向阀 　13 密封不良,造成严重泄漏 ⑤调速阀 9 有故障或未调速好	①调整挡块,修理或更换电磁铁 3JV ②更换弹簧 ③镗磨阀孔,单配阀芯 ④修理或更换单向阀 13 与行程阀 11 ⑤调整调速阀 9,修理或更换调速阀 9
工进时有 爬行现象	①泵 1 的极限压力调得太低,未保证调速阀 　前后压力差 ②调速阀有故障 ③滑台导轨的镶条或压板过紧 ④导轨润滑不良 ⑤液压缸轴线与导轨不平行 ⑥液压系统混入大量空气	①适当地提高泵 1 的极限压力 ②修理、更换调速阀 8 或 9 ③调整镶条和压板 ④调整润滑油量,或采用具有防爬性能 　的 L－HG 液压油 ⑤调整液压缸 ⑥排除空气

(2) M1432B 型液压系统

M1432B 型液压系统(参见图 8.2,图 8.3)常见故障及排除方法见表 11.12。

表 11.12　M1432B 型万能外圆磨床液压系统常见故障及排除方法

故障现象	产生原因	排除方法
工作台运 动时爬行	①系统中存在空气 ②系统压力不足 ③活塞杆弯曲或活塞杆与活塞不同心等 ④活塞杆密封圈压得过紧 ⑤导轨润滑不良 ⑥液压缸的安装精度低 ⑦机床导轨有显著磨损或变形 ⑧缸体孔锈蚀或拉毛	①应防止空气进入和排气 ②调整、修理或更换溢流阀与液压泵 ③修理或更换活塞与活塞杆 ④调整密封圈的压紧力 ⑤调整润滑油量,或换用具有防爬性能 　的 L－HG 液压油 ⑥调整保证液压缸轴线与导轨面的平 　行度 ⑦修刮导轨面,重新调整液压缸 ⑧镗磨缸体孔,单配活塞
工作台换 向精度低	①先导阀阀芯制造精度低 ②先导阀阀体孔拉毛、磨损等 ③导轨润滑油太多 ④系统中存在空气	①根据技术要求和阀孔尺寸配制阀芯 ②拉毛、磨损轻时,可研磨阀体孔配制 　阀芯;若拉毛和磨损严重时,应镗磨 　阀体配制阀芯 ③调节润滑油量 ④防止空气进入和排气

续表

故障现象	产生原因	排除方法
工作台端点停留不稳定	①主换向阀两端单向阀密封不良,导致停留时间短或无停留时间 ②主换向阀两端节流阀的阀芯与阀体孔配合间隙太大,导致停留时间短 ③油液黏度大、黏度指数低 ④油液氧化变质而生成胶质物,引起主换向阀两端节流阀时堵时通	①若钢球有缺陷,则应更换;若阀座有缺陷,可通过研磨使其与钢球密合;如有污物黏在密封面上,应清洗去污 ②研磨阀孔,配制阀芯,保证配合间隙0.008~0.012mm ③更换低黏度、高黏度指数的油液 ④过滤或换油
砂轮架快进时缓冲时间过长	①系统压力不足 ②抖动缸活塞缓冲节流槽太短 ③抖动缸活塞与缸体孔配合间隙太小	①提高系统压力 ②用整形锉修整三角节流槽的长度 ③修磨活塞保证配合间隙在0.02~0.04mm

第12章 液压系统的安装、调试与维护

一个设计良好的液压系统与复杂程度大致相同的机械式、电气式的机构相比,故障发生率是较少的;但是,如果安装、调试、使用和维护不当,也会出现各种故障,以致严重影响生产。因此,安装、使用、调试和维护的优劣,将直接影响到设备的使用寿命和工作性能。所以,液压系统的安装、调试、使用和维护在液压技术中占有非常重要的地位。

12.1 液压传动系统的安装

液压传动系统的安装包括液压管路、液压元件及辅助元件的安装等内容,一般的安装步骤分为:

①预安装(试装配) 弯管、组对油管和元件、点焊接头、整个管路定位;
②第一次清洗(分解清洗) 酸洗管路、清洗油箱和各类元件;
③第一次安装 连接成清洗回路及系统;
④第二次清洗(系统冲洗) 用清洗油清洗管路;
⑤第二次安装 组成正式系统;
⑥调整试车 灌入实际工作用油,进行正式试车。

12.1.1 液压管路的安装

液压管路是连接液压泵、各种液压阀和执行元件的通道,液压系统的安装就是用管路把液压元件连接起来组成回路。

(1)吸油管的安装

①吸油管路要尽量短、弯曲少,管径不能过细。各种液压泵对吸程高度要求有所不同,但一般不超过 500mm。
②吸油管连接处不得漏气,以免液压泵在工作时吸进空气,产生噪音,以致无法吸油。

③除了个别泵外(产品说明书或样本中有说明),一般在吸油管路上应安装粗滤油器,滤油器的通油能力至少是液压泵的额定流量的两倍,同时要考虑清洗时拆装方便。

(2)回油管的安装

①执行元件的主回油路及溢流阀的回油管应伸到油箱液面以下,以防止油液飞溅而混入气泡。

②溢流阀的回油管不允许与液压泵的进油口直接相通,可单独接回油箱,也可与主回油管冷却器相通,避免油温上升过快。

③具有外部泄漏的减压阀、顺序阀、电磁阀等的泄油口与回油管连通时,不允许有背压,否则,应单独接回油箱,以免影响阀的正常工作。

④安装管路过长时,每 500mm 应固定一个夹持油管的管夹。

(3)压油管的安装

压油管的安装位置应尽量地靠近设备和基础,同时又要便于支管的连接和检修。为了防止压力油管振动,应将管路安装在牢固的地方,在振动时,要加阻尼来消振。平行或交叉的管路之间应有 10mm 以上的空隙,以防止干扰和振动。

(4)橡胶软管的安装

①要避免急转弯,其弯曲半径 R 应大于 9～10 倍外径,至少应在离接头 6 倍直径处弯曲。软管的弯曲同软管接头的安装应在同一运动平面上,以防扭转。

②软管在安装和工作时,不应有扭转现象,不应与其他管路接触,以免磨损破裂;在连接处应自由悬挂,以免受其自重而产生弯曲。

③软管应有一定余量,但过长或承受急剧振动的情况下应用夹子夹牢。

④由于软管在高温下工作时寿命短,所以尽可能地使软管安装在远离热源的地方,不得已时要装隔热板。

12.1.2 液压元件的安装

(1)液压阀类元件的安装

在安装前,对于拆封的液压元件,如果是手续完备的合格产品,又不是长期露天存放而内部已经锈蚀的产品,不需要做试验,也不需重新清洗拆装。试车出了故障,在判断准确时才对元件重新拆装,尤其对国外产品更不允许随意拆装,以免影响产品精度。

①在安装时,注意各阀类元件进油口和回油口的方位,安装的位置无规定时,应安装在便于使用、维修的位置上,一般方向阀应保持轴线水平安装。

②有些阀件为了制造、安装方便,往往开有相同作用的两个孔,安装后不用的一个要堵死。

③需要调整的阀类,通常按顺时针方向旋转,增加流量和压力;反时针方向旋转,减少流量或压力。

④在安装时,若有些阀件及连接件购置不到时,允许用通过流量超过其额定流量为 40%

的液压阀代用。

(2)液压缸的安装

液压缸的安装应牢固可靠,配管连接不得有松弛现象,缸的安装面与活塞的滑动面应保持足够平行度和垂直度。

①对于脚座固定式的移动缸的中心轴线,应与负载作用力的中线同心,以免引起侧向力,侧向力容易使密封件磨损及活塞损坏。对于移动物体的液压缸安装时,使缸与移动物体在导轨面上的运动方向保持平行,其不平行度一般不大于 0.05mm/m。

②安装液压缸体的密封压盖螺钉,其拧紧程度以保证活塞在全行程上移动灵活,螺钉拧得过紧,会增加阻力,加速磨损;螺钉拧得过松,会引起漏油。

(3)液压泵的安装

液压泵一般不允许承受径向负载,因此,常用电动机直接通过弹性联轴器来传动。安装时要求电动机与液压泵的轴线应有较高的同心度,其偏差应在 0.1mm 以下,倾斜角不得大于1°,以免增加泵轴的额外负载并引起噪音。液压泵吸油口的安装高度通常距离液面不大于0.5m,有些泵规定吸油口必须低于液面,个别无自吸能力的泵则需另设辅助泵供油。安装液压泵时还应注意:

①液压泵的进口、出口和旋转方向应符合泵上标明的要求,不得反接。

②安装联轴器时,不要用力敲打泵轴,以免损伤泵的转子。

12.2　液压系统的清洗与试压

12.2.1　第一次清洗

液压系统的第一次清洗是在预安装(试装配管)后,将管路全部拆下解体进行的。第一次清洗应保证把大量的、明显的、可能清洗掉的金属毛刺与粉末、沙粒、灰尘、油漆涂料等污物全部仔细的清洗干净。

第一次清洗时间随液压系统的大小、所需的过滤精度和液压系统的污染程度的不同而定,一般情况下为 1～2 昼夜。当达到预定的清洗时间后,可根据过滤网中所过滤的杂质种类和数量,再确定清洗工作是否结束。

第一次清洗主要是酸洗管路,清洗油箱及各类元件。

管路酸洗的方法如下:

①脱脂初洗　去掉油管上的毛刺,用氢氧化钠、硫酸钠等脱脂(去油)后,再用温水清洗。

②酸洗　在 20%～30% 的稀盐酸或 10%～20% 的稀硫酸溶液中浸渍和清洗 30～40min(其溶液温度为 40～60℃)后,再用温水清洗。清洗管子须经振动或敲打,以促使氧化皮脱落。

③中和　在 10% 的碳酸钠溶液中浸渍和清洗 15min(其溶液温度为 30～40℃),再用蒸气

或温水清洗。

④防锈处理　在清洁干净的空气中干燥后,涂上防锈油。

当确认清洗合格后,即可进行第二次安装。

12.2.2　第二次清洗

液压系统的第二次清洗是在第一次安装连成清洗回路后进行的系统内部循环清洗。对于刚从制造厂购进的液压设备,若确已按要求清洗干净,可只对在现场加工、安装部分进行清洗。

(1)清洗的准备

1)清洗油的准备

清洗油最好是选择被清洗的机械设备的液压系统工作用油或试车油。不允许使用煤油、汽油或蒸气等作清洗介质,以免腐蚀液压元件、管道和油箱。

清洗油的用量通常为油箱内油量的 60%~70%。

2)滤油器的准备

清洗管道上应接上临时的回油滤油器,通常选用滤网精度为 60 目、150 目的滤油器,供清洗初期和后期使用。

3)清洗油箱

液压系统清洗前,首先应对油箱进行清洗。清洗后,用绸布或面团等将油箱擦干净,才能注入清洗用油,不允许用棉布或棉纱擦洗油箱。

4)加热装置的准备

清洗油一般对非耐油橡胶有溶蚀能力,若加热到 50~80℃,则管道内的橡胶泥渣等物容易清除。

(2)第二次清洗

清洗前,应将溢流阀在其入口处临时切断,将液压缸进出油口隔开,在主油路上连接临时通路。对于较复杂的液压系统,可以考虑分区对各部分进行清洗。

清洗时,一边使泵运转,一边将油液加热,使油液在清洗回路中自行循环清洗。为了促进脏物的脱落,在清洗过程中,可用锤子对焊接处和管道反复轻轻地敲打,锤击时间约为清洗时间的 10%~15%。在清洗初期,使用 80 目的过滤网,到预定清洗时间的 60% 时,可换用 150 目的过滤网。

第二次清洗结束后,液压泵应在油液温度降低后停止运转,以免外界湿气引起锈蚀。油箱内的清洗油应全部清洗干净,同时,按清洗油箱的要求将油箱再次清洗一次,符合要求后再将液压缸、阀等连接起来,为液压系统第二次安装组成正式系统后的试车做好准备。

12.2.3　液压系统的试压

系统试压一般都采取分级试验,每升一级检查一次,逐步升到规定的试验压力,这样可避免事故发生。

　　试验压力应为系统常用工作压力的 1.5～2 倍；在高压系统为系统最大工作压力的 1.2～1.5 倍；在冲击大或压力变化剧烈的回路中，其试验压力应大于尖峰压力；对于橡胶软管，在1.5～2 倍的正常工作压力下应无异状，在 2～3 倍的正常工作压力下应不破坏。

　　系统试压时，应注意以下事项：

　　①试压时，系统的安全阀应调到所选定的试验压力值；

　　②在向系统送油时，应将系统放气阀打开，待其空气排除干净后方可关闭，同时将节流阀打开。

　　③系统中出现不正常声音时，应立即停止试验，查出原因，并排除后再进行试验。试验时，必须注意安全。

12.3　液压系统的调试

12.3.1　空载试车

　　在正式试车前，加入实际运转时所用的工作油液，间隙启动液压泵，使整个系统得到充分的润滑，使液压泵在卸荷状况下运转。

　　其次，使系统在无负载状况下运转，先使液压缸活塞顶在缸盖上，或使运动部件顶死在挡铁上（若为液压马达，则固定输出轴），将溢流阀徐徐调节到规定压力值。然后，让液压缸以最大行程多次往复地运动，或使液压马达转动，打开系统的排气阀排出积存的空气。检查安全防护装置（安全阀、压力继电器等）工作的正确性和可靠性，从压力表上观察各油路的压力，并调整安全防护装置的压力值在规定范围内。检查各液压元件及管道的外泄漏，内泄漏是否在允许范围内。空载运转一定时间后，检查油箱的液面下降是否在规定高度范围内，对于液压机构和管道容量较大而油箱偏小的机械设备，这个问题要引起特别重视。

　　与电器配合调整自动工作循环或顺序动作，检查各动作的协调和顺序是否正确；检查启动、换向和速度换接时运动的平稳性，不应有爬行、跳动和冲击现象。

　　液压系统连续运转一段时间（一般是 30min）后，检查油液的温升应在允许规定值内（一般工作油温为 35～60℃）。

12.3.2　负载试车

　　负载试车是使液压系统按设计要求在预定的负载下工作，一般是在低于最大负载的一、两种情况下试车，如果一切正常，才进行最大负载试车，以避免出现设备损坏等事故。

12.3.3　系统的调整

　　液压系统的调整要在系统安装、试车过程中进行，在使用过程中也随时进行一些项目的调整。

(1)液压泵工作压力

调节泵的安全阀或溢流阀,使液压泵的工作压力比执行机构最大负载时的工作压力大 10%～20%。

(2)压力继电器的工作压力

调节压力继电器的弹簧,使其低于液压泵工作压力的 0.3～0.5MPa。

(3)工作部件的速度及其平稳性

调节节流阀、调速阀、变量泵或变量液压马达、润滑系统及密封装置,使工作部件运动平稳,不允许有外泄漏。

一般液压系统最合适的温度为 40～50℃。在此温度下工作时,液压元件的效率最高,油液的抗氧化性处于最佳状态。如果工作温度超过 80℃,油液将早期劣化,引起黏度降低,油膜容易破坏,液压件容易烧伤等。因此,液压油的工作温度不宜超过 70℃。

在环境温度较低的情况下运转调试时,由于油的黏度增大,压力损失和泵的噪音增加,效率降低,也容易损伤元件。当环境温度在 10℃以下时,属于危险温度,因此,要采取预热措施,当油温升到 10℃以上时,再进行正常运转。

12.4　液压系统的使用、维护和保养

12.4.1　对液压系统的日常检查

日常检查的主要内容是检查液压泵启动前的状态,启动后的状态以及停止运转前的状态。

(1)工作前的外观检查

大量的泄漏是很容易发现的,但有时在油管接头的四周积聚着许多污物,少量的泄漏往往不被人们注意到,而这种少量的泄漏现象却是系统发生故障的先兆。所以,对于在密封处聚集的污物必须经常检查和清洗。液压工程机械上软管接头的松动往往是机械发生故障的第一个症状,如果发现软管和管道的接头因松动而产生少量泄漏时应立即将接头旋紧。

(2)泵启动前的检查

在泵启动前要注意油箱中油量是否加至上限指示标记,当油温低于 10℃时,应使系统在无负载状态下运转 20min 以上,要使溢流阀处于卸荷位置,并检查压力表是否正常。

（3）泵启动和启动后的检查

泵在启动时用开开停停的方法进行启动，重复几次使油温上升，装置运转灵活后再进入正常运转。在启动过程中，如泵无输出，应立即停止运动；当泵启动，机械运行时，应进行气蚀检查、过热检查和气泡的检查。在系统稳定工作时，除随时注意油量、油温、压力等问题外，还要检查执行元件、控制元件的工作情况，注意整个系统漏油和振动。

12.4.2　液压油的使用和维护

油液的清洁度对液压系统的可靠性至关重要，在正确选用油液以后，还必须使油液保持清洁，防止油液中混入杂质和污物。系统中的油液应经常检查，并根据情况定期更换，一般在累计工作 1 000h 后，应当换油。在间断使用时，可根据具体情况隔半年或一年换油一次。在换油时，应将底部积存的污物去掉，将油箱清洗干净，向油箱注油时，应通过 120 目以上的滤油器。

防止空气进入液压系统，在系统不工作时，液压泵必须卸荷。经常注意保持冷却器内水量充足，管路畅通，将油温控制在允许的范围内。

12.4.3　液压系统的维修

在维修液压系统时，要备齐有关常用备件：如液压缸的密封、泵轴密封、各种 O 型密封圈、电磁阀和溢流阀的弹簧、压力表、过滤元件、各种管接头、软管及电磁铁等，同时，准备好使用说明书等相关资料。

在检修过程中，应注意以下事项：

①分解检修的工作场所一定要保持清洁，在检修时，要完全卸除液压系统内的液体压力，同时，还要考虑如何处理液压系统的油液问题。在特殊情况下，可将液压系统内的油液排除干净。

②在拆卸油管时，事先应将油管的连接部位周围清洗干净。分解后在油管的开口部位用干净的塑料制品或石蜡纸将油管包扎好，不能用棉纱或破布将油管堵塞住，要避免杂质混入。

③在分解比较复杂的管路时，应在每根油管的连接处扎上编号，便于装配时不致将油管装错。

④要更换橡胶类的密封件时，不要用锋利的工具，要注意不碰伤工作表面。

⑤在安装检修时，应将与 O 型密封圈或其他密封件相接触部件的尖角修钝，以免使密封圈被尖角或毛刺划伤。

⑥分解后再装配时，各零部件必须清洗干净。

⑦在装配前，密封件应浸放在油液中以待使用。在装配时或装配好后，密封圈不应有扭曲现象，而且要保证滑动过程中的润滑性能。

⑧在安装液压元件或管接头时，不要用过大的拧紧力，尤其要防止液压元件壳体变形，滑阀的阀芯不能滑动以及接合部位漏油等现象。

⑨若在重力作用下，执行元件可动部件有可能下降，应用支承架将可动部件牢牢支承住。

12.5　电液伺服阀的安装和使用

12.5.1　电液伺服阀的安装

①电液伺服阀在安装前,切勿拆下保护板和力矩马达上盖,更不允许随意拨动调零机构,以免引起性能变化、零部件损伤及污染等故障。

②油液管路中应尽量避免采用焊接式管接头,如必须采用时,应将焊渣彻底清除干净。

③一般情况下应在伺服阀进油口处的管路上安装名义精度为 $10\mu m$ 的精滤油器。

④伺服系统装成后,应先在安装伺服阀的位置上安装冲洗板进行管路冲洗,至少应用油液冲洗 36h 以上,而且最好采用高压热油。冲洗后,更换新滤芯再冲洗 2h,并检查油液清洁度,当油液清洁度确已达到要求时,才能安装伺服阀。一般双喷嘴—挡板式伺服阀要求油液的污染度为 NAS1638 标准的 5～6 级,射流管式伺服阀要求油液的污染度为 NAS1638 标准的 8 级。当伺服系统添油或换油时,应采用专门滤油车向油箱内注油。

12.5.2　电液伺服阀的维护使用

①伺服阀一般不可拆卸,因为再次安装往往保证不了精度。

②油箱必须密封,透气孔等处应加空气滤清器或其他密封装置。更换新油液时仍需经精密滤油器过滤,并应按有关要求冲洗。

③工作油液应定期抽样检查,至少每年更换一次新油。为延长油液的使用寿命,建议油温尽量保持在 40℃左右,避免在超过 50℃时长期使用,滤芯应 3～6 个月更换一次。

④伺服阀不应在不符合产品说明书所规定的数据下使用,尤其应注意输入电流不应超过规定值,如需加颤振信号,则不应超过说明书中规定的值。

⑤当系统发生严重零偏或故障时,应首先检查和排除电路及伺服阀以外各环节的故障。如果确认伺服阀有故障时,应首先检验清洗伺服阀内的阀芯;如果故障仍未排除,可拆下伺服阀按检修规程拆检维修。经过拆检维修的伺服阀,应在试验台上调试合格后再重新安装。

⑥液压伺服阀中有带有磁性的力矩马达,在磁性较多的地方,使用时最好加磁性过滤器。

第13章 气压传动

气动是"气动技术"或"气压传动与控制"的简称。气动技术是以空气压缩机为动力源,以压缩空气为工作介质,进行能量传递或信号传递的工程技术,是实现各种生产控制、自动控制的重要手段之一。

13.1 气压传动概述

13.1.1 气动技术的特点

20世纪60年代以来,自动化、省力化得到迅速发展。自动化、省力化的主要方式有:机械方式、电气方式、电子方式、液压方式和气动方式等。这些方式都有各自的优缺点及其最适合的使用范围。任何一种方式都不是万能的,在实现生产设备、生产线的自动化、省力化时,必须对各种技术进行比较,扬长避短,选出最适合方式或几种方式的恰当组合,以使装备做到更可靠,更经济、更安全、更简单。

气动技术与其他的传动和控制方式相比,其主要优缺点如下:

(1)气动技术的优点

①气动装置结构简单、轻便、安装维护简单。压力等级低,故使用安全。

②输出力及工作速度的调节非常容易。气缸动作速度一般为50～500mm/s,比液压和电气方式的动作速度快。

③可靠性高、使用寿命长。

④利用空气的可压缩性可贮存能量,实现集中供气。

⑤全气动控制具有防火、防潮、防爆的能力。与液压相比,气动方式可在高温场合使用。

⑥由于空气流动损失小,压缩空气可集中供应,远距离输送。

(2)气动技术的缺点

①由于空气有压缩性,气缸的动作速度易受负载的变化而变化。

②气缸在低速运动时,由于摩擦力占推力的比例较大,气缸的低速稳定性不如液压缸。

③虽然在许多应用场合,气缸的输出力能满足工作要求,但其输出力比液压缸小。

④目前气压传动的传动效率较低。

13.1.2　气压传动系统的组成

典型的气压传动系统由气压发生装置、执行元件、控制元件和辅助元件四个部分组成,如图 13.1 所示。

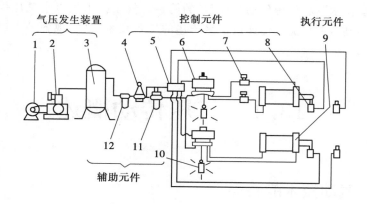

图 13.1　气压传动及控制系统的组成
1—电动机;2—空气压缩机;3—气罐;4—压力控制阀;
5—逻辑元件;6—方向控制阀;7—流量控制阀;8—行程阀;
9—气缸;10—消声器;11—油雾器;12—分水滤气器

(1)气压发生装置

气压发生装置简称气源装置,是获得压缩空气的能源装置,其主体部分是空气压缩机,另外还有气源净化设备。空气压缩机将原动机供给的机械能转化为空气的压力能,而气源净化设备用以降低压缩空气的温度,除去压缩空气中的水分、油分以及污染杂质等。使用气动设备较多的厂矿常将气源装置集中在压气站(俗称空压站)内,由压气站再统一向各用气点(分厂、车间和用气设备等)分配供应压缩空气。

(2)执行元件

执行元件是以压缩空气为工作介质,并将压缩空气的压力能转变为机械能的能量转换装置,执行元件包括:做直线往复运动的气缸,做连续回转运动的气马达和做不连续回转运动的摆动马达等。

(3) 控制元件

控制元件又称操纵、运算、检测元件,是用来控制压缩空气流的压力、流量和流动方向等,以便使执行机构完成预定的运动规律的元件。控制元件包括:各种压力阀、方向阀、流量阀、逻辑元件、射流元件、行程阀、转换器和传感器等。

(4) 辅助元件

辅助元件是使压缩空气净化、润滑、消声以及元件间连接所需要的一些装置。辅助元件包括:分水滤气器、油雾器、消声器以及各种管路附件等。

13.2　气源装置和辅助元件

气源装置和辅助元件是气动系统的两个不可缺少的重要组成部分。气源装置给系统提供足够清洁、干燥且具有一定压力和流量的压缩空气;气动辅助元件是元件连接和提高系统可靠性、使用寿命以及改善工作环境等所必需的。

13.2.1　气源装置

(1) 对气压传动介质的质量的要求

由空气压缩机排出的压缩空气虽然可以满足气动系统工作时的压力和流量要求,但其温度高达 170℃,且含有汽化的润滑油、水蒸气和灰尘等污染物,这些污染物将对气动系统造成下列不利影响:

①混在压缩空气中的油蒸气可能聚集在贮气罐、管道、气动元件的容腔里形成易燃物,有爆炸危险。另外,润滑油被汽化后形成一种有机酸,使气动元件和管道内表面腐蚀、生锈,影响其使用寿命。

②压缩空气中含有的水分,在一定压力、温度的条件下,会饱和而析出水滴,并聚集在管道内形成水膜,增加气流阻力;如遇低温($t \leqslant 0℃$)或膨胀排气降温等,水滴会结冰而阻塞通道、节流小孔,或使管道附件等胀裂;游离的水滴形成冰粒后,冲击元件内表面而使元件遭到损坏。

③混在空气中的灰尘等污染物沉积在系统内,与凝聚的油分、水分混合形成胶状物质,堵塞节流孔和气流通道,使气动信号不能正常传递,气动系统工作不稳定;同时,还会使配合运动部件间产生研磨磨损,降低元件的使用寿命。

④压缩空气温度过高,会加速气动元件中各种密封件、膜片和软管材料等的老化,且温差过大,元件材料会发生胀裂,降低系统的使用寿命。

因此,由空气压缩机排出的压缩空气必须经过降温、除油、除水、除尘和干燥,使之品质达到一定要求后,才能使用。

（2）起源装置的组成和布局

　　一般的压缩空气站除空气压缩机外，还必须设置过滤器、后冷却器、油水分离器和贮气罐等净化装置，一般压缩空气站的净化流程装置如图 13.2 所示，空气首先经过滤气器过滤去部分灰尘、杂质后进入压缩机 1，压缩机输出的空气先进入冷却器 2 进行冷却，当温度下降到 40～50℃时，使油气与水气凝结成油滴和水滴，然后进入油水分离器 3，使大部分油、水和杂质从气体中分离出来；将得到的初步净化的压缩空气送入贮气罐中（一般称为一次净化系统）。对于要求不高的气压系统即可从贮气罐 4 直接供气。但对仪表用气和质量要求高的工业用气，则必须进行二次和多次净化处理。即将经过一次净化处理的压缩空气再送进干燥器 5，进一步除去气体中的残留水分和油。在净化系统中干燥器Ⅰ和Ⅱ交换使用，其中闲置的一个利用加热器 8 吹入的热空气进行再生，以备接替使用。四通阀 9 用于转换两个干燥器的工作状态，过滤器 6 的作用是进一步清除压缩空气中的杂质和油气。经过处理的气体进入贮气罐 7，可供给气动设备和仪表使用。

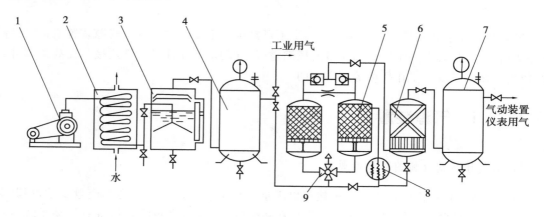

图 13.2　气源装置的组成和布置示意图

1—空压机；2—冷却器；3—油水分离器；4、7—贮气罐；

5—干燥器；6—过滤器；8—加热器；9—四通阀

（3）压缩空气发生装置

1）工作原理

　　这里主要介绍活塞式的工作原理，如图 13.3 所示。当活塞向右移动时，气缸内活塞左腔的压力低于大气压力，吸气阀开启，外界空气进入缸内，这个过程称为"吸气过程"。当活塞向左移动，缸内气体被压缩，这个过程称为"压缩过程"。当缸内压力高于输出管道内的压力后，排气阀被打开，压缩空气输送至管道内，这个过程称为"排气过程"。活塞的往复运动是由电动机带动曲柄转动，通过连杆带动滑快在滑道内移动，则活塞杆便带动活塞做直线往复运动。

2）空压机选用

　　首先按空压机的特性要求选择空压机的类型，再根据气动系统所需要的工作压力和流量两个参数确定空压机的输出压力和输出排量，最后再选取空压机型号。

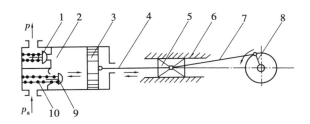

图 13.3　活塞式空压机工作原理图

1—排气阀；2—气缸；3—活塞；4—活塞杆；5—滑块；

6—滑道；7—连杆；8—曲柄；9—吸气阀；10—弹簧

① 输出排量的确定

在确定空压机组输出排量时，应以气动系统最大耗气量为基础，并考虑到气动设备和系统管道阀门的泄漏量，以及各种气动设备是否连续用气等因素。空压机组的输出排量可以由式（13.1）确定：

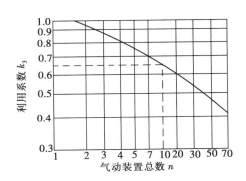

图 13.4　利用系数 k_3

$$q_c = k_1 k_2 k_3 q \qquad (13.1)$$

式中，q_c 为空压机组的输出排量；q 为气动系统的最大耗气量；k_1 为漏损系数，k_1 取 $1.15 \sim 1.5$；k_2 为备用系数，k_2 取 $1.3 \sim 1.6$；k_3 为利用系数，参照图 13.4 选取。

k_1 是考虑气动元件、管接头等处的泄漏，尤其是气动工具等的磨损泄漏，k_2 是考虑系统中增添新的气动设备的余量，系数大小视具体情况而定，k_3 是考虑到多台设备不一定同时使用的情况，若同时使用，令 $k_3 = 1$。

② 输出压力

$$p_c = p + \sum \Delta p \qquad (13.2)$$

式中，p 为气动系统的工作压力；$\sum \Delta p$ ——气动系统总的压力损失。

气动系统的工作压力应理解为系统中各个气动执行元件工作的最高工作压力。气动系统的总压力损失除了考虑管路的沿程损失和局部阻力损失外，还应考虑为了保证减压阀的稳压性能所必需的最低输入压力，以及气动元件工作时的压降损失。

(4) 压缩空气净化、贮存设备

1）后冷却器

后冷却器的作用是使温度高达 $120 \sim 150℃$ 的空压机排出的气体冷却到 $40 \sim 50℃$，并使其中的水蒸气和被高温氧化的变质油雾凝成水滴和油滴，以便对压缩空气实施进一步净化处理。

后冷却器有风冷式和水冷式两大类。风冷式是靠风扇产生的冷空气吹向带散热片的热空气管道。经风冷后的压缩空气的出口温度大约比环境温度高 $15℃$ 左右。水冷式是通过强迫冷却水沿压缩空气流动方向的反方向流动来进行冷却，如图 13.5 所示。压缩空气出口温度大约比环境温度高 $10℃$。

后冷却器上应装有自动排水器,以排除冷凝水和油滴等杂质。

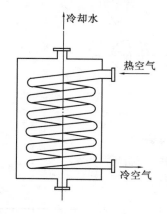

图 13.5 后冷却器

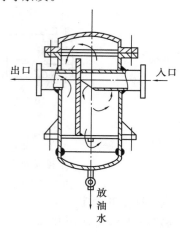

图 13.6 油水分离器

2)油水分离器

油水分离器的作用是将压缩空气中的冷凝水和油污等杂质分离出来,使压缩空气得到初步净化。

图 13.6 所示的油水分离器采用了惯性分离原理。因固态、液态的物质密度比气态物质的密度大得多,依靠气流撞击隔离壁时的折转和旋转离心作用,使气体上浮,液态和固态物下沉,固液态杂质积聚在容器底部,经排污阀排出。

为了提高油水分离的效果,气流回转后的上升速度越小越好,但为了不使容器内径过大,速度宜为 1m/s 左右。

3)贮气罐

贮气罐的作用是:

①贮存一定的压缩空气,保证连续、稳定的气流输出。

②当空压机停机或突然停电等意外事故发生时,可用贮气罐中贮存的压缩空气实施紧急处理,以保证安全。

③减小空压机输出气流脉动,以稳定输出。

④降低空气温度,分离压缩空气中的部分水分和油分。

贮气罐容积的确定时,应考虑以下两个方面因素:

①若以贮存压缩空气,调节系统设备用气量与空压机之间平衡为目的。贮气罐容积 V(单位为 m^3)由下式计算:

$$V_c = \frac{(q - q_z) t p_0}{(p_1 - p_2)} \tag{13.3}$$

式中,V_c 为贮气罐容积,单位为 m^3;q_z 为空压机或空压站供气量(自由流量),单位为 m^3/s;q 为气动系统中设备装置消耗的自由空气流量,单位为 m^3/s;t 为气动系统一个工作循环所用的时间(周期),单位为 s;p_0 为大气压力,$p_0 = 0.101\ 3MPa$;p_1 为贮气罐中气体能够上升达到的最高压力,单位为 MPa;p_2 为贮气罐中气体允许下降到的最低压力,单位为 MPa。

② 以消除压力波动为目的,可以参考以下经验公式:

当 $q_z < 0.1 \text{m}^3/\text{s}$ 时　　　　　　$V_c = 12q_z \text{m}^3$ 　　　　　　　(13.4)

当 $q_z = 0.1 \sim 0.5 \text{m}^3/\text{s}$ 时　　　$V_c = 9q_z \text{m}^3$ 　　　　　　　(13.5)

当 $q_z > 0.5 \text{m}^3/\text{s}$ 时　　　　　　$V_c = 6q_z \text{m}^3$ 　　　　　　　(13.6)

式中,各字母表示同上。

在气罐上应装有安全阀、压力表,以控制和指示其内部压力;底部装有排污阀,并定时排放。贮气罐属于压力容器,其设计、制造和使用应遵守国家有关压力容器的规定。

4) 干燥器

压缩空气经后冷却器、油水分离器、气罐、主管路过滤器和空气过滤器得到初步净化后,仍含有一定量的水蒸气。气动回路在充、排气过程中,元件内部存在高速流动处(如节流阀及换向阀的孔口处)或气流发生绝热膨胀处,温度要下降,空气中的水蒸气就会冷凝成水滴,这会对气动元件的工作产生不利影响。故有些应用场合,必须进一步清除水蒸气。干燥器就是用来进一步清除水蒸气的,但不能依靠它清除油分。当前使用的干燥方法主要是吸附法和冷冻法。冷冻法是利用制冷设备使空气冷却到一定的露点温度,析出空气中超过饱和水蒸气压部分的水分,以降低其含湿量,增加干燥程度的方法。吸附法是利用硅胶、铝胶、分子筛、焦炭等吸附剂吸收压缩空气中的水分,使压缩空气得到干燥的方法。

图 13.7 是吸附式干燥器中的一种无热再生吸附式干燥器的工作原理图。其中的吸附剂对水分具有高压吸附、低压脱附的特性,为了利用这个特性,干燥器有两个充填了吸附剂的相同的吸附筒 T_1 和 T_2。除去油雾的压缩空气通过二位五通阀,从吸附筒 T_2 的下部流入,通过吸附剂层流到上部,空气中的水分在加压条件下被吸附剂层吸收。干燥后的空气通过单向阀,大部分从输出口输出,供气动系统使用。同时,占 $10\% \sim 15\%$ 的干燥空气经固定节流孔 O_1 从吸附筒 T_1 的顶部进入。因吸附筒 T_1 通过二位五通阀和二位二通阀与大气相通,故这部分干燥的压缩空气迅速减压,流过 T_1 中原来吸收水分已达饱和状态的吸附剂层,吸附剂中的水分在低压下脱附,脱附出来的水分随空气排至大气,实现了不需外加热源而使吸附剂再生的目的。由定时器周期性的对二位五通电磁阀和二位二通电磁阀进行切换(通常 $5 \sim 10 \text{min}$ 切换一次),使 T_1 和 T_2 定期的交换工作,使吸附剂轮流吸附和再生,便可得到连续输出的干燥压缩空气。在干燥压缩空气的出口处装有湿度显示器,可定性的显示压缩空气的露点温度。

吸附式干燥器体积小、质量轻、易维护,但处理流量小。因此,适合于处理空气量小,但干燥程度要求高的场合。

气源装置中冷却器、油水分离器、干燥器、过滤器及贮气罐等均属压力容器,需按有关标准设计制造,并做水压试验。

13.2.2　辅助元件

辅助元件包括:过滤器、油雾器、消声器、管道及管路附件和其他辅助元件等,是气动系统不可缺少的重要组成部分。

(1) 气动三联件

气动系统中分水滤气器、减压阀和油雾器常组合在一起使用,俗称"气动三联件"。

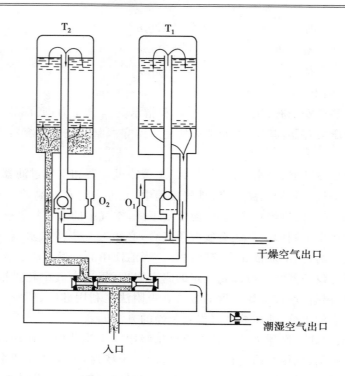

图 13.7　吸附式干燥器工作原理图

1）分水滤气器

分水滤气器能除去压缩空气中的冷凝水、固态杂质和油滴,用于空气的精过滤。如图13.8所示,它的工作原理是:当压缩空气从输入口流入后,由导流板（旋风挡板）引入滤杯中。旋风挡板使气流沿切线方向旋转,于是,空气中的冷凝水、油滴和固态杂质等因质量较大,受离心力作用被甩到滤杯内壁上,并流到底部沉积起来;随后,空气流过滤心,进一步除去其中的固态杂质,并从输出口输出。挡水板的作用是防止已沉积于滤杯底部的冷凝水再次被混入气流输出。拧开排放螺栓,可排放掉沉积的冷凝水和杂质。

2）油雾器

气动系统中使用的油雾器是一种特殊的注油装置。油雾器可使润滑油雾化,并随气流进入到需要润滑的部件,在那里气流撞壁,使润滑油附着在部件上,以达到润滑的目的。用这种方法注油,具有润滑均匀、稳定、耗油量少和不需要大的贮油设备等特点。

① 油雾器的工作原理

油雾器的工作原理如图 13.9 所示,假设气流通过文氏管后压力降为 p_2,当输入压力 p_1 和 p_2 的压差 Δp 大于把油吸引到排出口所需压力 $\rho g h$ 时,油被吸上,在排出口形成油雾,并随压缩空气输送出去。若已知输入压力为 p_1,通过文氏管后压力降为 p_2。而 $\Delta p = p_1 - p_2$,但因油的黏性阻力是阻止油液向上运动的力,因此,实际需要的压力差要大于 $\rho g h$,黏度较高的油吸上时所需的压力差 Δp 就较大;相反,黏度较低的油吸上时所需的压力差 Δp 就小一些,但是,黏度较低的油即使雾化也容易沉积在管道上,很难到达所期望的润滑地点。因此,在气动装置中,要正确地选择润滑油的牌号（一般选用 32 或 46 号汽轮机油）。

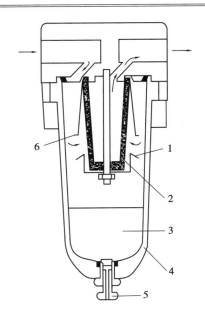

图 13.8　分水滤气器

1—挡水板；2—滤心；3—冷凝物；4—滤杯；

5—排放螺栓；6—旋风挡板

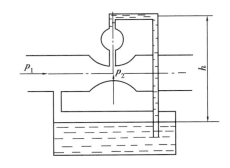

图 13.9　油雾器工作原理

② 普通型油雾器结构简介

图 13.10 所示为普通型油雾器的结构图。压缩空气从输入口进入后，通过立杆 1 上的小孔 a 进入截止阀座 4 的腔内，在截止阀的阀芯 2 上下表面形成压力差，此压力差被弹簧 3 的部分弹簧力所平衡，而使阀芯处于中间位置，因而压缩空气就进入贮油杯 5 的上腔 c，油面受压，压力油经吸油管 6 将单向阀 7 的阀芯托起，阀芯上部管道有一个边长小于阀芯（钢球）直径的四方孔，使阀芯不能将上部管道封死，压力油能不断地流入视油器 9 内，再滴入立杆 1 中，被通道中的气流从小孔 b 中引射出来，雾化后从输出口输出。视油器上部的节流阀 8 用以调节滴油量，可在 0～200 滴/min 范围内调节。

普通型油雾器能在进气状态下加油，这时只要拧松油塞 10 后，贮油杯上腔 c 便通大气，同时，输入进来的压缩空气将阀芯 2 压在截止阀座 4 上，切断压缩空气进入 c 腔的通道。又由于吸油管 6 中单向阀 7 的作用，压缩空气也不会从吸油管倒灌到贮油杯中，所以就可以在不停气状态下向油塞口加油。加油完毕，拧上油塞。由于截止阀稍有泄漏，贮油杯上腔的压力又逐渐上升到将截止阀打开，油雾器又重新开始工作，油塞上开有半截小孔，当油塞向外拧出时，并不等油塞全打开，小孔已经与外界相通，油杯中的压缩空气逐渐向外排空，以免在油塞打开的瞬间产生压缩空气突然排放现象。

贮油杯一般用透明的聚碳酸酯制成，能清楚地看到杯中的贮油量和清洁程度，补充与更换。视油器用透明的有机玻璃制成，能清楚地看到油雾器的滴油情况。

3）减压阀

减压阀的作用是将较高的输入压力调整到低于输入压力的调定压力输出，并能保持输出压力稳定，以保证气动系统或装置的工作压力稳定，不受输出空气流量变化和气源压力波动的影响。

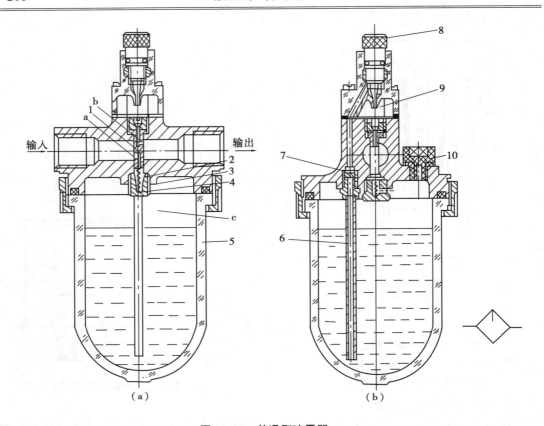

图 13.10　普通型油雾器
1—立杆；2—阀芯；3—弹簧；4—阀座；5—贮油杯；
6—吸油管；7—单向阀；8—节流阀；9—视油器；10—油塞

　　减压阀的调压方式有直动式和先导式两种。直动式是借助改变弹簧力来直接调整压力，而先导式则用预先调整好的气压来代替直动式调压弹簧来进行调压。一般先导式减压阀的流量特性比直动式好。

　　直动式减压阀适用于管径在 20～25mm 以下、输出压力在 0～0.63MPa 范围内。超过这个范围必须使用先导式。

　　图 13.11 为直动式减压阀结构原理。阀在原始状态时，进气阀 8 在复位弹簧 9 的作用下处于关闭状态，输入和输出不通，输出口无气压输出。若顺时针调节手柄 1，调压弹簧 3 被压缩，推动阀杆 7 下移，进气阀被打开，空气流过进气阀开口降压，并在输出口有气压输出。同时，输出气压经反馈导管 6 作用在膜片 5 上产生向上的推力。该推力与调压弹簧相平衡时，阀便有稳定的压力输出。若输出压力超过调定值时，膜片离开平衡位置向上变形，使得溢流阀口 4 和阀杆 7 脱开，多余的空气经溢流口 10 排入大气。输出压力降到调定值时，溢流阀口关闭，膜片上的受力保持平衡状态。若逆时针旋转调节手柄，调压弹簧放松，作用在膜片上的气压力大于弹簧力，溢流阀口打开，输出压力降低直到为零。

　　反馈导管的作用是为了提高减压阀的稳压精度，另外，可改善减压阀的动态特性。当负载突然改变或变化不定时，反馈导管起阻尼作用，避免了振荡现象发生。

　　当减压阀的接管口径很大或输出压力的给定值较高时，相应的膜片等结构尺寸也很大。

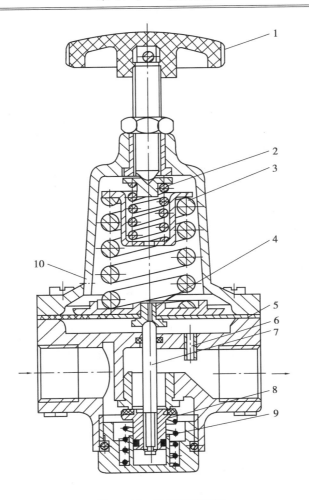

图 13.11 直动式减压阀

1—调节手柄;2、3—调压弹簧;4—溢流阀口;5—膜片;
6—反馈导管;7—阀杆;8—进气阀;9—复位弹簧;10—溢流口

若用调压弹簧直接调压,则弹簧过硬,不仅调节费力,而且当输出流量较大时,输出压力波动也很大。因此,接管口径 20mm 以上且输出压力较高时,一般宜用先导式结构。在需要远距离遥控时,可采用遥控先导式减压阀。

先导式减压阀是用预先调整好压力的空气来代替直动式调压弹簧进行调压的,其调节原理和主阀部分的结构与直动式减压阀相同。先导式减压阀的调压空气一般是由小型的直动式减压阀供给的。若将这种直动式减压阀装在主阀内部,则称为内部先导式减压阀;若将这种直动式减压阀装在主阀外部,称为外部先导式或远距离控制(遥控)的减压阀。

目前,新结构的三联件插装在同一支架上,形成无管化连接,联合使用时,其顺序应为:空气过滤器—减压阀—油雾器,不能颠倒,在安装中,气源调节装置应尽量地靠近气动设备附近,距离不应大于 5m。

(2)消声器

在气动系统中,压缩空气经换向阀向气缸等执行元件供气;动作完成后,又经换向阀向大气排气。由于阀内的气路复杂且又十分狭窄,压缩空气以接近声速的流速从排气口排出,空气急剧膨胀和压力变化产生高频噪声,声音十分刺耳。排气噪声与压力、流量和有效面积等因素有关,当阀的排气压力为 0.5MPa 时,排气噪声可达 100dB(A)以上。而且,执行元件速度越高,流量越大,噪声也越大。此时,就要用消声器来降低排气噪声。

消声器是一种允许气流通过而使声能衰减的装置,能够降低气流通道上的空气动力性噪声。

对消声器的基本要求有:

①具有较好的消声性能,即要求消声器具有较好的消声频率特性。

②具有良好的空气动力性能,消声器对气流的阻力损失要小。

③结构简单,便于加工,经济耐用,无再生噪声。

在设计和选择消声器时,应合理地选择通过消声器的气流速度。对于一般系统,可取 6~10m/s,对于高压排空消声器,则可大于 20m/s。

阀用消声器通常用多孔扩散消声器,以消除高速喷气射流噪声。消声材料用铜颗粒烧结而成,也有用塑料颗粒烧结的,要求消声器的有效流出面积大于排气管道面积。阀用消声器的消声效果按标准规定:公称通径为 6~25mm,噪声不大于 20dB;公称通径为 32~50mm,噪声不大于 25dB。

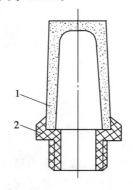

图 13.12　阀用消声器
1—管接头;2—消声套

图 13.12 所示为阀用消声器的结构。阀用消声器一般用螺纹连接方式直接拧在阀的排气口上。对于集成式连接的控制阀,消声器安装在底板的排气口上。在自动线中也有用集中排气消声的方法,把每个气动装置的控制阀排气口,用排气管道集中引入用做消声的长圆筒中排放。长圆筒用钢管制成,内部填装玻璃纤维作为吸声材料。这种集中消声的效果好,能保持周围环境的宁静。

(3)真空元件

气动系统中的大多数气动元件,包括气源发生装置、执行元件、控制元件以及各种辅件,都是在高于大气压力的气压作用下工作的,用这些元件组成的气动系统称为正压系统;另有一类元件可在低于大气压力下工作,这类元件组成的系统称为负压系统(或称真空系统)。

1)真空系统的组成

真空系统一般由真空发生器(真空压力源)、吸盘(执行元件)、真空阀(控制元件,有手动阀、机控阀、气控阀及电磁阀)以及辅助元件(压力开关、管件接头、过滤器和消声器)等组成。有些元件在正压系统和负压系统中是能通用的,如管件接头、过滤器和消声器以及部分控制元件。

图 13.13 所示为典型真空回路。实际上,用真空发生器构成的真空回路往往是正压系统

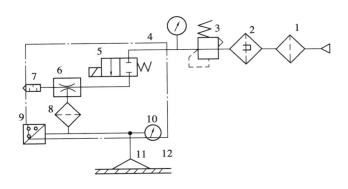

图 13.13　典型真空回路

1—过滤器；2—精密过滤器；3—减压阀；4—压力表；

5—电磁阀；6—真空发生器；7—消声器；8—真空过滤器；

9—真空压力开关；10—真空压力表；11—吸盘；12—工件

的一部分。如在气动机械装置中，图 13.13 所示的吸盘真空回路仅是其气动控制系统的一部分，吸盘是机械手的抓取机构，随着机械手手臂（如坐标气缸）而运动。

2）真空发生器

产生负压有两种方法：一种是由电动机、真空泵等机械运动方法产生；另一种是利用气流流动的文丘里原理的真空发生器产生。采用真空发生器产生负压的特点有：

①结构简单、体积小、使用寿命长；

②产生的真空度、流量均不大，但可控、可调，稳定可靠；

③瞬时开关特性好，无残余负压；

④同一输出口可使用负压或交替使用正负压。

图 13.14 所示为真空发生器原理。它由工作喷嘴 1、接收室 2、混合室 3 和扩散室 4 组成。压缩空气通过收缩的喷嘴后，气流速度上升，当喉口截面积足够小，使气流达到亚音速时，在喷嘴出口处，即接收室内可获得一定的负压。

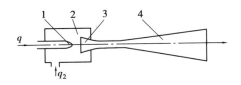

图 13.14　真空发生器原理

1—工作喷嘴；2—接收室；3—混合室；4. 扩散室

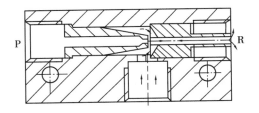

图 13.15　普通真空发生器

图 13.15 所示为一种普通真空发生器的结构，P 接气源，R 接消声器，U 口接真空吸盘。压缩空气从真空发生器的 P 口流向 R 口时，按照文丘里原理在 U 口产生真空。当 P 口无压缩空气输入时，抽吸过程停止，U 口为大气压。

13.2.3　管路系统

(1)供气系统管道

1)压缩空气站内气源管道

压缩空气站内气源管道包括:压缩机的排气口至后冷却器、油水分离器、贮气罐、干燥器等设备的压缩空气管道。

2)厂区压缩空气管道

厂区压缩空气管道包括从压缩空气站至各用气车间的压缩空气输送管道。

3)用气车间压缩空气管道

用气车间压缩空气管道包括从车间入口到气动装置和气动设备的压缩空气输送管道。

(2)供气系统管道设计的原则

1)从供气的压力和流量要求考虑

若工厂中的各气动设备或气动装置对压缩空气源压力有多种要求,则气源系统管道必以满足最高压力要求来设计。若仅采用同一个管道系统供气,对于供气压力要求较低者,可通过减压阀减压来实现。从供气的最大流量和允许压缩空气在管道内流动的最大压力损失决定气源供气系统管道的管径大小。为避免在管道内流动时有较大的压力损失,压缩空气在管道中的流速一般应小于 25m/s。当管道内气体的体积流量为 q_v,管道中允许流速为 v 时,管道的内径为:

$$d = \sqrt{\frac{4q_v}{3\,600\pi v}} \qquad (13.7)$$

式中,q_v 为流量,m³/h;v 为流速,m/s。

由式(13.7)计算求得的管道内径 d,结合流量(或流速)再验算空气通过某段管道的压力损失是否在允许范围内。一般对于较大型的空气压缩站,在厂区范围内(从管道的起点到终点)压缩空气的压力降不能超过气源初始压力的 8%;在车间范围内,不能超过供气压力的5%。若超过了,可采用增大管道的直径的办法来解决。

2)从供气的质量要求考虑

在气动装置对气源供气质量(含水、含油、干燥程度等)有不同的要求时,若用一个气源管道供气,对于气源供气质量要求较高的气动装置,则必须考虑采取就地设置小型干燥过滤装置或空气过滤器来解决。也可通过技术、经济全面比较,设置两套气源管道供气系统。

3)从供气的可靠性、经济性考虑

①单树枝状管网供气系统　　如图 13.16 所示,这种供气系统简单,经济性好,适合于间断供气的工厂或车间采用;但该系统中的阀门等附件容易损坏,尤其开关频繁的阀门更易损坏。解决的方法是:对于开关频繁的阀门用两个阀门串联起来,其中一个用于经常动作,另一个一般情况下总开启。当经常动作的阀门需要更换检修时,这一阀门才关闭,使之与系统切断,不致影响整个系统工作。

②环状管网供气系统　　如图 13.17 所示,这种系统供气可靠性比单树枝状管网状高,而且

压力较稳定,末端压力损失较小。当支管上有一个阀门损坏需要检修时,可将环形管道上两侧的阀门关闭,以保证更换、维修支管上的阀门时整个系统能正常工作,但此系统成本较高。

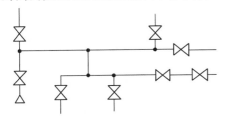

图 13.16　单树枝状管网供气系统

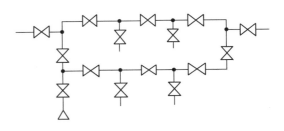

图 13.17　环状管网供气系统

③双树枝状管网供气系统　如图 13.18 所示,这种供气系统能保证对所有的用户不间断供气,在正常状态时,两套管网同时工作。当其中任何一个管道附件损坏时,可关闭其所在的那套系统进行检修,而另一套系统照常工作。实际上,这种双树枝状管网供气系统是有一套备用系统,相当于两套单树枝状管网供气系统,适用于有不允许停止供气等特殊要求的用户。

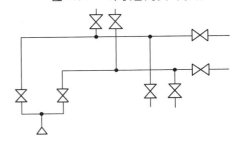

图 13.18　双树枝状管网供气系统

13.3　气动执行元件

将压缩空气的压力能转换为机械能,驱动机构做往复直线运动、摆动和旋转运动的元件,称为气动执行元件。做往复直线运动的气缸可输出力,做摆动的气缸和做旋转运动的气马达可输出力矩。

13.3.1　气缸

(1)气缸的分类

气缸是气动系统中使用最多的一种执行元件,根据使用条件不同,其结构、形状也有多种形式。常用的分类方法有以下几种:

1)按压缩空气对活塞端面作用力的方向分

①单作用气缸　气缸只有一个方向的运动是气压传动,活塞的复位靠弹簧力或自重和其他外力。

②双作用气缸　双作用气缸的往返运动全靠压缩空气来完成。

2)按气缸的结构特征分

①活塞式气缸

②薄膜式气缸

③伸缩式气缸

3)按气缸的安装形式分

①固定式气缸　缸体安装在机体上固定不动,有耳座式、凸缘式和法兰式。

②轴销式气缸　缸体围绕一固定轴可作一定角度的摆动。

③回转式气缸　缸体固定在机床主轴上,可随机床主轴做高速旋转运动。这种气缸常用于机床上气动卡盘中,以实现工件的自动装卡。

④嵌入式气缸　气缸安装在夹具本体内。

4)按气缸的功能分

①普通气缸　包括单作用式和双作用式气缸。常用于无特殊要求的场合。

②缓冲气缸　气缸的一端或两端带有缓冲装置,以防止和减轻活塞运动到端点时对气缸缸盖的撞击。

③气－液阻尼缸　气缸与液压缸串联,可控制气缸活塞的运动速度,并使其速度相对稳定。

④摆动气缸　用于要求气缸叶片轴在一定角度内绕轴线回转的场合(如夹具转位、阀门的启闭等)。

(2)气缸的基本构造

由于气缸的使用目的不同,气缸的构造是多种多样的,但使用最多的是单杆双(向)作用气缸。下面就以单杆双作用气缸为例,说明气缸的基本构造:

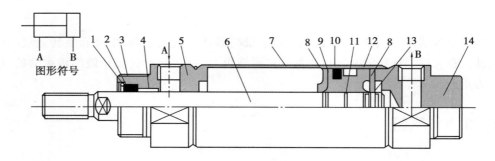

图 13.19　双作用气缸的构造

1、13—弹性挡圈;2—防尘圈压板;3—防尘圈;4—导向套;

5—杆侧端盖;6—活塞杆;7—缸筒;8—缓冲垫;9—活塞;

10—活塞密封圈;11—密封圈;12—耐磨环;14—无杆侧端盖

图 13.19 所示为单杆双作用气缸的结构原理图,它由缸筒、端盖、活塞、活塞杆和密封件等组成。缸筒内径的大小代表了气缸输出力的大小。活塞要在缸筒内做平稳的往复滑动,缸筒内表面的表面粗糙度应达 $Ra0.8\mu m$。对于钢管缸筒,内表面还应镀硬铬,以减小摩擦阻力和磨损,并能防止锈蚀。缸筒材质除使用高碳钢管外,还使用高强度铝合金和黄铜。小型气缸有使用不锈钢管的。带磁性开关或在耐腐蚀环境中使用的气缸,缸筒应使用不锈钢、铝合金或黄

铜等材质。

　　端盖上设有进排气通口,有的还在端盖内设有缓冲机构。杆侧端盖上设有密封圈和防尘圈,以防止从活塞杆处向外漏气和防止外部灰尘混入缸内。杆侧端盖上设有导向套,以提高气缸的导向精度,承受活塞杆上少量的横向载荷,减小活塞杆伸出时的下弯量,延长气缸的使用寿命。导向套通常使用烧结含油合金、铅青铜铸件。过去端盖常用可锻铸铁,现在,为减轻质量并防锈,常使用铝合金压铸,有的微型缸使用黄铜材料。

　　活塞是气缸中的受压力零件,为防止活塞左右两腔相互窜气,设有活塞密封圈。活塞上的耐磨环可提高气缸的导向性。耐磨环常使用聚氨酯、聚四氟乙烯、夹布合成树脂等材质。活塞的宽度由密封圈尺寸和必要的滑动部分长度来决定。滑动部分太短,易引起早期磨损和卡死。活塞的材质常用铝合金和铸铁,有的小型缸的活塞用黄铜制成。

　　活塞杆是气缸中最重要的受力零件,通常使用高碳钢,其表面经镀硬铬处理,或使用不锈钢,以防腐蚀,并提高密封圈的耐磨性。

(3)气缸的设计计算

　　气动系统中应用最广的是普通双作用单活塞杆式气缸,如图 13.20 所示。其设计计算方法与液压缸基本相同,一般是在已知气缸负载大小和气缸行程的条件下按如下步骤计算。

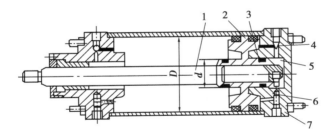

图 13.20　普通缓冲气缸
1—活塞杆;2—活塞;3—缓冲柱塞;4—节流阀;
5—进、排气孔;6—单向阀;7—端盖

1)气缸作用力的计算

气缸活塞杆的推力 F_1 和拉力 F_2 分别为:

$$F_1 = \frac{\pi D^2}{4} p \eta \quad (N) \tag{13.8}$$

$$F_2 = \frac{\pi (D^2 - d^2)}{4} p \eta \quad (N) \tag{13.9}$$

式中,D 为气缸内径,m;d 为活塞杆直径,m;p 为气缸工作压力,Pa;η 为负载率。

　　负载率 η 与气缸工作压力 p 有关,且综合反映活塞的快速作用和气缸的效率。表 13.1 列出气缸 η 与 p 的关系。η 的最佳值为 0.3~0.5,气缸高速运动或垂直安装时,$\eta = 0.3$,低速运动时,$\eta = 0.5$。对于作夹具用的夹紧气缸,η 取 0.8~0.9。

表 13.1　负载率 η 与气缸工作压力 p 的关系

P/MPa	0.16	0.20	0.24	0.30	0.40	0.50	0.60	0.70~1
η	0.10~0.30	0.15~0.40	0.20~0.50	0.25~0.60	0.30~0.65	0.35~0.70	0.40~0.75	0.45~0.75

2)气缸内径 D 的计算

由式(13.10)和式(13.11)可求出气缸内径 D：

①推力做功时

$$D=\sqrt{\frac{4F_1}{\pi p \eta}} \qquad (13.10)$$

②拉力做功时

$$D=\sqrt{\frac{4F_2}{\pi p \eta}+d^2} \qquad (13.11)$$

式中,各符号意义同前。计算出 D 后,应按表13.2标准的系列圆整。

表 13.2　缸筒内径 /mm

8	10	12	16	20	25	32	40	50	63	80	(90)	100
(110)	125	(140)	160	(180)	200	(220)	250	(280)	320	(360)	400	(450)

3)活塞杆直径 d 的计算

与计算气缸内径 D 相同。一般 d/D 取 $0.2\sim0.3$,必要时 d/D 也可取 $0.16\sim0.4$。当活塞杆受压,且其行程 $L\geq10d$ 时,还必须校核其稳定性(校核方法与液压缸相同)。算出 d 后,按表13.3标准的系列圆整。

表 13.3　活塞杆直径 /mm

4	5	6	8	10	12	14	16	18	20	22	25
28	32	36	40	45	50	56	63	70	80	90	100
110	125	140	160	180	200	220	250	280	320	360	—

4)缸筒壁厚 δ 的计算

一般气缸筒壁厚 δ 与缸径 D 之比小于 $1/10(\delta/D\leq1/10)$,可按薄壁圆筒公式计算:

$$\delta=\frac{D p_s}{2[\sigma]} \quad \text{(m)} \qquad (13.12)$$

$$[\sigma]=\sigma_b/n \quad \text{(Pa)} \qquad (13.13)$$

式中,D 为缸筒内径,m;p_s 为试验压力,Pa,一般取为工作压力 p 的1.5倍;$[\sigma]$ 为缸筒材料的许用应力,Pa;σ_b 为缸筒材料的抗拉强度,Pa;n 为安全系数,一般 n 取 $6\sim8$。

5)耗气量的计算

气缸耗气量与其自身结构、动作时间以及连接管道容积等有关。一般连接管道容积比气缸容积小得多,故可忽略。因而气缸一个往复行程的压缩空气耗量 q 为:

$$q=\frac{\pi(2D^2-d_2)s}{4\eta_v t} \quad \text{(m}^3\text{/s)} \qquad (13.14)$$

换算成自由空气耗量 q_z 为:

$$q_z=[1+(p/p_0)]q \quad \text{(m}^3\text{/s)} \qquad (13.15)$$

式中,s 为气缸行程,m;t 为气缸一个往复行程所用的时间,s;η_v 为气缸容积效率,一般 η_v 取 $0.9\sim0.95$;p、p_0 分别为气缸工作压力(MPa)和大气压力(MPa),$p_0=0.101\,3$MPa。

(4)其他常用气缸

1)气—液阻尼缸

气—液阻尼缸是由气缸和液压缸组合而成,它以压缩空气为能源,利用油液的不可压缩性和控制流量来获得活塞的平稳运动与调节活塞的运动速度。与气缸相比,它传动平稳,停位精确、噪声小;与液压缸相比,它不需要液压源、经济性好。气—液阻尼缸同时还具有气缸和液压缸的优点,因此得到了越来越广泛的应用。

图 13.21 所示为串联式气—液阻尼缸的工作原理图。若压缩空气自 A 口进入气缸左侧,必推动活塞向右运动,因液压缸活塞与气缸活塞是同一个活塞杆,故液压缸也将向右运动,此时,液压缸右腔排油,油液由 A′口经节流阀而对活塞的运行产生阻尼作用,调节节流阀,即可改变阻尼缸的运动速度;反之,压缩空气自 B 口进入气缸右侧,活塞向左移动,液压缸左侧排油,此时,单向阀开启,无阻尼作用,活塞快速向左运动。

2)薄膜气缸

图 13.22 所示为薄膜气缸。它主要由膜片和中间硬芯相连来代替普通气缸中的活塞,依靠膜片在气压作用下的变形来使活塞杆前进。活塞的位移较小,一般小于 40mm;平膜片的行程则为其有效直径的 1/10,有效直径的定义为:

$$D_m = \frac{1}{3}(D^2 + Dd + d^2) \tag{13.16}$$

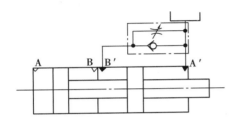

图 13.21　串联式气—液阻尼缸

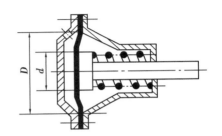

图 13.22　薄膜气缸

这种气缸的特点是:结构紧凑,质量小,维修方便,密封性能好,制造成本低,广泛地应用于化工生产过程的调节器上。

3)摆动式气缸(摆动马达)

摆动式气缸是将压缩空气的压力能转变成气缸输出轴的有限回转的机械能,多用于安装位置受到限制或转动角度小于 360°的回转工作部件。例如,夹具的回转、阀门的开启、转塔车床转塔的转位以及自动线上物料的转位等场合。

图 13.23 所示为单叶片式摆动气缸的工作原理图。图中的定子 3 与缸体 4 固定在一起,叶片 1 和转子 2(输出轴)连接在一起,当左腔进气时,转子顺时针转动;反之,转子则逆时针转动。转子可制作成图示的单叶片式,也可制作成双叶片式。这种气缸的耗气量一般都较大,输出转矩和角速度与摆动式液压缸相同,故不再赘述。

4)冲击气缸

图 13.24 所示为普通型冲击气缸的结构示意图。它与普通气缸相比增加了储能腔以及带有喷嘴和具有排气小孔的中盖。它的工作原理及工作过程可简述为如下三个阶段,如图13.25所示。

①第一阶段　如图 13.25(a)所示,气缸控制阀处于原始位置,压缩空气由 A 孔进入冲击气孔头腔,储能腔与尾腔通大气,活塞上移,处于上限位置,封住中盖上的喷嘴口,中盖与活塞间的环形空间(即尾腔)经小孔口与大气相通。

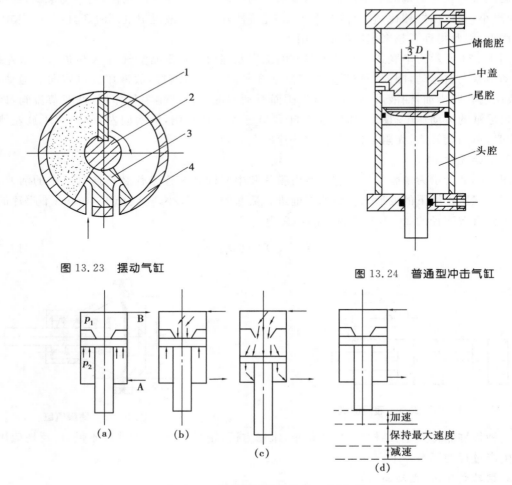

图 13.23　摆动气缸

图 13.24　普通型冲击气缸

图 13.25　普通型冲击气缸的工作过程

②第二阶段　如图 13.25(b)所示,控制阀切换,储能腔进气,压力逐渐上升,作用在与中盖喷嘴口相密封接触的活塞侧一小部分面积(通常设计为活塞面积的 1/9)上的力也逐渐增大。与此同时,头腔排气,压力 p_2 逐渐降低,使作用在头腔侧活塞面上的力逐渐减小。

③第三阶段　如图 13.25(c)所示,当活塞上下两边的力不能保持平衡时,活塞即离开喷嘴口向下运动,在喷嘴打开的瞬间,储能腔的气压突然加到尾腔的整个活塞面上,于是,活塞在很大的压差作用下加速向下运动,使活塞、活塞杆等运动部件在瞬间达到很高的速度(约为同样条件下普通气缸速度的 10～15 倍),以很高的动能冲击工件。

图 13.25(d)为冲击气缸活塞向下自由冲击运动的三个阶段。经过上述三个阶段后,控制阀复位,冲击气缸开始另一个循环。

13.3.2　气动马达

气动马达是将压缩空气的能量转换为回转运动的气动执行元件。在气压传动中使用最广泛的是叶片式和活塞式气动马达,本节以叶片式气动马达为例,简单地介绍气动马达的工作原理和主要技术性能。

(1)工作原理

图 13.26 所示为叶片式马达结构原理图,其主要由转子 1、定子 2、叶片 3 及壳体构成。压缩空气从输入口 A 进入,作用在工作腔两侧的叶片上。由于转子偏心安装,气压作用在两侧叶片上产生转矩差,使转子按逆时针方向旋转。做功后的气体从输出口 B 排出。若改变压缩空气输入方向,即可改变转子的转向。

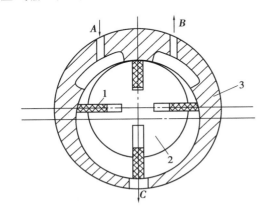

图 13.26　叶片式气动马达
1—转子;2—定子;3—叶片

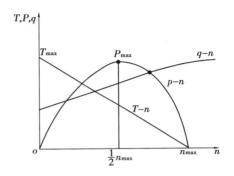

图 13.27　叶片式气动马达的基本特性曲线

叶片式气动马达一般在中、小容量和高速回转的范围使用,其输出功率为 $0.1 \sim 20 \text{kW}$,转速为 $500 \sim 25\ 000 \text{r/ min}$。叶片式气动马达启动及低速时的特性不好,在转速 500r/min 以下的场合使用时,必须要使用减速机构。叶片式气动马达主要用于矿山机械和气动工具中。

(2)特性曲线

图 13.27 所示为叶片式气动马达的基本特性曲线。该曲线表明,在一定的工作压力下,气动马达的转速及功率都随外负载转矩变化而变化。

由特性曲线可知,叶片式气动马达的特性较软。当外负载转矩为零(即空转)时,转速达最大值 n_{max},气动马达的输出功率为零;当外负载转矩等于气动马达最大转矩 T_{max} 时,气动马达停转(转速为零),输出功率也为零;当外负载转矩约等于气动马达最大转矩的一半($T_{max}/2$)时,其转速为最大转速的一半($n_{max}/2$),气动马达输出功率达最大值 P_{max}。一般来说,这就是所要求的气动马达额定功率。在工作压力变化时,特性曲线的各值将随压力的改变而有较大的改变。

13.4　气动控制元件

在气动系统中,气动控制元件是用来控制和调节压缩空气的压力、流量和方向的,使气动执行机构获得必要的力、动作速度和改变运动方向,并按规定的程序工作。气动控制元件按功能和用途可分为压力控制阀、流量控制阀和方向控制阀三大类。此外,还有通过改变气流方向和通断,以实现各种逻辑功能的气动逻辑元件等。

13.4.1　方向控制阀

(1)方向控制阀的分类

气动换向阀与液压换向阀相似,分类方法也大致相同。气动换向阀按阀芯结构不同可分为:滑柱式(又称柱塞式、也称滑阀)、截止式(又称提动式)、平面式(又称滑块式)、旋塞式和膜片式。其中以截止式换向阀和滑柱式换向阀应用较多;按其控制方式不同可以分为:电磁换向阀、气动换向阀、机动换向阀和手动换向阀,其中后三类换向阀的工作原理和结构与液压换向阀中相应的阀类基本相同;按其作用特点可以分为:单向型控制阀和换向型控制阀。

1)截止式换向阀工作原理

图 13.28 所示为二位三通单气控截止式换向阀的工作原理图。图 13.28(a)为无控制信号时的状态,阀芯在弹簧力及 P 腔压力作用下关闭,气源被切断,A、T 相通,阀没有输出;当加上控制信号 K(如图 13.28(b))时,阀芯克服弹簧力和 P 腔压力而向下运动,打开阀口,使 P、A 相通,阀有输出。此阀属常闭型二位三通阀,若将 P、T 换接,则为常通型二位三通阀。

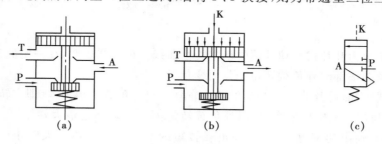

图 13.28　单气控截止式换向阀

截止式阀性能特点:

①阀芯行程短,故换向迅速,流阻小,通流能力强,易于设计成结构紧凑的大通径阀。

②由于阀芯始终受气源压力的作用,因此,阀的密封性能好,即使弹簧折断也能密封,不会导致动作失误;但在高压或大流量时,所需的换向力较大,换向时的冲击力也较大,故不宜用在灵敏度要求高的场合。

③滑动密封面少,漏泄损失小,因此,抗粉尘及抗污染的能力强,阀件磨损小,对气源过滤精度要求较其他结构的阀低。

④截止式阀在换向的瞬间,气源口、输出口和排气口可能因同时相通而发生串气现象,此时会出现较大的系统气压波动。

2)滑柱式换向阀工作原理

图 13.29 所示为二位五通双气控滑柱式换向阀的工作原理图。图 13.29(a)为有控制信号 K_1 时,滑柱停在右端,通路状态是 P→B,A→T_1,B 腔进气,A 腔排气;当有控制信号 K_2 时,滑柱左移,通路状态变为 P→A,B→T_2,A 腔进气,B 腔排气。显然,这种双气控滑柱式换向阀具有记忆功能,即控制信号消失后,阀仍然保持着有信号时的工作状态。

滑柱式阀性能特点:

①阀芯行程较截止式长,对动态性能有不利影响,并会增加阀的轴向尺寸,因此,对于大通径的阀,一般不宜采用滑柱式结构。

②阀芯处于静止状态时,由于结构的对称性,各通口气压对阀芯产生的轴向力保持平衡,因此,容易设计成具有记忆功能的阀。

③换向时,由于不承受像截止式密封结构所具有的背压阻力,所以换向力小,动作灵敏。

④通用性强。同一基型,只要调换少数零件便可变成不同控制方式、不同通口数的各种阀。同一只阀,改变接管方式,可作多种阀使用。

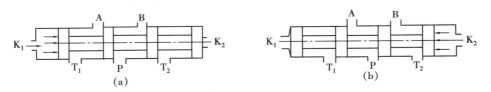

图 13.29 双气控滑柱式换向阀

⑤滑柱式结构的密封特点是:密封面为圆柱面,阀芯换向时,沿密封面进行滑动,因此,对工作介质中的杂质比较敏感,需有一套严格的过滤、润滑、维护等措施,宜使用含有油雾润滑的压缩空气。

(2)单向型控制阀

单向型方向控制阀包括:单向阀、梭阀、双压阀和快速排气阀等。

1)单向阀

单向阀是最简单的一种单向型方向阀,图 13.30 所示为单向阀的典型结构。当气流由 P 口进气时,气体压力克服弹簧力和阀芯与阀体之间的摩擦力,阀芯左移,P、A 接通。为了保证气流稳定流动,P 腔与 A 腔应保持一定压力差,使阀芯保持开启。当气流反向时,阀芯在 A 腔气压和弹簧力作用下右移,P、A 关闭。

密封性是单向阀的重要性能,最好采用平面弹性密封,尽量不采用钢球或金属阀座密封。

2)梭阀(或门)

梭阀相当于由两个单向阀组合而成,有两个输入口和一个输出口,在气动回路中起逻辑"或"的作用,又称或门型梭阀。图 13.31 所示为梭阀的两种结构,当 P_1 腔进气而 P_2 腔通大气时,阀芯推向左边,A 有输出;反之,当 P_2 腔进气而 P_1 腔通大气时,阀芯推向右边,A 也有输出。当 P_1、P_2 都进气,且气压力相等,视压力加入的先后次序,阀芯可停在左边或右边;若压力不相等,则开启高压口通路。在两种情况下,A 都有输出。

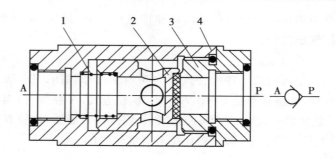

图 13.30　单向阀

1—弹簧;2—阀芯;3—阀座;4—阀体

　　图 13.31(a)的结构在切换过程中有串气现象,但因摩擦阻力小,最低工作压力低,广泛地应用于执行回路和不会造成误动作的控制回路。图 13.31(b)避免了串气现象,但摩擦阻力较大,最低工作压力增高,多用于控制回路,特别是逻辑回路中。图 13.31(c)为该阀的图形符号。

　　或门型梭阀在逻辑回路和程序控制回路中被广泛地采用。图 13.32 是在手动—自动回路的转换上常应用的或门型梭阀。当其用于高低压转换回路中时,须注意:若一个输入口进气,另一个输入口则必须排气。

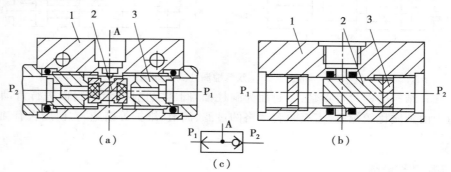

图 13.31　梭阀

1—阀体;2—阀芯;3—阀座

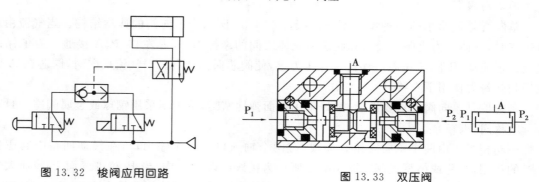

图 13.32　梭阀应用回路　　　　　　　　图 13.33　双压阀

3)双压阀(与门)

　　双压阀又称与门型梭阀,其有两个输入口 P_1、P_2 和一个输出口 A。当 P_1、P_2 都有输入时,

A 才有输出。使用于互锁回路中,起逻辑"与"的作用。

图 13.33 所示为双压阀的一种结构。当 P_1 进气而 P_2 通大气时,阀芯推向右侧,使 P_1、A 通路关闭,A 无输出;反之,当 P_2 进气而 P_1 通大气时,阀芯推向左侧,使 P_2、A 关闭,A 也无输出。只有当 P_1、P_2 同时输入时,气压低者的一侧才与 A 相通,使 A 有输出。

与门型梭阀的应用很广泛,图 13.34 所示为该阀在互锁回路中的应用。行程阀 1 为工件定位信号,行程阀 2 是夹紧工件信号。只有在工件定位并被夹紧后,即只有当 1、2 两个信号同时存在时,与门型梭阀(双压阀)3 才有输出,使换向阀 4 切换,钻孔缸 5 进给,钻孔开始。

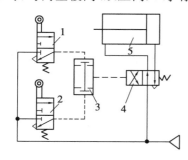

图 13.34　双压阀应用回路

1、2—行程阀;3—双压阀;4—换向阀;5—钻孔缸

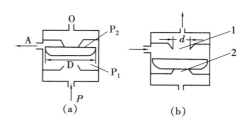

图 13.35　快速排气阀

4)快速排气阀

图 13.35 所示为快速排气阀。当 P 腔进气后,活塞上移,阀口 2 开启,阀口 1 关闭,P 口和 A 口接通,A 有输出。当 P 腔排气时,活塞在两侧压差作用下迅速地向下运动,将阀口 2 关闭,阀口 1 开启,A 口和排气口接通,管路中的气体经 A 通过排气口排出。

快速排气阀主要用于气缸排气,以加快气缸的动作速度。通常,气缸的排气是从气缸的腔室经管路及换向阀而排出的,若气缸到换向阀的距离较长,排气时间也较长,气缸的动作速度缓慢。采用快速排气阀后,则气缸内的气体就直接从快速排气阀排出。

快速排气阀的应用回路如图 13.36 所示。在实际使用中,快速排气阀应配置在需要快速排气的气动执行元件附近,否则,将会影响快排效果。

(3)换向型控制阀

换向型方向控制阀的功能是:改变气体通道,使气体流动方向发生变化,从而改变气动执行元件的运动方向,以完成规定的操作。

1)气压控制换向阀

气压控制换向阀是利用气体压力来获得轴向力,使主阀芯迅速地移动换向,从而使气体改变流向的。按施加压力的方式不同可分为:加压控制、泄压控制、差压控制和延时控制等。

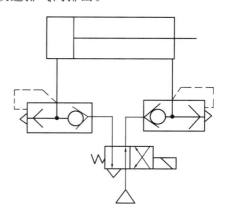

图 13.36　快速排气阀应用回路

①加压控制　加压控制是指加在阀芯控制端的压力信号的压力值是渐升的,当压力升至某一定值时,使阀芯迅速地移动换向的控制,其有单气控和双气控之分。动作原理见图13.37,

阀芯沿着加压方向移动换向。

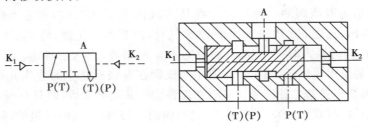

图 13.37　加压控制原理

②泄压控制　泄压控制是指加在阀芯控制端的压力信号的压力值是渐降的,当压力降至某一定值时,使阀芯迅速地移动换向的控制,其也有单气控和双气控之分。动作原理见图13.38,阀芯沿着降压方向移动换向。

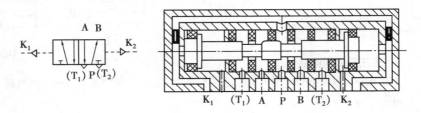

图 13.38　泄压控制原理

③差压控制　差压控制是利用阀芯两端受气压作用的有效面积不等,在气压作用下产生的作用力之差而使阀切换的,其动作原理见图 13.39。

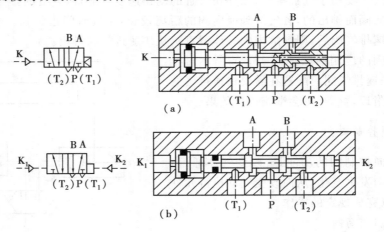

图 13.39　差压控制原理

④延时控制　延时控制是利用气体经过小孔或缝隙后,再向气容充气,经过一定的延时,当气容内压力升至一定值后,再推动阀切换,从而达到信号延时的目的。延时控制分为固定式和可调式两种。可调延时又分为固定气阻可调气容式和固定气容可调气阻式等。图 13.40 是固定式延时控制换向阀原理图,当 P 口有气输入时,A 口有气输出;同时,从阀芯小孔不断向气容充气,当气压达到一定值后,阀芯左移,使 A 与 T 相通,P 与 A 断开。

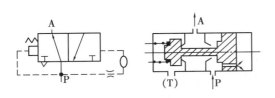

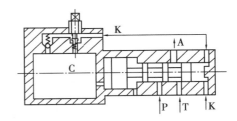

图 13.40　固定式延时控制原理　　　　　　　图 13.41　延时换向阀

图 13.41 所示为二位三通可调延时换向阀,它由延时部分和换向部分组成。当无控制信号 K 时,P 与 A 断开,A 腔排气;当控制信号进入 K 腔后,气体从 K 腔输入经可调节流阀节流后到气容 C 内,使气容不断充气,直到气容内的气压上升到某一值时,使阀芯由左向右移动,P 与 A 接通,A 有输出。当气控信号消失后,气容内气压经单向阀迅速地排空。这种阀的延时时间可在 1～20s 内调节。若 P、T 换接,就成为常通延时断型阀。

显然,气压控制阀在易燃、易爆、潮湿等工作环境中比电磁阀安全,但远距离控制或遥控较困难。

2)电磁控制换向阀

电磁控制换向阀是利用电磁力来获得轴向力使阀芯迅速移动方向的,与液压传动中的电磁控制换向阀一样,也由电磁铁控制部分和主阀两部分组成。按电磁力作用于主阀阀芯方式不同分为电磁铁直接控制(直动)式电磁阀和先导式电磁阀两种。它们的工作原理分别与液压阀中的电磁换向阀和电液换向阀相似。

①直动式电磁阀

用电磁铁产生的电磁力直接推动换向阀阀芯换向的阀称为直动式电磁阀。根据阀芯复位的控制方式可分为直动式单电磁控制弹簧复位和直动式双电磁控制两种。单电磁控制换向阀的工作原理如图 13.42 所示。图 13.42(a)为断电时的状态,阀芯在弹簧的作用下,隔断 P、A 通路,接通 A、T 通路,阀排气;图 13.42(b)为通电时的状态,电磁铁将阀芯推向下位,接通 P、A 通路,隔断 A、T 通路,阀进气;图 13.42(c)为该阀的图形符号。从图中可知,这种阀阀芯的移动靠电磁铁,而复位靠弹簧,因而换向冲击较大,故一般只制成小型的阀。若将阀中的复位弹簧改成电磁铁,就成为双电磁控制换向阀,如图 13.43 所示。图 13.43(a)为 1 通电、3 断电时的状态,此时,气压信号进入主控阀左端,阀芯右移,P、A 腔接通,A 腔进气;B、T_2 腔接通,B 腔排气。图 13.43(b)为 3 通电、1 断电时的状态,动作相反。图 13.43(c)为其图形符号。由此可见,这种阀的两个电磁铁只能交替通电工作,不能同时通电,否则会产生误动作,但可同时断电。在两个电磁铁均断电的中间位置,通过改变阀芯的形状和尺寸,可形成三种气体流动状态(类似于液压阀的中位机能),即中间封闭(O 型)、中间加压(P 型)和中间泄压(Y 型),以满足气动系统的不同要求。

直动式电磁控制换向阀的特点是:结构简单,与下述先导式电磁阀相比,控制相同通径主阀时,所需的电磁铁较大,主阀芯行程要与电磁铁衔铁吸合行程一致,当主阀芯换向不灵或卡住时,易烧毁线圈。

②先导式电磁阀

由微型直动式电磁铁控制输出的气压推动主阀阀芯实现阀通路切换的阀类,称为先导式电磁阀。实际上,它是由电磁控制和气压控制(加压、泄压、差压等)组成的一种复合控制,通常

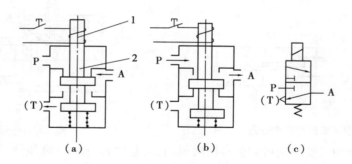

图 13.42　直动式单电磁控制换向阀工作原理

1—电磁铁；2—阀芯

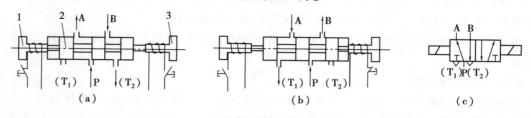

图 13.43　直动式双电磁控制阀工作原理

1、3—电磁铁；2—阀芯

称为先导式电磁控制。其特点是：启动功率小，主阀阀芯行程不受电磁控制部分影响，不会因主阀芯卡住而烧毁线圈。先导式电磁阀也分单电磁气控和双电磁气控两种。图 13.44 为单电磁气控的先导式换向阀的工作原理图，图 13.45 为双电磁气控的先导式换向阀的工作原理图。

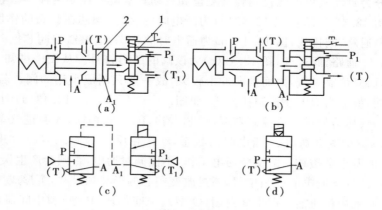

图 13.44　单电控电磁换向阀工作原理

1—电磁先导阀；2—主阀

机械控制和人力控制换向阀是靠机动（行程挡块等）和人力（手动或脚踏等）来使阀产生切换动作，其工作原理与液压阀中相类似的阀基本相同，这里不再赘述。

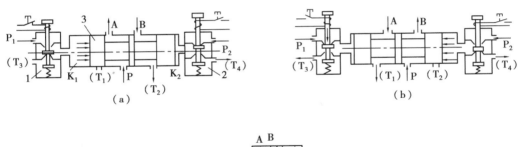

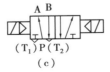

图 13.45　双电控电磁控制换向阀工作原理

1、2—电磁先导阀;2—主阀

13.4.2　压力控制阀

调节和控制压力大小的气动元件称为压力控制阀。它包括:减压阀(调压阀)、安全阀(溢流阀)、顺序阀、压力比例阀、增压阀及多功能组合阀等。

减压阀是出口侧压力可调(但低于入口侧压力),并能保持出口侧压力稳定的压力控制阀。安全阀是为了防止元件和管路等的破坏而限制回路中最高压力的阀。超过最高压力时,自动放气。溢流阀是在回路中的压力达到阀的规定值时,使部分气体从排气侧放出,以保持回路内的压力在规定值的阀。溢流阀和安全阀的作用不同,但结构原理基本相同。

顺序阀是当入口压力或先导压力达到设定值时,便允许从入口侧向出口侧流动的阀。使用它,可依据气压的大小,来控制气动回路中各元件动作的先后顺序。顺序阀常与单向阀并联,构成单向压力顺序阀。

压力比例阀是输出压力与输入信号(电压或电流)成比例变化的阀。

增压阀是出口压力比入口压力高的阀。

(1)减压阀

见本章中气动三联件中的介绍。

(2)安全阀(溢流阀)

图 13.46 所示为安全阀示意图。阀的输入口与控制系统(或装置)连接。当系统中的气体压力为零时,作用在阀芯上的弹簧力(或重锤)使它紧压在阀座上。当系统中的气体压力上升到 p_k ,使安全阀开启,压缩空气从排气口急速排出。阀开启后,若系统中的压力继续上升到安全阀的全开压力 p_q 时,则阀芯全部开启,从排气口排出额定的流量。此后,系统中压力逐渐降低,当低于系统工作压力的调定值(即阀的关闭压力 p_g)时,阀门关闭。

由上述工作原理可知,对于安全阀,要求当系统中的工作气压刚一超过阀的调定压力(开启压力)时,阀门便迅速打开,并以额定流量排放;而一旦系统中的压力稍低于调定压力时,便

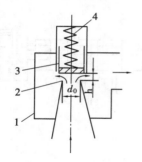

图 13.46 安全阀
1—阀体;2—阀口;3—阀芯;4—弹簧

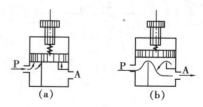

图 13.47 顺序阀
(a)关闭状态;(b)开启状态

能立即关闭阀门。因此,在保证安全阀具有良好的流量特性的前提下,应尽量使阀的关闭压力 p_g 接近于阀的开启压力 p_k,而全开压力 p_q 接近于开启压力 p_k,即 $p_g < p_k < p_q$。

(3)顺序阀

图 13.47 所示为顺序阀的示意图。当输入口 P 的气体压力作用在阀的活塞上的作用力大于弹簧的调定值时,P、A 接通,阀开启,气体输向下一个执行元件,实现顺序动作。

13.4.3 流量控制阀

在气压传动系统中,通过调节压缩空气的流量,实现对执行元件的运动速度、延时元件的延时时间等的控制方法,称为流量控制。实现流量控制的装置很多,大致可分为两类:一类是不可调节的流量控制(如细长管、孔板等),另一类是可以调节的流量控制(如喷嘴挡板机构、流量控制阀等)。在气动系统中,一般利用流量控制阀实现流量控制。气动流量控制阀主要有两种:一种是设置在回路中,对回路所通过的空气流量进行控制,这类阀有节流阀、单向节流阀、柔性节流阀和行程节流阀;另一种是连接在换向阀的排气口处,对换向阀的排气量进行控制,这类阀称为排气节流阀。由于节流阀、单向节流阀和行程节流阀的工作原理与液压阀中同类型阀相似,本小节只介绍柔性节流阀和排气节流阀的工作原理。

(1)柔性节流阀

图 13.48 所示为柔性节流阀的原理图,其节流作用主要是依靠上下阀杆夹紧柔韧的橡胶管面产生的。当然,也可以利用气体压力来代替阀杆压缩橡胶管。柔性节流阀结构简单,压力较低,动作的可靠性高,对污染不敏感,通常工作压力范围为 0.3~0.63MPa。

(2)排气节流阀

排气节流阀的工作原理与节流阀相同,只是安装在元件的排气口(如换向阀的排气口),用改变排气流量来控制气缸的运动速度。

图 13.49 所示为一种排气消声节流阀。它是由节流阀和消声器构成,直接拧在换向阀的排气口上。由于其结构简单,安装方便,能简化回路,故应用日益广泛。

由于空气具有可压缩性,故用气动流量控制阀控制气动执行元件的运动速度,其精度远不

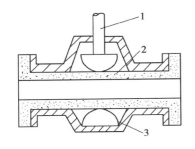

图 13.48　柔性节流阀

1-阀杆；2-橡胶管；3-下阀杆

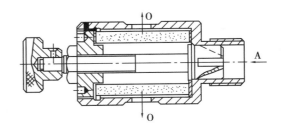

图 13.49　排气消声节流阀

如液压流量控制阀高。特别是在超低速控制中,要按照预定行程变化来控制速度,只用气动是很难实现的。故气缸的运动速度一般不得低于 30mm/s。在外部负载变化较大时,仅用气动流量阀也不会得到满意的调速效果。

在气缸速度控制中,若能充分地注意以下各点,则在多数场合下可以达到比较满意的效果。

①彻底地防止管路中的气体泄漏,包括各元件接管处的泄漏。

②要注意减小气缸运动的摩擦阻力,以保持气缸运动速度的平稳。为此,需注意气缸本身的质量,使用中要保持良好的润滑状态。要注意正确、合理地安装气缸,超长行程的气缸应安装导向支架。

③加在气缸活塞杆上的载荷必须稳定。在载荷变化的情况下,可利用气液联合传动的方式以稳定气缸的运动速度。

13.5　气动基本回路

气动系统与液压系统一样,无论多么复杂,也都是由一些基本回路组成。为了满足气动系统的各种技术要求,完成各种功能,设计者应合理地选择各种气动元件,并巧妙地把它们组合起来构成一个气动回路。经过长期的应用实践,人们已经积累了许多基本回路,这些回路按其控制目的、控制功能可分为换向控制回路、压力(力)控制回路、位置(角度)控制回路、速度控制回路、同步回路等几大类。

本章所介绍的回路在实际应用时,不应完全地照搬使用,或把几个回路简单地拼凑起来组成系统,而应利用回路的基本原理和根据系统的设计要求加以适当的改造,以构成实用、可靠、经济的气动回路。

13.5.1　换向控制回路

气缸、摆动气缸的换向主要是利用方向控制阀来实现的。方向控制阀按其通路数来分有：

二通、三通阀以及四通、五通阀等。利用这些方向控制阀可以构成单作用执行元件和双作用执行元件的各种换向控制回路。

(1)单作用气缸的换向回路

单作用气缸通常采用二位三通阀来实现方向控制，如图 13.50 所示。当电磁阀 1 得电时，活塞杆伸出；失电时，活塞杆在回程弹簧的作用下自动返回。

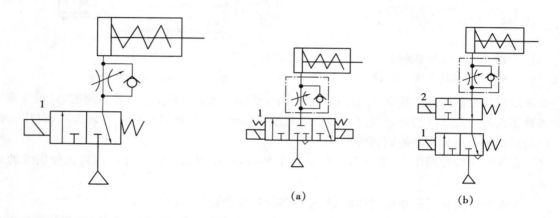

图 13.50　采用两位三通阀的单作用
　　气缸换向回路

图 13.51　采用三位三通阀的单作用气缸换向回路

此外，也可以采用三位三通阀来实现单作用气缸的换向控制，如图 13.51(a)所示。该回路能实现单作用气缸简单的中间停止。实际上，三位三通阀的功能可通过一个二位三通阀和一个二位二通阀的组合来代替，如图 13.51(b)所示。

(2)双作用气缸的换向回路

双作用气缸通常采用二位五通阀或三位五通阀来实现方向控制，如图 13.52 和图 13.53 所示。其中，图 13.52(a)为采用单电控(单气控)换向阀的控制回路，图 13.52(b)为采用双电控(双气控)换向阀的控制回路。对采用单电控(单气控)换向阀的回路来说，如果电控阀在气缸伸出时突然失电，则单电控阀立即复位，气缸返回。而双电控阀为双稳态阀，具有记忆功能，当气缸在伸出时单作用气缸换向回路突然失电，气缸仍将保持在原来的状态。如果回路需要考虑失电保护控制，则选用双电控阀为好，但双电控阀应水平安装。

当需要中间定位时，可采用三位五通阀构成的换向回路，如图 13.53 所示。其中，图(a)为采用中位封闭型阀的回路。因气体的可压缩性，气缸的定位精度较差，且回路及阀内不允许有泄漏。图(b)为双活塞杆气缸采用中位加压型阀的回路。当换向阀 1 处于中位时，由于活塞两侧的压力作用面积相等，如果气缸无轴向外负载力，则活塞保持力平衡，能停留在中间某位置。图(c)为单活塞杆气缸采用中位加压型阀的回路。因为活塞两侧的压力作用面积不相等，为了使活塞两侧的力平衡，需要在气缸的无杆侧安装单向减压阀 2。中位加压型三位五通阀换向回路适用于中小型气缸，定位速度较快，定位精度较高。图(d)为采用中位排气型阀的换向回

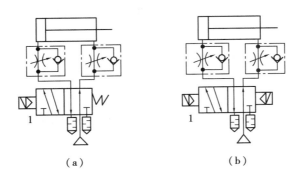

图 13.52　采用二位五通阀的双作用气缸换向回路

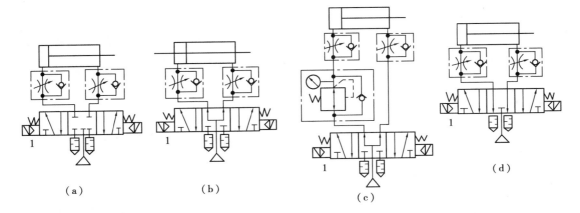

图 13.53　采用三位五通阀的双作用气缸换向回路

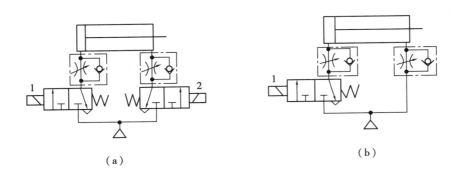

图 13.54　采用二位三通的双作用气缸换向回路

路。当换向阀处于中位时,气缸可在外力的推动下自由移动。该回路由于受活塞运动惯性的影响,气缸停止位置不易控制,因此,不宜用于需中间定位的场合。

　　双作用气缸也可采用二位三通阀来进行换向控制,如图 13.54 所示。其中,图 13.54(a)为采用两个二位三通阀的换向回路,其功能和图 13.53(d)所示回路的功能相同。实际上,采用两个二位三通阀可以实现三位五通阀的任何一种中位机能。图 13.54(b)为差动气缸采用一个二位三通阀的换向回路,当换向阀得电时,由于活塞两侧的压力作用面积不等,气缸活塞杆在活塞两侧差动力的作用下伸出,当换向阀失电时,气缸在有杆腔压力的作用下缩回。

13.5.2　压力(力)控制回路

在气动系统中,压力控制不仅是维持系统正常工作所必需的,而且也关系到系统总的经济性、安全性及可靠性。作为压力控制方法,可分为:气源压力控制、气动系统工作压力控制、双压驱动、多级压力控制、增压控制等。

(1)气源压力控制

气源压力控制主要是指使空压机的输出压力保持在储气罐所允许的额定压力以下。这种压力控制对控制精度要求不高,主要注重于动作可靠性。气源压力控制回路通常如图13.55所示。在该回路中,空压机的出口连接了一个和溢流阀具有相同功能的卸荷阀(也称为安全阀)。为了确保安全,在卸荷阀的入口注意不要设置可使回路切断的截止阀等元件。

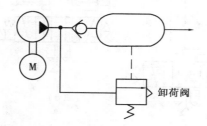

图 13.55　利用卸荷阀的气源压力控制回路

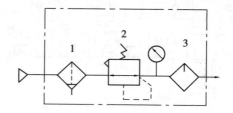

图 13.56　提供一种压力的压力控制回路
1—过滤器;2—减压阀;3—油雾器

(2)工作压力控制

为了使系统正常工作,保持稳定的性能,以及达到安全、可靠、节能等目的,需要对系统压力进行控制。图13.56是一种最基本的压力控制回路,它可提供给系统一种稳定的工作压力,该压力的设定是通过调节三联件中的减压阀2来实现的。

图13.56中的油雾器3主要用于对气动换向阀和执行元件的润滑。如果采用无给油润滑气动元件,则不需要油雾器。

(3)双压驱动回路

在气动系统中,有时需要提供两种不同压力来驱动双作用气缸在不同方向上的运动。图13.57为采用带单向阀的减压阀的双压驱动回路。当电磁阀1通电时,采用正常压力驱动活塞杆伸出,对外做功;当电磁阀1断电时,气体经过单向减压阀2后,进入气缸有杆腔,以较低压力驱动气缸缩回,达到节省耗气量的目的。

图13.58为采用溢流阀的双压驱动回路。该回路的特点是:系统压力一路通过二位三通电磁阀1和气缸的无杆腔相连,另一路则经过减压阀2减压后作用在气缸的有杆腔,该低压的作用类似于单作用气缸的复位弹簧。为了使低压稳定在一定的压力上,在气缸口设置了溢流阀3。气缸的输出力与单作用气缸不同,不会随着行程的变化而改变。此外,还可采用具有减

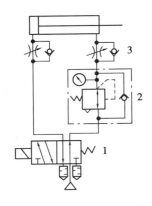

图 13.57　采用单向减压阀的双压驱动回路

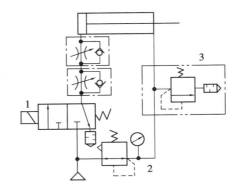

图 13.58　利用溢流阀的双压驱动回路

压阀机能和溢流阀机能的大容量精密减压阀 5 代替减压阀 2 和溢流阀 3，如图 13.59 所示。

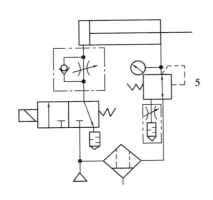

图 13.59　利用大容量减压阀的
双压驱动回路

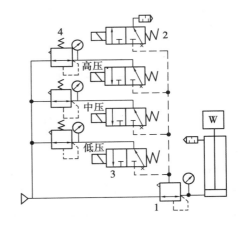

图 13.60　采用远程调压阀的多级压力控制回路

(4) 多级压力控制回路

在一些场合，例如在平衡系统中，需要根据工件自重的不同提供多种平衡压力，这时就需要用到多级压力控制回路。图 13.60 为一种采用远程调压阀的多级压力控制回路。在该回路中，远程调压阀 1 的先导压力通过三通电磁换向阀 3 的切换来控制，可根据需要设定低、中、高三种先导压力。在进行压力切换时，必须用电磁阀 2 先将先导压力泄压，然后再选择新的先导压力。

(5) 增压回路

一般的气动系统的工作压力为 0.7MPa 以下，但在有些场合，由于气缸尺寸等的限制，需要在某个局部使用高压。图 13.61 为使用增压阀的增压回路。在图 13.61(a) 所示的系统中，

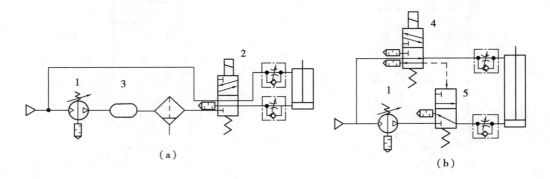

图 13.61　使用增压阀的增压回路

1—增压阀；2—五通电磁阀；3—贮气罐；4—五通电磁阀；5—三通电磁阀

当五通电磁阀通电时，气缸实现增压驱动；当五通电磁阀断电时，气缸在正常压力作用下返回。在图 13.61(b)所示系统中，当五通电磁阀通电时，利用气控信号使主换向阀切换，进行增压驱动；当电磁阀断电时，气缸在正常压力作用下返回。在气缸耗气量较大的情况下，增压阀和主换向阀之间也应使用贮气罐。

13.5.3　速度控制回路

(1)入口节流调速与出口节流调速

气缸的速度控制是指电磁换向阀通电后，气缸到达其行程端点的时间在所要求的时间范围之内的平均速度控制。这种气缸的速度控制方法大多采用节流调速。气动系统中使用的调速阀主要有两大类：即出口节流调速阀和入口节流调速阀，如图 13.62 所示。

由于出口节流调速的调速特性和低速平稳性较好，因此，在实际应用中，大多采用出口节流调速方法。但对于防止气缸启动"冲出"现象，入口节流调速比出口节流调速更有效。

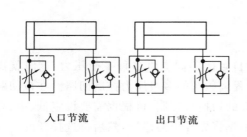

入口节流　　　　出口节流

图 13.62　出口节流调速和入口节流调速

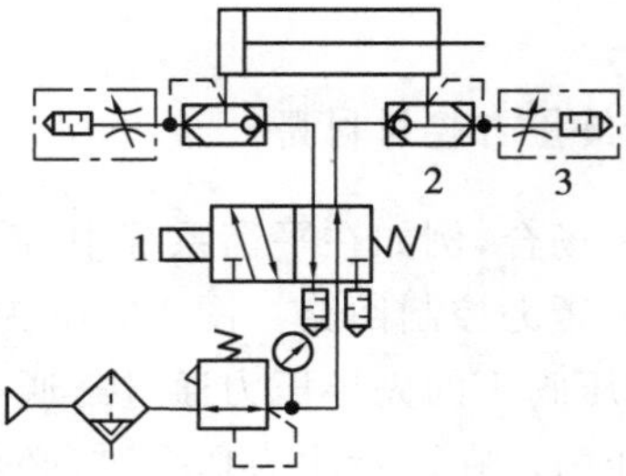

图 13.63　采用快速排气阀的气缸高速驱动回路

(2)高速驱动回路

气动系统的优点之一是执行机构能实现高速运动，这对于提高生产效率是很重要的。最常用的气缸高速驱动方法是采用快速排气阀，尽量地减少排气延时和排气背压，以实现高速驱动,如图 13.63 所示。在该回路中,气缸运动速度可通过排气节流阀 3 来调节。对于高速驱动回路,为了防止气缸损坏,应注意速度不要太高,负载不要太大。此外,快速排气阀容易出现"结露"现象,使用时也应予以注意,防止快速排气阀冻结。

(3) 双速驱动回路

在实际应用中,常遇到要求实现气缸高低速驱动。图 13.64 为采用中间释放回路构成的双速驱动回路。该回路采用三通电磁阀 2 实现把气缸排气侧的空气直接排放到大气中,或将气缸排气侧的空气通过换向阀 1 排出的切换,从而实现高速或低速驱动的转换。其中,节流阀 4 应调节为低速,排气节流阀 3 应调节为高速。在使用时应注意的是,如果高速和低速的速度差太大,气缸速度转换时

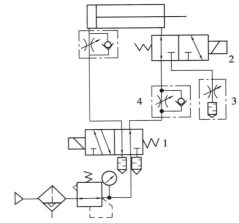

图 13.64　采用中间释放回路的双速驱动

容易产生"弹跳"现象。当气缸伸出快接近行程终点时,如果使电磁阀 2 断电,希望由高速转为低速运动,实际上,由于气体的压缩性和气缸的惯性,气缸不会很快地减速,所以最好提早减速。

13.5.4　位置控制回路

在气动系统中,气缸通常只有两个固定的定位点。如果要求气缸在运动过程中的某个中间位置停下来,则要求气动系统具有位置控制功能。由于气体具有压缩性,因此,只利用三位五通换向阀对气缸两腔进行给排气操作的纯气动方法,难以得到高精度的位置控制。对于定位精度要求较高的场合,应采用机械辅助定位或气—液转换器等控制方法。

(1) 利用机械挡块的位置控制

为了使气缸在行程中间定位,最可靠的方法是采用如图 13.65 所示的方法,即在定位点设置机械挡块。该方法的定位精度取决于机械挡块的设置精度。为了维持高的定位精度,挡块的设置既要考虑有较高的刚度,又要考虑具有吸收冲击的缓冲能力。

(2) 利用气缸结构的位置控制

使用多位气缸,可实现多点位置控制,其基本构成如图 13.66 所示。气缸 A、B、C 的行程各不相同,当三通换向阀 1 通电时,气缸 A 的活塞杆推动活塞 B、C 伸出,到达气缸 A 的行程终点。当三通电磁阀 2 通电时,活塞 A 保持不动,活塞 B 向右前进,到达气缸 B 的行程端点时停止。当五通电磁换向阀 3 通电时,活塞 A、B 保持不动,活塞 C 向右移动。因此,适当选择各气缸的行程,最多可实现 8 个点的位置控制。

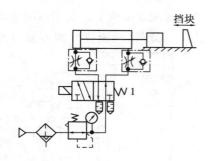

图 13.65　利用外部挡块的定位方法

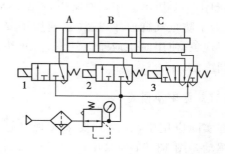

图 13.66　使用多位气缸的位置控制回路

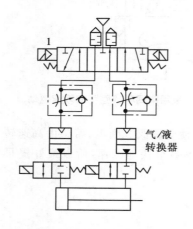

图 13.67　使用气—液转换器的气缸
　　　　　中间定位控制回路

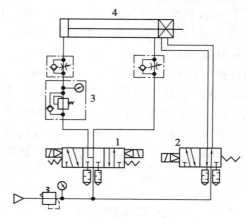

图 13.68　使用制动气缸的
　　　　　中间定位控制回路

(3)利用气—液转换器的位置控制

如前所述,通过在规定位置设置位移传感器或行程开关,根据行程信号控制三位阀的切换,可实现简单的中间定位控制。但在气缸的运动速度较快的场合,由于气体的压缩性,难以获得高的定位精度。为了保证定位精度,可以在一定程度上牺牲运动速度,采用气—液转换器来实现,如图 13.67 为直线气缸的中间定位控制回路。

(4)利用制动气缸的位置控制

利用制动气缸可以实现中间定位控制,其回路如图 13.68 所示。在该回路中,三位五通电磁换向阀 1 的中位机能应为中位加压型。电磁阀 2 用来控制制动活塞的动作,因为制动气缸 4 的制动活塞有双作用型和单作用型两种,所以,若制动活塞为双作用型,电磁阀 2 应采用二位五通阀;若制动活塞为单作用型,电磁阀 2 应采用二位三通阀。利用带单向阀的减压阀 3 来进行负载的压力补偿。当电磁阀 1、2 不通电时,气缸在行程中间定位并制动;当电磁阀 2 通电时,制动解除。

13.5.5　同步控制回路

所谓同步控制,是指驱动两个或多个执行机构时,使它们在运动过程中位置保持同步。实际上,同步控制是速度控制的一种特例。当各执行机构的负载发生变动时,要使它们保持同步,并非易事。为了实现同步,通常采用以下方法:

①使流入和流出执行机构的流量保持一定;

②利用机械连接使各执行机构同步动作;

③测出执行机构的实际负载,并对流入和流出执行机构的流量进行连续控制。

下面介绍利用上述方法构成的各种同步控制回路:

(1) 利用节流阀的同步控制回路

最简单的气缸速度控制方法是采用调速阀进行出口节流调速。图 13.69 为采用出口节流调速阀 3、4、5、6 的简单同步控制回路。采用这种同步控制方法,如果气缸缸径相对于负载足够大,工作压力足够高,则可以取得一定程度的同步效果。此外,在图 13.69 的回路中,只使用了一只电磁阀 7,如果使用两只电磁阀,使两只气缸的给排气独立,相互之间不受影响,则同步控制效果会好些。但上述同步方法都不能适应负载 F_1 和 F_2 的变化较大的场合,即当负载变化时,同步精度要降低。

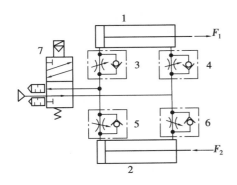

图 13.69　利用出口节流阀的
简单同步控制回路

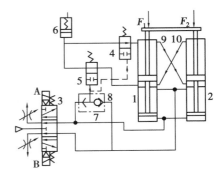

图 13.70　使用串联型气—液联动缸的同步控制回路
1、2—气—液联动缸;3—电磁阀;4、5—二通阀;
6—油罐;7—梭阀

(2) 利用气—液联动缸的同步控制回路

对于负载在运动过程中有变化,且要求运动平稳的场合,使用气—液联动缸可取得较好的效果。图 13.70 为使用气—液联动缸构成的同步控制回路。图 13.70 中,平台上作用了两个不相等的负载 F_1 和 F_2,为使平台水平地上下移动,使用了由串联型气—液联动缸组成的同步回路。当回路中的电磁阀 3 的 A 侧通电时,压力气体经过管路 7 流入气—液联动缸 1、2 的气缸中,克服负载 F_1 和 F_2 推动活塞上升。此时,在从梭阀 8 来的先导压力作用下,常开型二通阀 4、5 关闭,使气—液缸 1 的油缸上腔的油被压入气—液缸 2 油缸的下腔,气—液缸 2 的油缸上腔的油被压入气—液缸 1 的油缸下腔,从而使它们保持同步上升。同样,当电磁阀 3 的 B 侧通电时,可使气—液联动缸向下的运动保持同步。

(3)利用机械连接的同步控制

将两只气缸的活塞杆通过机械结构连接在一起,从理论上可以实现最可靠的同步动作。

图 13.71 所示的同步装置使用齿轮、齿条将两只气缸的活塞杆连接起来,使其同步动作。图 13.72 所示为使用连杆机构的气缸同步装置。对于机械连接同步控制,其缺点是机械误差会影响同步精度,且两只气缸的设置距离不能太大,机构较复杂。

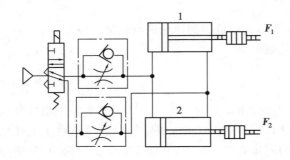

图 13.71　使用齿轮、齿条机构的同步控制

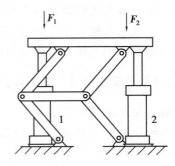

图 13.72　使用连杆机构的同步控制

13.6　气动系统应用与分析

随着机械化、自动化的发展,气动技术应用也越来越广泛。气动系统在气动技术中是关键的一环,它直接面向用户。设计者应根据用户的要求将各类气动元件进行组合,开发出一个个新的应用系统。气动系统的开发没有固定的程式,需要设计者深入用户现场,靠自己的知识和经验积极开拓思路,创造新的气动系统。

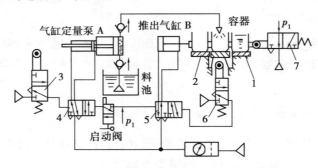

图 13.73　液体自动定量灌装机气动系统
1—下料工作台;2—上料工作台;3、6、7—行程阀;4、5—阀

13.6.1　液体自动定量灌装气动系统

在一些饮料生产线上,要求液体自动定量灌装。图 13.73 所示为全气控液体定量灌装系统。打开启动阀使阀 4 换至右位,因而气缸定量泵 A 向左移动吸入定量液体。当气缸定量泵移到左端碰到行程阀 3 时,向阀 4 发出复位信号(此时,下料工作台 1 上灌装好的容器已取走,行程阀 7 复位,p_1 信号消失),阀 4 复位使气缸定量泵右移,将液体注入待灌装的容器中。当灌装的液体重力使灌装台碰到行程阀 6 时产生信号,使阀 5 左移切换,于是,阀 5 换位,推出气缸 B 前进,将装满液体的容器推入下料工作台,而将空容器推入灌装台。被推出的容器碰到行程阀 7 时,又产生 p_1 信号,使阀 5 换向,推出气缸 B 后退至原位,而由输送机构将空容器运至空下的上料工作台 2,同时阀 4 换向,重复上述动作。

13.6.2　自动打印机气动系统

图 13.74 为自动打印机装置简图。当工件落入 V 形槽内时,气缸 A 夹紧工件,然后,气缸 B 打印,打印完毕松开工件,由气缸 C 将工件推出 V 形槽,下一工件在重力作用下自动落入 V 形槽,如此完成一个工作循环。

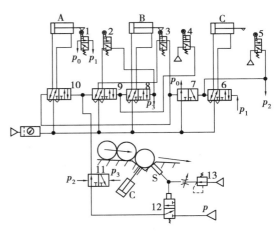

图 13.75　自动打印机气动系统原理图
1～5—行程阀;6～12—阀;13—减压阀;
A、B、C—气缸

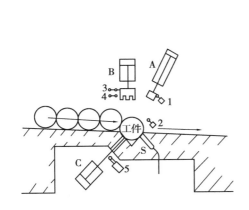

图 13.74　自动打印机装置简图

图 13.75 为自动打印机气动系统原理图,当工件落入 V 形槽内时,背压式传感器 S 发信号,打开阀 12,压缩空气经阀 11 作用于阀 10 的右侧和阀 9 的左侧,阀 10 换向,使气缸 A 伸出,碰到行程阀 2 时,输出 p_3 信号,使阀 8 和 11 换向,气缸 B 前进。当其碰到行程阀 4,使阀 9 与阀 8 换向,气缸 B 后退。气缸 B 碰到行程阀 3,使阀 10 与阀 7 换向,气缸 A 后退,碰到行程阀 1 产生 p_1 信号,使阀 6 换向,气缸 C 前进,碰到行程阀 5 产生 p_2 信号,使阀 6 换向,气缸 C 后退,并使阀 7 和阀 11 复位。当打印好的工件被推出 V 形槽后,另一工件滚入 V 形槽内,重复上述过程。

思考题与习题

13.1 气压传动及控制系统由哪几部分组成？每部分的作用是什么？

13.2 如何计算和选择空压机？

13.3 从室温（20℃）时把压力为 0.65MPa 的压缩空气通过有效面积为 9.45mm² 的阀口，充入容积为 0.84L 的气罐中，当压力从 0.102MPa 上升到 0.65MPa 时，充气时间及气罐内的温度 T_2 为多少？当温度降为室温后罐内压力为多少？

13.4 简述油雾器及分水滤气器的工作原理。

13.5 为什么要设置贮气罐？

13.6 单杆双作用气缸内径 $D=125mm$，活塞杆直径 $d=32mm$，工作压力 $p=0.45MPa$，气缸的负载率 $\eta=0.5$，求气缸的推力和拉力。如果此气缸为内径 $D=80mm$，活塞杆直径 $d=25mm$，工作压力 $p=0.4MPa$，负载率不变，其活塞杆的推力和拉力各为多少？

附录　常用液压传动图形符号

新(GB 786.1—93)旧(GB 786—76)对照表(摘录)

附表 1　管路及连接

名　　称	图　形　符　号	
	新(GB 786.1—93)	旧(GB 786—76)
工作管路	————————	同左
控制管路	- - - - - - - -	同左
泄油管路	– – – – – –	————————
连接管路	┼● 　 ●┼	同左
交叉管路	┼	┼
柔性管路	⌣	同左

附表 2　动力源及执行机构

名　称	图　形　符　号	
	新（GB 786.1—93）	旧（GB 786—76）
单向定量液压泵		
双向定量液压泵		
单向变量液压泵		
双向变量液压泵		
电动机	M	D
单向定量液压马达		
双向定量液压马达		
单向变量液压马达		
双向变量液压马达		
液压源		
摆动马达		
单作用单活塞		

名　称	图　形　符　号	
	新（GB 786.1—93）	旧（GB 786—76）
双作用单活塞杆缸		同左
双作用双活塞杆缸		同左
双作用可调 单向缓冲缸		

附表 3　控制方式

名　称	图　形　符　号	
	新（GB 786.1—93）	旧（GB 786—76）
手柄式人力控制		
先导式液压控制		
单作用电磁控制		
电磁—液压先导控制		
三位定位机构		同左

附表 4　压力控制阀

名　称	图　形　符　号	
	新（GB 786.1—93）	旧（GB 786—76）
溢流阀	一般符号或直动型溢流阀 先导型溢流阀 	直动或先导型溢流阀
先导式比例电磁溢流阀		
减压阀	一般符号或直动型减压阀 先导型减压阀 	直动或先导型减压阀

续表

名　称		图　形　符　号	
		新（GB 786.1—93）	旧（GB 786—76）
顺序阀	内部压力控制	一般符号或直动型顺序阀 先导型顺序阀	直动或先导型顺序阀
	外部压力控制		
平衡阀（单向顺序阀）			
压力继电器			

附表 5　流量控制阀

名　称	图　形　符　号	
	新（GB 786.1—93）	旧（GB 786—76）
不可调节流阀		同左，又称固定节流器
可调节流阀		

续表

名　称	图　形　符　号	
	新（GB 786.1—93）	旧（GB 786—76）
可调单向节流阀		
截止阀		同左
带温度补偿调速阀		
调速阀的简化符号		
单向调速阀		

附表6　方向控制阀

名　称	图　形　符　号	
	新（GB 786.1—93）	旧（GB 786—76）
单向阀		
液控单向阀		同左
液压锁		
或门型梭阀		同左

名　称	图　形　符　号	
	新（GB 786.1—93）	旧（GB 786—76）
常闭式二位二通换向阀		同左
常开式二位二通换向阀		同左
二位三通换向阀		
三位四通换向阀（中位机能 O）		同左
三位四通手动换向阀（中位机能 O）		
三位四通液动换向阀（中位机能 O）		同左
三位四通电磁换向阀（中位机能 Y）		
三位四通电液换向阀（中位机能 O）		
四通伺服阀		

附表 7　辅件和其他装置

名　称	图　形　符　号	
	新（GB 786.1—93）	旧（GB 786—76）
油箱		同左
充压油箱		
蓄能器	一般符号	同左
气体隔离式蓄能器		
滤油器	一般符号 带磁性滤芯 带污染指示器	粗滤油器 精滤油器
加热器		同左
冷却器		同左

名　称	图　形　符　号	
	新(GB 786.1—93)	旧(GB 786—76)
压力计		
流量计		
温度计		

参考文献

[1] 朱新才. 液压传动与控制[M]. 重庆：重庆大学出版社,1998.

[2] 李寿刚. 液压传动[M]. 北京：北京理工大学出版社,1994.

[3] 章宏甲等. 液压与气压传动[M]. 北京：机械工业出版社,2001.

[4] 何存兴. 液压传动与气压传动[M]. 武汉：华中科技大学出版社,2000.

[5] 左键民. 液压与气压传动[M]. 北京：机械工业出版社,2000.

[6] 丁树模. 液压传动[M]. 北京：机械工业出版社,2000.

[7] 任占海. 液压传动[M]. 北京：冶金工业出版社,1998.

[8] 马新民. 矿山机械[M]. 徐州：中国矿业大学出版社,1999.

[9] 郑洪生. 气压传动与控制[M]. 北京：机械工业出版社,1992.

[10] 李天贵. 气压传动[M]. 北京：国防工业出版社,1985.